U0236448

数字化管理系统
高级开发与应用
钉钉低代码开发实践

孙元　诸葛斌　叶周全　应欢欢　主编

清华大学出版社
北京

内 容 简 介

基于钉钉低代码开发的企业数字化管理系统是实现企业数字化转型的关键桥梁。本书致力于为读者提供该系统的实战开发指南，帮助读者深入了解和掌握数字化管理的核心知识和系统开发技巧。本书共分为三部分：第一部分为第1、2章，介绍了企业数字化的理论概述以及基于钉钉平台的企业数字化管理解决方案，帮助读者了解企业数字化转型的重要性和必要性。第二部分为第3～9章，通过实战项目的方式，详细讲解了钉钉低代码开发企业数字化管理系统的全过程，每一个步骤都有详细的图文解释，读者可以轻松上手。第三部分为第10章，引入真实案例，通过案例开发过程的讲解让读者更好地理解数字化管理系统在实际应用中的优势。附录A介绍了钉钉低代码开发师初级、中级和高级认证，这是由钉钉宜搭推出的阿里巴巴官方低代码认证。最后则注明了本书在编写过程中所借鉴和参考的文献资料。

通过本书，读者将能够掌握如何利用钉钉低代码平台，快速构建高效、稳定、可扩展的数字化管理系统，提升企业的运营效率和竞争力。本书可以作为企业数字化管理系统开发、系统管理、运维的指导参考书，也可以作为工商管理、计算机等相关专业学生的教学用书。

图书在版编目（CIP）数据

数字化管理系统高级开发与应用：钉钉低代码开发实践 / 孙元等主编.

北京：清华大学出版社，2024.10. -- ISBN 978-7-302-67447-4

Ⅰ．TP311.52

中国国家版本馆 CIP 数据核字第 2024UF3750 号

责任编辑：黄　芝　薛　阳
封面设计：刘　键
责任校对：申晓焕
责任印制：刘　菲

出版发行：清华大学出版社
　　　　网　　　址：https://www.tup.com.cn，https://www.wqxuetang.com
　　　　地　　　址：北京清华大学学研大厦 A 座　　　邮　　编：100084
　　　　社 总 机：010-83470000　　　　　　　　　邮　　购：010-62786544
　　　　投稿与读者服务：010-62776969，c-service@tup.tsinghua.edu.cn
　　　　质量反馈：010-62772015，zhiliang@tup.tsinghua.edu.cn
　　　　课件下载：https://www.tup.com.cn,010-83470236
印 装 者：三河市铭诚印务有限公司
经　　销：全国新华书店
开　　本：185mm×260mm　　印　张：18.25　　　　　字　　数：467 千字
版　　次：2024 年 11 月第 1 版　　　　　　　　　　印　　次：2024 年 11 月第 1 次印刷
印　　数：1～2000
定　　价：79.80 元

产品编号：099695-01

本书编委会

主　　编：孙　元　　诸葛斌　　叶周全　　应欢欢

副主编：于欣鑫　　蔡晓丹　　袁宏亮　　彭秀东　　黄泽鹏　　闻肖融

编　　委：王正贤　　潘婷婷　　肖梦凡　　陈莹莹　　蔡婧文　　王雯琪　　郑益宣

序

近年来,数字化转型风起云涌,已成为构建新质生产力的重要抓手,也必将促进新质生产关系(被重构的生产过程中的人与人的关系)的形成。这是因为颠覆性的新兴数字技术,包括大数据、人工智能、物联网和云计算("大人物云")的快速迭代发展,以及应用的快速普及。例如,最近一年多以来,以 ChatGPT 为代表的人工智能大模型和通用人工智能技术(AGI)飞速发展,从推出就产生了无数的应用场景和机会,为数字化转型提供了新动能。

这些新兴数字技术为解决传统的信息化痛点带来了新希望。长期以来,信息系统虽然在企业运营中不可或缺,但也存在很多缺陷。许多企业很迷茫,在信息化方面花了时间也投入重金,但效果远未达到预期。其中一个重要原因是,信息化认知和理念问题,管理者认为信息化就是开发或采购系统,很多企业内部的 IT 人员也这样认为,结果信息系统的获取成本巨大,但成效有限。

在传统信息系统的众多缺陷中,最常见的一个是大量信息孤岛和烟囱系统,数据没有统一标准,导致无法关联,也就无法形成可以赋能管理决策的数据资产。其次,外购信息系统的成本极高,内部开发和实施的风险更高,经常会超时、超预算,给企业带来巨大损失和不确定性。再次,传统信息系统的扩展性差、无法适应快速多变的业务需求和企业流程调整。很多系统经过漫长的开发和测试周期,经常是还没有开发完,业务需求已经变了。这在国内很常见,因为企业所处的经营环境日益动态化、复杂化且高度内卷,倒逼企业敏捷化,信息系统自然也要随业务而变。然而,IT 部门和供应商的通常答复是系统做不到,业务部门无可奈何,这成为业务变革的枷锁。最后,任何信息系统都有很多用户觉得使用不便之处,总希望有定制开发,但又缺乏可行性。可以说"企业苦信息化久矣"。

随着数字化的深入,企业对 IT 系统的需求也越来越高,各类数字化应用不断涌现,与业务的关系更加紧密。数字化与信息化的本质不同在于与业务的关系。数字化要重构业务和组织,而不仅是信息处理方式的计算机化。但每家企业的业务和组织流程各不相同,对数字化管理系统的需求也不同;企业中人人都要使用数字化系统,人人都有不同的需求,但定制化信息系统必然价格高昂且反应速度缓慢,中小企业更是难以负担起购置与维护系统的费用。

好消息是终于有了可以消除或减轻以上传统信息系统痛点的新工具和方法,这就是以本书介绍的以钉钉的宜搭为代表的低代码开发(Low Code Development)平台。低代码平台允许终端用户使用易于使用的可视化工具开发自己的应用程序,构建业务流程、逻辑和数据模型等,甚至搭建有较为复杂流程的信息系统。例如,本书中介绍的大量供应链管理、资产管理、项目管理等系统,均可以由业务人员自主搭建。

低代码平台的出现使数字化应用不再只能由专业 IT 人员编写,而是所有员工都可以用"拖拉拽"的方式搭建,开发适合自己和他人的应用程序(与使用 Excel 的高级功能相仿)。因此,人人都可以做程序员,可以创建自己所需要的数字化管理系统。对业务人员来讲,他们不再需要排队等信息化部门来解决业务痛点,"自己动手,丰衣足食"。正如詹姆斯·马丁所说,"每台计算机可用的程序员数量正在迅速减少,以至于将来大多数计算机必须在没有程序员的情况下工作"。"我的需求我满足,我的应用我开发""人人都是数据分析师,人人都是系统开发者"的时代已经到来。

在我调研过的各种规模的企业中,小到几十人的初创公司、大到数万人的央企,都有极为成功的应用先例。例如,曦强乳业使用低代码开发平台搭建了除财务模块以外的所有信息系统,包括产品溯源等核心业务模块,而绝大多数的工作(企业领导的管理设想)都是由一名专科学历但善于学习的电工实现的。另一个依赖低代码平台实现数字化转型的企业是河北鑫宏源印刷公司,其技术骨干是人力资源管理出身的文科生。这两个极端的例子说明中小企业可以用低代码实现企业的数字化需求,走出一条低成本的数字化转型新路。对于大企业来讲,低代码平台可以成为专业化信息系统的补充,通过自助服务解决业务人员工作中的痛点。很多先行者企业,已经在低代码应用方面取得了显著成效,由业务人员(非 IT 工程师)基于自己的痛点开发出大量应用。

低代码开发给企业的数字化转型带来的福音是:它可以帮助企业克服资源瓶颈,包括缺乏资金、人才、技术;降低开发成本和缩短开发周期(实现数量级的跃升,变为原来的几十分之一),以便适应个性化需求和快速变化的业务,甚至以每周一个版本的速度迭代进化。这是传统企业的数字化转型的必然趋势,本质上即互联网公司化。

然而,任何一个新技术的采纳都需要一个学习和实验过程。本书从数字化转型的必要性与企业应当如何转型切入,所介绍的宜搭就是典型的低代码开发平台。本书通过大量实用案例详细讲解了如何使用宜搭来搭建数字化应用的方法和最佳实践,非常实用。我相信这本书会对广大读者很有帮助,为企业的数字化转型有所助力。

上海科技大学　毛基业

2024 年 6 月

前　言

　　随着数字技术的迅猛发展,人类社会已实现了由"信息时代"向"数字时代"的全面转变,全面进入数字经济时代,世界各国数字经济整体发展迈上新台阶。政府也给予高度重视,将数字经济发展问题纳入战略高度,着力加强数字中国建设整体布局,助力推动数字技术与实体经济实现宽领域、多层次的深度融合,真正让数字技术福祉落到实处。因此,强化对数字技术的认知、开发和应用就显得尤为重要,低代码开发则恰好能够为数字技术与实体经济的融合提供便利,使其可以用最少的甚至无须编码来开发所有类型的应用,不论是对开发者而言还是使用者而言都不会因知识水平等因素而存在壁垒。在数字时代,以低代码开发为代表的新一代数字技术正日益成为推动经济增长的新动能,对于提高数字经济的发展水平具有重要意义。中国政府正在积极推进"数字中国"建设,通过加大对数字技术的投入,推动数字经济走向快速发展。党的二十大报告指出,数字经济发展是实现高质量发展的必由之路,我们应该抓住机遇,加快数字经济的发展,为实现中华民族伟大复兴的中国梦贡献力量。

　　在这个信息化和数字化的时代,大数据、云计算、物联网、人工智能等技术的飞速发展和广泛应用,正在深刻地影响和改变着人类社会的各个方面。企业数字化管理已经成为企业发展的必经之路,数字化管理师是推动企业数字化转型的专业人员。低代码开发平台(Low-Code Development Platform,LCDP)可以加速和简化从小型部门到大型复杂任务的应用程序开发,完成业务逻辑、功能构建后,即可一键交付应用并进行更新,自动跟踪所有更改并处理数据库脚本和部署流程,实现在 iOS、Android、Web 等多个平台上的部署,实现开发一次即可跨平台部署,同时还加快并简化了应用程序、云端、本地数据库以及记录系统的集成。因此,低代码开发平台可以实现企业数字化对应用需求分析、界面设计、开发、交付和管理,并且使之具备快速、敏捷以及连续的特性。本书采用阿里云公司旗下产品"宜搭"低代码开发平台,该平台是目前国内优秀的低代码平台之一,于 2019 年 3 月上线,流程较简单,依托阿里生态圈,可在钉钉 App 中实现应用移动端快速部署。开发者可在可视化界面上以拖曳的方式编辑和配置页面、表单和流程,并一键发布到 PC 端和手机端。

　　2022 年 6 月,浙江工商大学信息与电子工程学院诸葛斌教授师生团队联合钉钉宜搭出版首本《钉钉低代码开发零基础入门》教材。继该教材出版后,浙江工商大学工商管理学院(MBA 学院)孙元教授与浙江工商大学信息与电子工程学院(萨塞克斯人工智能学院)诸葛斌教授联合钉钉宜搭倾力打造低代码系列教材。孙元教授指导教学团队对本书数字化管理系统理论知识进行严谨编撰,诸葛斌教授指导教学团队对本书 ERP(Enterprise Resource Planning,企业资源计划)系统应用案例进行反复迭代,钉钉宜搭低代码专家对本书理论知识及应用案例提出修改建议,本书通过反复修改和实验验证,在校内同步开展精品课程建设,依托本书在校内开展学生教学实践,通过学生们对本书的内容学习和反馈不断优化本书的内容,希望本书能够发挥更好更高的教学实用价值。

本书通过理论与实战相结合的方式更为具体地讲述了数字化管理系统的开发与应用。全书共10章,可将其分为三个部分。第一部分为第1、2章,介绍了企业数字化的理论概述以及基于钉钉平台的企业数字化管理解决方案;第二部分为第3～9章,全步骤图文讲解钉钉低代码开发数字化管理系统的项目实战,其中,第3章介绍了"合同管理系统"的开发,第4章介绍了"采购管理系统"的开发,第5章介绍了"仓库管理系统"的开发,第6章介绍了"生产管理系统"的开发,第7章介绍了"总账管理系统"的开发,第8章介绍了"出纳管理系统"的开发,第9章介绍了"应收应付管理系统"的开发;第三部分为第10章,在数字化管理系统构建完成的基础上,总结说明了系统应用的特点并引入真实案例;附录A介绍钉钉低代码开发师初级认证、中级认证和高级认证,低代码开发师是由钉钉宜搭推出的阿里巴巴官方低代码认证,目的是培养低代码开发的人才,认证低代码开发师的能力;最后注明了本书在编写过程当中借鉴参考的文献资料。

为了使本书内容更加优化,浙江工商大学教学团队和钉钉宜搭专家团队密切配合,对于本书的框架结构、案例选取、文字表述等方面进行多次迭代,以期编写出更高质量的教材。钉钉宜搭专家团队叶周全、应欢欢和于欣鑫对教材整体框架进行设计和把关。依托浙江工商大学工商管理学院(MBA学院)和信息与电子工程学院(萨塞克斯人工智能学院)共同组建了一支教材建设团队,包括工商管理学院(MBA学院)孙元教授及其研究生闻肖融、蔡婧文、王雯琪和信息与电子工程学院(萨塞克斯人工智能学院)诸葛斌教授及其研究生蔡晓丹、王正贤、潘婷婷、肖梦凡、陈莹莹、郑益宣、胡延丰、汪盈、林诗凡、王冰雁,承担本书教学视频录制、宜搭低代码开发、理论部分编写等工作以及测试本书所开发的7个低代码应用子系统;黄泽鹏提供第10章数字工厂案例。指导团队的董黎刚、袁宏亮、彭秀东、蒋献、吴晓春、洪金珠、徐建军对本书中应用案例提出建设性修改建议;杭州毅宇科技有限责任公司提供企业平台验证了本书中ERP系统的可行性和可用性。感谢大家共同努力,对本书的不断完善提出了诸多宝贵建议,使本书能够更好地呈现给读者。

本团队针对本书的知识点录制了148个教学视频,其中包含81个教材讲解视频和67个实验讲解视频,视频力求对知识点的剖析准确到位,形式活泼,内容通俗易懂,以助于读者方便、快捷地掌握数字化管理思维和钉钉低代码开发ERP系统。

本书从数字经济日益成为经济增长重要引擎、企业数字化转型不断加快的时代背景出发,以钉钉宜搭为例生动具体地展现了数字化管理系统的开发与应用实战,帮助读者梳理完善数字化管理系统从构建到应用的完整知识体系,推动了数字技术与管理学的深度融合,实现了双学科交叉融合,是一本数字经济领域的新兴专业教材,有助于培养新一代复合型人才和达成理论知识的输出转化。

由于编者水平与掌握资料的限制,本书不可避免存在一些不足,请同行专家及读者批评指正。

编 者

2024年6月

目 录

第1章 绪论 ……………………………………………………………………………… 1

1.1 数字经济发展新态势 …………………………………………………………… 1

    1.1.1 数字经济发展新形态 ………………………………………………… 1

    1.1.2 全球数字经济政策新动向 …………………………………………… 2

    1.1.3 我国数字经济政策新体系 …………………………………………… 3

    1.1.4 数字化技术新时代 …………………………………………………… 5

    1.1.5 组织结构的变化 ……………………………………………………… 5

    1.1.6 虚拟数字化企业 ……………………………………………………… 6

1.2 企业数字化的内涵与意义🎥 ………………………………………………… 6

    1.2.1 企业数字化的定义 …………………………………………………… 6

    1.2.2 企业数字化的维度 …………………………………………………… 7

    1.2.3 企业数字化的动力 …………………………………………………… 8

    1.2.4 企业数字化的意义 …………………………………………………… 9

    1.2.5 企业数字化的未来展望 ……………………………………………… 10

1.3 企业的数字化管控🎥 ………………………………………………………… 11

    1.3.1 数字化管控的本质 …………………………………………………… 11

    1.3.2 数字化技术的管控 …………………………………………………… 12

    1.3.3 数字化管控的维度 …………………………………………………… 13

    1.3.4 企业数字化管控的应用 ……………………………………………… 14

    1.3.5 数字化管控的价值 …………………………………………………… 14

1.4 数字化管理系统的构建原则 …………………………………………………… 15

    1.4.1 市场导向原则 ………………………………………………………… 15

    1.4.2 系统韧性原则 ………………………………………………………… 16

    1.4.3 可持续化原则 ………………………………………………………… 17

    1.4.4 可执行性原则 ………………………………………………………… 17

1.5 数字化管理系统的构建方案及意义 …………………………………………… 18

    1.5.1 构建原因 ……………………………………………………………… 18

    1.5.2 成功标准及必备要素 ………………………………………………… 18

    1.5.3 需求分析 ……………………………………………………………… 19

    1.5.4 方案判断与节点设置 ………………………………………………… 20

    1.5.5 构建意义 ……………………………………………………………… 21

第 2 章　企业数字化管理 ……………………………………………………… 27

　　2.1　低代码平台系统🎥◀ ……………………………………………………… 27

　　　　2.1.1　低代码平台的含义 ……………………………………………… 27

　　　　2.1.2　低代码的发展 …………………………………………………… 28

　　　　2.1.3　低代码平台驱动模式和开发模式 …………………………… 29

　　　　2.1.4　低代码开发平台价值 ………………………………………… 30

　　　　2.1.5　低代码开发数字化管理系统 ………………………………… 31

　　2.2　钉钉企业数字化管理🎥◀ ……………………………………………… 31

　　　　2.2.1　数字化管理与传统管理方式对比 …………………………… 31

　　　　2.2.2　钉钉企业数字化管理功能 …………………………………… 32

　　　　2.2.3　钉钉各版本的权益 …………………………………………… 33

　　　　2.2.4　宜搭各版本的权益 …………………………………………… 34

　　2.3　钉钉环境下企业架构的创建🎥◀ ……………………………………… 35

　　2.4　钉钉低代码应用开发🎥◀ ……………………………………………… 36

　　　　2.4.1　创建应用 ………………………………………………………… 36

　　　　2.4.2　权限设置 ………………………………………………………… 37

　　　　2.4.3　应用发布 ………………………………………………………… 39

　　2.5　智能应用开发🎥◀ ……………………………………………………… 42

　　　　2.5.1　智能应用 ………………………………………………………… 42

　　　　2.5.2　智能表单 ………………………………………………………… 43

　　　　2.5.3　宜搭 AI 助理 …………………………………………………… 44

第 3 章　合同管理系统 ………………………………………………………… 50

　　3.1　"合同管理系统"案例引入 …………………………………………… 50

　　3.2　"合同管理系统"总概🎥◀ …………………………………………… 52

　　3.3　"销售合同管理"子模块 ……………………………………………… 52

　　　　3.3.1　"新增-客户"普通表单🎥◀ ………………………………… 53

　　　　3.3.2　"新增-客户-管理"数据管理页 …………………………… 53

　　　　3.3.3　"客户信息"流程表单🎥◀ ………………………………… 54

　　　　3.3.4　"客户信息-管理"数据管理页 …………………………… 54

　　　　3.3.5　"标的清单"流程表单🎥◀ ………………………………… 54

　　　　3.3.6　"标的清单-管理"数据管理页 …………………………… 58

　　　　3.3.7　"收款安排"流程表单🎥◀ ………………………………… 58

　　　　3.3.8　"收款安排-管理"数据管理页 …………………………… 60

　　3.4　"销售资金管理"子模块 ……………………………………………… 61

　　　　3.4.1　"业务合同集合"普通表单🎥◀ …………………………… 62

　　　　3.4.2　"业务合同集合"数据管理页 …………………………… 64

　　　　3.4.3　"应收账款管理"普通表单🎥◀ …………………………… 64

3.4.4 "应收账款数据管理"数据管理页 ·· 65

3.5 "销售发票管理"子模块 🎥◀ ·· 67

3.5.1 "申请开票"流程表单 ·· 67

3.5.2 "申请开票管理"数据管理页 ··· 72

3.6 "合同管理首页"自定义页面 🎥◀ ··· 72

第4章 采购管理系统 ·· 74

4.1 "采购管理系统"案例引入 ··· 74

4.2 "采购管理系统"总概 🎥◀ ··· 76

4.3 "基础信息"子模块 ··· 77

4.3.1 "供应商信息"普通表单 🎥◀ ·· 77

4.3.2 "采购情况展示"报表设计 🎥◀ ··· 77

4.4 "流程进度"子模块 ··· 80

4.4.1 "采购申请单"流程表单 🎥◀ ·· 80

4.4.2 "采购订单"流程表单 🎥◀ ··· 81

4.4.3 "采购发票"普通表单 🎥◀ ··· 84

4.4.4 "物品接收情况"普通表单 🎥◀ ··· 85

4.4.5 "检验单"普通表单 🎥◀ ·· 86

4.4.6 "采购价格管理"普通表单 🎥◀ ··· 87

4.5 "采购管理首页-员工"自定义页面 🎥◀ ·· 88

4.6 "采购管理首页-管理"自定义页面 🎥◀ ·· 89

第5章 仓库管理系统 ·· 90

5.1 "仓库管理系统"案例引入 ··· 90

5.2 "仓库管理系统"总概 🎥◀ ··· 92

5.3 "基本信息"子模块 🎥◀ ··· 93

5.3.1 "物品库存"普通表单 🎥◀ ··· 93

5.3.2 "仓库展示报表"报表展示 🎥◀ ··· 93

5.4 "入库"子模块 ·· 95

5.4.1 "采购检验申请单"流程表单 🎥◀ ·· 95

5.4.2 "退料通知单"流程表单 🎥◀ ·· 97

5.5 "出库"子模块 ·· 99

5.5.1 "销售出库审核"流程表单 🎥◀ ··· 100

5.5.2 "销售发票登记"流程表单 🎥◀ ··· 101

5.6 "仓库管理首页"自定义页面 🎥◀ ··· 103

第6章 生产管理系统 ·· 104

6.1 "生产管理系统"案例引入 ··· 104

6.2 "生产管理系统"总概 🎥◀ ··· 106

6.3 "基本资料管理"子模块 ·· 106
   6.3.1 "物料"模块📹 ·· 106
   6.3.2 BOM 模块📹 ·· 110
   6.3.3 "仓库"模块📹 ·· 113
   6.3.4 "销售"模块📹 ·· 115

6.4 "生产管理"子模块 ·· 117
   6.4.1 "生产任务单"流程表单📹 ······························· 118
   6.4.2 "生产任务单管理"数据管理页 ··························· 121
   6.4.3 "生产领料单"流程表单📹 ······························· 121
   6.4.4 "生产领料单管理"数据管理页 ··························· 124
   6.4.5 "产品入库单"流程表单📹 ······························· 124
   6.4.6 "产品入库单管理"数据管理页 ··························· 126

6.5 "生产财务管理"子模块 ·· 127
   6.5.1 "生产费用分摊"流程表单📹 ···························· 127
   6.5.2 "生产费用分摊管理"数据管理页 ························ 130
   6.5.3 "生产成本核算"流程表单📹 ···························· 130
   6.5.4 "生产成本核算管理"数据管理页 ························ 133

6.6 "生产管理系统首页"自定义界面📹 ···························· 133

第7章　总账管理系统 ·· 134

7.1 "总账管理系统"案例引入 ··· 134
7.2 "总账管理系统"总概📹 ·· 136
7.3 "基本信息管理"子模块📹 ·· 137
   7.3.1 "凭证字"普通表单 ······································· 138
   7.3.2 "凭证字管理"数据管理页 ······························· 138
   7.3.3 "科目类别"普通表单 ····································· 139
   7.3.4 "科目类别管理"数据管理页 ··························· 139
   7.3.5 "会计科目"普通表单 ····································· 140
   7.3.6 "会计科目管理"数据管理页 ··························· 140
   7.3.7 "币别"普通表单 ·· 140
   7.3.8 "币别管理"数据管理页 ································· 141
   7.3.9 "结算方式"普通表单 ····································· 142
   7.3.10 "结算方式管理"数据管理页 ························· 142

7.4 "凭证录入管理"子模块 ·· 143
   7.4.1 "凭证录入"普通表单📹 ································· 143
   7.4.2 "凭证录入管理"数据管理页 ··························· 144
   7.4.3 "已过账凭证"普通表单📹 ······························ 144
   7.4.4 "已过账凭证管理"数据管理页 ························ 145

7.5 "凭证过账管理"子模块📹 ·· 146

7.6 "往来核销管理"子模块 ································· 154
    7.6.1 "待核销单"流程表单 🎥 ····················· 154
    7.6.2 "待核销单管理"数据管理页 ················· 156
    7.6.3 "已核销单"流程表单 🎥 ····················· 156
    7.6.4 "已核销单管理"数据管理页 ················· 157
    7.6.5 "往来核销"自定义界面 🎥 ················· 157
7.7 "财务期末结账管理"子模块 🎥 ····················· 164
7.8 "总账管理系统首页"自定义界面 🎥 ················· 166

第 8 章 出纳管理系统 ····································· 167

8.1 "出纳管理系统"案例引入 ························· 167
8.2 "出纳管理系统"总概 🎥 ························· 169
8.3 "现金日记账"子模块 🎥 ························· 170
    8.3.1 "现金日记账底表"普通表单 🎥 ············· 170
    8.3.2 "现金日记账"普通表单 🎥 ················· 171
    8.3.3 "现金日记账管理"数据管理页 ············· 174
8.4 "现金盘点"子模块 🎥 ····························· 174
    8.4.1 "现金盘点单"流程表单 🎥 ················· 175
    8.4.2 现金盘点报表 🎥 ························· 178
8.5 "现金对账"子模块 🎥 ····························· 179
    8.5.1 "现金对账"普通表单 ····················· 179
    8.5.2 "现金对账管理"数据管理页 ··············· 179
8.6 "银行存款日记账"子模块 🎥 ····················· 180
    8.6.1 "银行存款日记账底表"普通表单 🎥 ········· 181
    8.6.2 "银行存款日记账"普通表单 🎥 ············· 181
    8.6.3 "银行存款日记账管理"数据管理页 ········· 183
8.7 "银行对账单"子模块 🎥 ························· 184
    8.7.1 "银行对账单"普通表单 ··················· 184
    8.7.2 "银行对账单管理"数据管理页 ············· 186
8.8 "银行存款对账"子模块 🎥 ······················· 186
    8.8.1 "银行存款对账"普通表单 ················· 187
    8.8.2 "银行存款对账管理"数据管理页 ··········· 188
8.9 "出纳结算"子模块 🎥 ····························· 188
8.10 自定义页面 🎥 ································· 191

第 9 章 应收应付管理系统 ································· 193

9.1 "应收应付管理系统"案例引入 ····················· 193
9.2 "应收应付管理系统"总概 🎥 ····················· 195
9.3 "基本信息"子模块 ····························· 195
    9.3.1 "客户信息"普通表单 🎥 ················· 195
    9.3.2 "客户信息管理"数据管理页 ··············· 198

9.3.3　"供应商信息"普通表单🎥 ·· 198

9.3.4　"供应商信息管理"数据管理页 ·································· 200

9.4　"应收"子模块 ··· 201

9.4.1　"收款单"流程表单🎥 ·· 201

9.4.2　"销售发票"流程表单🎥 ·· 203

9.4.3　"收款单管理"数据管理页 ······································ 205

9.4.4　"销售发票管理"数据管理页 ···································· 206

9.5　"应付"子模块 ··· 206

9.5.1　"付款单"流程表单🎥 ·· 207

9.5.2　"采购发票"流程表单🎥 ·· 208

9.5.3　"付款单管理"数据管理页 ······································ 210

9.5.4　"采购发票管理"数据管理页 ···································· 210

9.6　自定义页面 ··· 211

9.6.1　"核销"自定义页面🎥 ·· 211

9.6.2　首页自定义页面🎥 ··· 220

第 10 章　数字化管理系统开发实战 ·· 222

10.1　"数字化管理系统"案例引入 ······································ 222

10.1.1　案例介绍 ··· 222

10.1.2　应用定制开发 ··· 223

10.1.3　系统集成 ··· 224

10.2　数字化管理系统应用实例🎥 ······································ 225

10.2.1　数字工厂背景🎥 ··· 225

10.2.2　应用搭建🎥 ··· 228

10.2.3　应用工作台🎥 ··· 257

10.2.4　数据大屏展示🎥 ··· 261

10.3　数字化管理系统应用策略🎥 ······································ 262

10.3.1　应用路径 ··· 262

10.3.2　参考理论 ··· 265

10.3.3　应用建议 ··· 266

10.4　未来展望 ··· 268

10.4.1　集成化发展 ··· 268

10.4.2　智能化发展 ··· 269

10.4.3　高效化发展 ··· 269

附录 A　钉钉低代码开发师认证 ·· 271

A.1　初级认证 ·· 271

A.2　中级认证 ·· 272

A.3　高级认证 ·· 273

参考文献 ··· 274

第 1 章

绪　论

1.1　数字经济发展新态势

随着人类社会全面进入数字经济时代,世界各国数字经济整体发展迈向新高度,呈现出数据价值化、数字产业化、产业数字化、数字化治理协同发展的新态势。中国经济社会坚持新发展理念,把握高质量发展要求,坚持以供给侧结构性改革为主线,数字产业化总体实现稳步增长,数字经济相关领域发展亮点频出,紧紧围绕构建现代化经济体系,立足制造强国和网络强国建设全局,不断加快数字经济战略部署(蔡昉,等,2021)。

1.1.1　数字经济发展新形态

数字经济是以价值化的数据为关键生产要素,以数字技术为核心驱动力,以现代信息网络为重要载体,通过数字技术与实体经济深度融合,不断提高数字化、网络化、智能化水平,加速重构经济发展与治理模式的新型经济形态。

数据价值化:习近平总书记多次强调,要"构建以数据为关键要素的数字经济"。党的十九届四中全会首次明确数据可作为生产要素按贡献参与分配。2020 年 4 月 9 日,中共中央、国务院印发《关于构建更加完善的要素市场化配置体制机制的意见》明确提出,要"加快培育数据要素市场"。

数字产业化:数字产业化即信息通信产业,是数字经济发展的先导产业,为数字经济发展提供技术、产品、服务和解决方案等,数字产业化既有传统的电子信息制造业、电信业、软件和信息技术服务业,也有新兴的互联网行业,包括但不限于 5G、集成电路、软件、人工智能、大数据、云计算、区块链等技术、产品及服务。

产业数字化:产业数字化是数字经济发展的主阵地,为数字经济发展提供广阔空间。产业数字化是指传统产业应用数字技术所带来的生产数量和效率提升,其新增产出构成数字经济的重要组成部分。

数字化治理:数字化治理是推进国家治理体系和治理能力现代化的重要组成,是运用数字技术,建立健全行政管理的制度体系,创新服务监管方式,实现行政决策、行政执行、行政组织、行政监督等体制更加优化的新型政府治理模式。

数据价值化代表生产要素的创新突破,是数字经济发展的基础;数字产业化和产业数字化代表生产力的发展方向,是数字经济发展的核心;数字化治理代表生产关系的深刻变革,是数字经济发展的深化。四者紧密联系、相辅相成、相互促进、相互影响。数字经济发展新形态关系如图1-1所示。

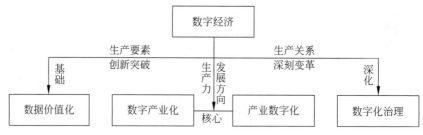

图 1-1　数字经济发展新形态关系

1.1.2　全球数字经济政策新动向

近年来,国际经济形势错综复杂,全球经济复苏势头减弱,世界经济正处在动能转换的换挡期,世界各国日渐提升对数字经济的重视,积极部署数字经济战略。

各国的数字经济政策呈现五大共性趋势:一是创新驱动成为数字经济发展优先选择;二是新型基础设施支撑各国经济社会发展;三是深化数字经济融合应用成为战略焦点;四是积极应对完善数字经济治理问题;五是提升国民数字技能,抢抓数字人才机遇。

多数发达国家较早认识到数字经济的重要性,数字经济发展战略布局起步较早。美国是全球最早布局数字经济的国家,美国把发展数字经济作为实现繁荣和保持竞争力的关键,在大数据、人工智能、智能制造等领域推动数字经济发展。英国是最早出台数字经济政策的国家,2009年发布《数字英国》计划,随后不断升级数字经济战略,大力推动数字经济创新发展,打造数字化强国,坚持"数字政府即平台"理念,推进政府数字化转型,提高政府数字服务效能。德国积极践行"工业4.0",不断升级高科技创新战略,积极推动中小企业数字化转型,提升数字经济竞争力。日本政府早在2001年就提出《e-Japan战略》,随后又发布u-Japan、i-Japan、《ICT成长战略》《智能日本ICT战略》等,实现数字经济信息化、网络化、智能化各阶段发展有章可循。

相比之下,发展中国家对于数字经济的布局相对滞后,多数发展中国家近几年才开始着手布局相关战略。2019年,印度开始推进"数字支付",主要为消费者提供一键式付款服务,致力于满足消费者支付体验无缝化、互操作性以及安全的需求。2020年,巴西制定了数字政府战略,将目光对准区块链环境的搭建,为数字服务的转型、数字渠道的统一和系统间互操作性的发展提供了指导方针。2021年,俄罗斯数字部将国家政务服务改进为"超级服务"计划,即扩大政务服务范围,旨在全面涵盖公民和企业典型的日常业务。发展中国家数字经济虽起步较晚,但正积极开展数字经济规划布局营造数字经济发展的宽松环境,以期抓住数字经济发展的新机遇,努力实现与发达国家并跑。

目前,完善数字经济顶层设计、统筹数字经济发展成为各国激发经济增长活力的重要手段。英国发布新的《英国数字战略》,聚焦完善数字基础设施、发展创意和知识产权、提升数字技能与培养人才、畅通融资渠道、改善经济与社会服务能力、提升国际地位6大领域,推动英国数字经济发展更具包容性、竞争力和创新性。澳大利亚发布《2022年数字经济战略更新》,制定实现2030年愿景的框架和方向,并确定了在技术投资促进计划、量子商业化中心、5G创新、帮助妇女在职业生涯中期向数字劳动力过渡、改革支付系统等方面的新行动。德国更新"数字战略(2025)",涵盖数字技能、基础设施及设备、创新和数字化转型、人才培养等内容,进一步提升德国数字化发展能力。

发达经济体持续强化数字经济战略布局的同时，其他新兴经济体和发展中国家也成为数字经济战略布局的重要一员。2021—2022 年，马来西亚先后发布"马来西亚数字经济蓝图"、《马来西亚数字计划（MyDigital）》，分三个阶段，以三大策略和六大主轴方案推动数字经济发展。2021 年，印度尼西亚发布《2021—2024 年印度尼西亚数字路线图》，包括 6 个战略方向、10 个重点领域，涵盖至少 100 项主要举措，以实现数字经济的包容性发展。2020 年，越南发布《至 2025 年国家数字化转型计划及 2030 年发展方向》，在发展数字政府、数字经济、数字社会的同时，推进形成具有全球竞争力的数字技术企业。

1.1.3 我国数字经济政策新体系

1. 我国数字经济发展战略规划

党的十八大以来，我国深入实施网络强国战略、国家大数据战略，推动数字经济发展逐渐上升为国家战略，先后印发数字经济发展战略、"十四五"数字经济发展规划，有关部门认真落实各项部署，加快推进数字产业化和产业数字化，推动数字经济蓬勃发展。十年来，我国数字经济取得了举世瞩目的发展成就，总体规模连续多年位居世界第二，对经济社会发展的引领支撑作用日益凸显。

总体来看，我国数字经济发展战略规划主要经历了以下几个阶段。

第一阶段重点推进信息通信技术的快速发展和迭代演进，促进其与各领域深度融合。在该阶段，我国多出台关于推进物联网发展、"宽带中国"战略、"互联网＋"行动、信息化和工业化融合有关的通知意见，这些政策皆以促进信息通信技术发展为主线，推动其深入各领域，强调融合发展。

第二阶段着重培育以数据为关键要素的经济社会发展新形态。2017 年 12 月，习近平总书记指出，要构建以数据为关键要素的数字经济，因此先后出台了多个关于发展工业互联网、发展数字经济与平台经济的相关政策意见。2020 年出台《中共中央 国务院关于构建更加完善的要素市场化配置体制机制的意见》，首次将数据作为一种新型生产要素，提出推进政府数据开放共享、提升社会数据资源价值、加强数据资源整合和安全保护。

第三阶段突出数字经济作为一种以数据资源为关键要素，以现代信息网络为主要载体，以信息通信技术融合应用、全要素数字化转型为重要推动力的新经济形态，开启转向深化应用、规范发展、普惠共享的新阶段。随着数字经济的发展，为应对新形势新挑战，把握数字化发展新机遇，拓展经济发展新空间，推动我国数字经济健康发展，依据《中华人民共和国国民经济和社会发展第十四个五年规划和 2035 年远景目标纲要》，于 2021 年 12 月制定了《"十四五"数字经济发展规划》，分析了"十三五"时期的数字经济发展现状和形势，并对"十四五"期间的数字经济发展进行了长足的规划，计划到 2025 年，数字经济迈向全面扩展期，数字经济核心产业增加值占 GDP 比重达到 10%，数字化创新引领发展能力大幅提升，智能化水平明显增强，数字技术与实体经济融合取得显著成效，数字经济治理体系更加完善，我国数字经济竞争力和影响力稳步提升。2022 年 10 月，党的二十大擘画了以中国式现代化全面推进中华民族伟大复兴的使命任务，明确了未来 5 年是全面建设社会主义现代化国家开局起步的关键时期，做出了加快贯彻新发展理念、构建新发展格局、推动高质量发展的重要部署，对推进数字技术创新、深化数字化转型、建设数字中国提出了更高要求，并指出我国数字经济发展成效显著，但还存在大而不强、快而不优等现象，尚有 4 个问题亟须解决，并提出下一步工作安排。2023 年 2 月，中共中央、国务院印发的《数字中国建设整体布局规划》中明确提出,到 2025 年,基本形成横向打通、纵向贯通、协调有力的一体化推进格局,数字中国建设取得重要进展。到 2035 年,数字化发展水平进入世界前列,数字中国建设取得重大成就,同时要把中国数字化建设方面的技术和资源大量输出国外,为推动全球数字化经济发展做出重要贡献。

2. 我国各地数字经济发展战略

在国家政策的引导下,各级地方政府纷纷将大力发展数字经济作为推动经济高质量发展的重要举措。

浙江省近年来高度重视数字经济建设,以数字经济"一号工程"为牵引,提出一系列数字经济顶层设计规划,形成较完备的政策体系。早在 2003 年浙江省政府就发布《数字浙江建设规划纲要(2003—2007 年)》,旨在全面推进全省国民经济和社会信息化建设,实现信息化带动工业化,使信息化、工业化、城市化、市场化和国际化的进程有机结合。随后,浙江省数字经济政策紧密围绕产业数字化发展,尤其注重第三产业的数字化转型,陆续出台相关政策。2017 年开始注重第二产业数字化转型,2017 年 12 月,省委经济工作会议提出要把数字经济作为"一号工程"来抓,2018 年相继出台《浙江省国家数字经济示范省建设方案》《浙江省数字经济五年倍增行动计划》等支持国家数字经济示范省建设。2019 年,浙江省继续深入数字经济"一号工程"的主要目标和重点工作。2021 年,浙江省人民政府办公厅发布《浙江省数字经济发展"十四五"规划》,其中指出,到 2025 年,数字经济发展水平稳居全国前列、达到世界先进水平,数字经济增加值占 GDP 比重达到 60% 左右,高水平建设国家数字经济创发展试验区,加快建成"三区三中心",成为展示"重要窗口"的重大标志性成果。2022 年,浙江省第十五次党代会提出打造数字经济"一号工程"升级版,聚焦"五区四中心"发展定位,全力推动产业能级、创新模式、数字赋能、数据价值、普惠共享"五个跃升",全面建设数字经济强省,打造引领支撑"两个先行"关键力量。

2023 年 3 月,浙江省召开全省数字经济创新提质"一号发展工程"大会,会议上强调,要深入学习贯彻习近平总书记关于发展数字经济的重要论述重要指示精神,牢牢把握高质量发展首要任务,深入实施"八八战略",强力推进创新深化改革攻坚开放提升,紧扣"往高攀升、向新进军、以融提效"三大主攻方向,大力推动产业能级、创新模式、数字赋能、数据价值、普惠共享五大跃升,把数字经济创新提质"一号发展工程"做实做细做出成效,加快构建以数字经济为核心的现代化经济体系,加快建设数字经济高质量发展强省,为走出一条高水平数字发展道路提供浙江范例。

3. 推动数字经济发展重点方向

当前和今后一段时期,是全球数字经济发展的重大战略机遇期。我们以习近平新时代中国特色社会主义思想为指导,坚持新发展理念,把握高质量发展要求,坚持以供给侧结构性改革为主线,紧紧围绕构建现代化经济体系,立足制造强国和网络强国建设全局,加快数字经济发展步伐。国家高度重视科技创新和数字经济发展,在数字经济领域出台了一系列政策规划,进入新常态的中国经济开始由传统要素驱动模式转为创新型全要素驱动模式。借助超大规模市场优势,中国抓住电子商务和消费互联网蓬勃兴起的机遇,数字经济呈现超高速发展态势,涌现出各种新经济、新业态、新模式。

推动数字经济发展有五大重点方向。

一是加速数据要素价值化进程,加快完善数字经济市场体系,推动形成数据要素市场,引导培育数据要素交易市场,依法合规开展数据交易,支持各类所有制企业参与数据要素交易平台建设；二是推进实体经济数字化转型,加强企业数字化改造,加快行业数字化升级,打造区域制造业数字化集群,加快重点区域制造业集群基础设施数字化改造,推动新型基础设施共建共享；三是着力提升产业基础能力,突破关键核心技术,强化基础研究,提升原始创新能力,努力走在理论最前沿、占据创新制高点、取得产业新优势,提升数字技术供给能力和工程化水平,补齐产业基础能力短板；四是强化数字经济治理能力,加强政策和标准引导,持续完善数字经济发展的战略举措,加快数字化共性标准、关键技术标准制定和推广,完善数字经济统计理论、方法和手段,加强安全保障和风险防范；五是深化数字经济开放合作,加强各国数字经济领域政策协调,推进各领域合作的试点示范,创造公平公正、创新包容、非歧视的市场环境,让各国企业平等参与中国数字经济创新发展,共享发展红利。

4. 企业数字化相关政策和现状

我国针对企业现状,出台了许多企业数字化的相关政策,如工业和信息化部印发《中小企业数字化赋能专项行动方案(2022)》,引导数字化服务商面向中小企业推出云制造平台和云服务平台,鼓励数字化服务商向中小企业和创业团队开放平台接口、数据、计算能力等数字化资源,提升中小企业二次开发能力,助推中小企业通过数字化网络化智能化赋能实现复工复产,增添发展后劲,提高发展质量。2022 年国务院印发的《"十四五"数字经济发展规划》中提出,要引导企业强化数字化思维,提升员工数字技能和数据管理能力,全面系统推动企业研发设计、生产加工、经营管理、销售服务等业务数字化转型。

当前,我国正处在经济结构的转型关键期,数字经济是中国实现高质量增长的重要推动力,传统行业的数字化转型势在必行,而国有企业早已身在其中,数字化转型将进一步促进国有企业的飞跃发展,也将极大提升自身竞争力,并逐渐成为这场伟大变革的焦点和主战场。

支持建设数字供应链,带动上下游企业加快数字化转型。不难发现,国家推动企业深化数字化改革的决心已定,企业数字化转型势不可挡。

1.1.4　数字化技术新时代

随着人工智能、云计算、大数据和智能终端等新技术的普及,数据能自动产生并被集中处理,这让我们对数据的利用程度大幅提高。这就是从信息化到数据化的转变,也带来了新一轮通用技术革命(贺俊,2023)。以前叫"信息技术(Information Technology,IT)",如今正在被"数字技术(Digital Technology,DT)"替代。从历史的规律也不难看出,数字化是信息化的延续和升级。

从信息化到数字化,其背后是三种底层技术(各种智能终端、中央信息处理功能以及互联网)的广泛应用。

首先,智能终端包括手机、可穿戴设备、传感器和应用程序,这些设备可以自动产生和传输信息。个体不仅是信息的消费者,也是信息的生产者,这样就可以产生海量的数据信息,为大数据提供基础；其次,中央信息处理功能的升级,主要体现为人工智能、大数据和云计算的广泛应用,互联网把计算能力集中在一起,通过网络向每个终端输出计算能力,终端只需要具备简单的处理和展示功能即可；最后,互联网的升级,从有线互联网到无线互联网摆脱了物理空间的限制,从 3G 到 4G 再到 5G,网速越来越快,同时接入的设备也越来越多,响应时间越来越短,智能驾驶、物联网变得越来越成熟和普及(胡笑梅,等,2021)。

1.1.5　组织结构的变化

对于企业而言,战略决定了组织结构。数字化时代,不管是直线制、职能制、直线职能制还是事业部制、矩阵制,企业组织结构都像金字塔一样,呈现垂直化、科层制、等级制的特点,在应对外部环境变化、资源配置等方面缺乏足够的灵活性。数字经济的高速发展使得企业战略发生转变,也要求企业对组织结构进行创新,重新协调、评估和筹划人、财、物的组合。多维度的技术应用强化了企业之间的数据共享,重新诠释了服务的内涵,管理者可以及时了解一线情况并且配置相应资源,"让听得见炮声的人来决策"。

随着数字化的逐渐普及,企业的组织结构也将做出相应的改变——企业的职能部门之间要加强相互配合、协作共赢,对市场需求做出即时响应,组织结构趋于网络化、扁平化(戚聿东和肖旭,2020)。

1.1.6　虚拟数字化企业

随着互联网和通信技术的发展,"数字化"企业将成为 21 世纪国际化企业发展的必然趋势。虚拟数字化企业,是指以现代信息技术为基础,融合使用数字技术,以市场信息为纽带,将不同企业拥有的竞争优势联合在一起,突破有形界限,克服空间和时间限制,协调作战的临时性企业组织。"数字化"企业中几乎所有的商业关系,如客户、供应商、雇员以及核心的业务流程,都是通过数字化的信息系统进行连接和沟通的;核心的企业资产如智力成果、财务和人力资源,也是以数字化信息系统的方式进行管理和运作的。"数字化"企业对外部环境的反应速度要比传统的企业快得多,使之能够在竞争激烈、变化无常的市场环境中生存并保持持续的竞争力。

企业之间、产品之间、消费者之间、产品/消费者与企业之间的连接都远比过去丰富。虚拟空间中供应链成员之间的交互更加频繁,企业更容易接触到新的交易伙伴;越来越多的智能互联产品,使得产品之间、产品与企业之间、企业之间的联系日益密切;对于消费者,在传统的线下关系中,他们只能维持有限的社会关系网络,而虚拟空间中的社交成本大幅下降,这导致了虚拟空间中的连接数量远大于现实生活。丰富的连接创造了商业价值,推动了以生态圈为代表的创新商务模式的涌现(陈剑,等,2020)。

同时,从 AIGC 到虚拟数字人,从 Web 2.0 到 Web 3.0,从新 IP 孵化到智能硬件的兴盛,文心一言、混元、讯飞星火等 AI 大模型都相继问世,虚拟数字世界逐渐丰满,新经济行业已然成为数字化经济蓬勃发展的重要节点。

教材讲解
视频

1.2　企业数字化的内涵与意义

2020 年新冠疫情袭来,许多工厂正面临着破产和倒闭,但是泰普森砥砺奋进,转危为安,实施产业链全球化布局,持续深耕欧美市场,扩大柬埔寨、西班牙等生产基地的产能。2021 年依靠智能化生产线的更新,做到接单、出口分别同比增长 70%、55%,入库税金同比增长160%,2022 年坚持以创新为动力,持续保持良好的增长态势。这些成绩得益于当年的"三板斧"策略(孙元,祝梦忆,方舒悦,等,2020)。

1.2.1　企业数字化的定义

第一板斧:转变思维模式。

数字化转型的开展和成功离不开企业文化的支撑,如果企业文化不能契合当前的战略目标,那么战略目标就难以开展和实现。泰普森最终将原先的企业文化"天道酬勤"改为"激情创新、精进担当、融合共享"。激情创新就是最大限度地激发员工的积极性和创造性,不断推动企业转型升级；精进担当是倡导员工具有顽强的进取精神，对工作精益求精，勇于担当；而融合共享指积极营造企业与员工共成长、同进退的良好氛围，并在市场竞争中开展强强合作，实现资源互补，双赢共进。

　　泰普森的部分高层还对已实现数字化的标杆企业进行走访，亲身体验数字化带来的好处。同时，泰普森还积极同专业的数字化培训公司展开合作，利用第三方培训来提升管理层的数字化意识。

　　第二板斧：优化 IT 组织。

　　良好的 IT 组织设计是企业数字化转型的支柱。为了使 IT 组织跟上数字化转型战略，泰普森决定在 5 个事业部分别设立专业的系统研发小组，负责针对性地解决员工的系统使用问题和开发新系统，并在研发系统中导入 PLM（Product Lifecycle Management，产品生命周期管理）系统，不断优化内部工作流程、明确各部门职责分工、实现跨部门协作和整体创新流程的高效运作。

　　第三板斧：重塑业务模式。

　　首先，生产业务的重塑——"制造数字化"。

　　在市场和订单方面，IT 团队利用各种数据构建出包含 18 个月的滚动销售和储运预测的预测模型系统，这为公司整体运营管控提供了极大帮助，发挥了极强的数字化运营分析能力，确保公司业务的高速发展和稳定营利；在生产制造方面，研发团队综合运用 PLM、GST（标准工时）等系统管理产品研发工程化数据，建立起产品的标准 BOM（Bill Of Materials，物料清单）和标准工序数据库，为生产制造和供应链协同提供研发标准化数据支撑；同时，运用 APS（Advanced Planning and Scheduling，高级计划与排程）和 MES 系统对各生产线的生产情况进行实时管理，方便工厂管理部门对工厂进行实时的动态监控，并动态地根据工厂现场实际情况调配产能和物料供应。

　　其次，管理业务的重塑——"管理数字化"。

　　在员工管理方面，泰普森开发了自己的协同办公系统，并将现有的第三方的办公软件和自主研发的系统进行"打通"，实现各个系统间的"互通互联"，这样一来就能大幅提高员工的工作效率；在库存管理方面，泰普森使用 RFID（射频识别）技术，通过在原材料货物包装上加贴 UHF（超高频）的 RFID 标签，对原材料出入库和库存情况进行快速、高效地识别和统计，做到物流和信息流的实时一致，降低了传统仓库作业中人为因素导致的错误；对于成品出入库管理，研发团队通过算法优化，将成品 WMS（Warehouse Management System，仓库管理系统）综合 PDA 绑托和高位货架货位管理方案，制定出成品出入库提示和路径规划，以此有效提高仓库内部作业的效率。

　　从此可以看出，企业数字化在制造业行业中有所体现，助推了企业整体性发展，那么企业数字化是什么呢？

　　企业数字化是指通过将数字技术引入现有企业管理架构，推动信息结构、管理方式、运营机制、生产过程等相较于工业化体系发生系统性重塑，客观上要求企业打破传统工业化管理情形下的路径依赖，改变原有的企业管理思维逻辑，驱使企业生产管理趋向智能化、企业营销管理趋向精准化、企业资源管理趋向高效化，从而带来企业管理方式乃至管理制度的颠覆式创新。

1.2.2　企业数字化的维度

　　企业数字化需要从 5 个维度出发（朱秀梅，林晓玥，2022）。

产品：产品数字化转型主要体现在形态、特性、功能、逻辑等方面。在形态方面，产品数字化转型主要包括数字技术赋能物理实体的数字化产品和纯数字产品两大类。在特性方面，产品边界变得模糊，并具有持续不断进化的自生长性。在功能方面，产品的数字化能够将功能从形式和内容的介质中分离，使产品具备监测、控制、优化和自动化等功能。在逻辑方面，产品数字化转型遵循适应逻辑，依托平台利用用户海量数据适时调整产品功能或形态。

服务：服务数字化转型的特征主要体现在形态、特性、功能、逻辑等方面。在形态方面，数字化转型服务包括支持用户产品的数字化服务和支持用户行为的数字化服务两类。在特性方面，服务具有收敛性、自生长性，以及可嵌入产品性和价值显化性。在功能方面不断扩展，包括辅助产品销售、增加产品附加值等简单功能，以及为用户提供个性化和全周期解决方案等复杂功能。在逻辑方面，服务数字化转型也依赖适应逻辑。

流程：流程数字化转型涉及操作流程、支持流程和管理流程，展现出设备自动化、网络协同性、用户参与性等新特征。依赖数字技术的应用，企业可以在后端运营实现自动化和智能化的内部运作，进行网络化协同运营，大幅度降低成本，提高运作效率和管理质量，让前端业务与用户在购买前、购买后进行持续交互，创造新的客户体验，同时使用户成为重要参与主体参与全流程价值创造活动。

模式：模式数字化转型分为渐进式的效率型数字商业模式转型和突破式的新颖型数字商业模式转型，前者强调与用户等多主体之间围绕流程和资源提升交流互动的效率，迅速和主动地改进当前的商业模式，具有敏捷性、交互性等特征，后者则注重引入新技术、新主体、新活动、新市场、新结构和新治理机制，预测、评估和利用尚未开发的创造额外价值的机会，进而创造新颖的商业模式，具有创造性、开放性等特征。

组织：组织数字化转型涉及组织结构、组织文化、领导力、员工角色和技能等方面的转型，具有结构灵活性、文化认同性、领导授权性和员工自主性等特征。在组织结构方面，强调跨职能协作的重要性，包括建立独立的单位和创建跨职能团队两种方式，以用户为中心紧密合作实现快速分离重组。在组织文化方面，帮助组织成员形成关于数字环境下组织运作的长期且相对稳定的共同假设和理解。在领导力方面，要求领导者具备新的、动态的、持续学习的领导力，即数字化的领导力，强调领导者的5项关键能力：创造性、持续思考、保持好奇、渊博的知识、全球愿景与合作。在员工角色和技能方面，强调利用机器和技术取代简单重复性的人工工作，鼓励员工自主性地强化和采取更加分权的决策进程，引导企业成员进行知识共享和创造活动，提高其解决日益复杂业务问题的能力。

1.2.3 企业数字化的动力

企业数字化的动力主要可以从5个方面出发。

第一方面，数字技术赋能企业数字化转型。数字化转型企业的传统道路是通过利用IT技术开展信息化建设工作，而新型的数字化转型是通过利用物联网和云计算等新型数字化技术对企业进行全价值链转型，企业根据发展战略，充分利用数字技术带来的变化与机遇（林艳，轧俊敏，2023），从而在提高运营效率和降低运营成本的基础上，拓展业务，增加收入（吴瑶，等，2022）。

第二方面，数字化人才引领企业数字化转型。在数字运行过程中，仅以技术为导向是不足的，还需要考虑到以人才为主体。因此，在数字化转型过程中，人的主动性始终处于领导地位，技术则起到了补充作用，使得人才与技术做到相互渗透，塑造它们共同协作的关系（谢小云，等,2021)。

第三方面,消费者需求引导企业数字化转型。在数字经济的阶段,消费者与企业的交互方式,已经由单项信息流动转向为双向交互。此时,消费者已经不是被动地接受企业的产品。消费者与企业沟通的渠道增加,消费者在企业的产品创新过程中发挥重要作用(陈剑,等,2020)。

第四方面,业务创新大力推动企业数字化转型。业务创新是让企业在多变的商业环境中始终保持活力且不败的必备能力。不仅是企业内部多变,如市场份额下降、产品滞销、渠道成本提升等,还包括外部环境多变,如消费者需求变化、竞争对手的出现打破市场格局等。这些因素都在不断逼迫企业必须具备创新能力。而传统企业无法具备这类创新业务要求,必须依靠新的技术解决创新问题(Chellappa,等,2010)。

第五方面,产业互联驱动企业数字化转型。在用户流量红利正逐渐见顶的时候,消费互联网的格局和竞争态势日渐饱和,每个企业在跨过消费互联后,又在寻找下一个互联方向——产业互联,拓展企业的业务边界。产业互联是促进企业内外互联互通,不仅是企业内部,还包括企业外部联系,重构传统产业的业务协作关系(Park,等,2020)。

1.2.4　企业数字化的意义

1. 企业角度

数字化升级(Digitalization)强调的是"流程数字化",是指运用数字技术改造商业模式,为产生新的收益和价值创造机会,帮助企业提高工作协同及资源利用效率,为企业创造信息化价值(焦豪,等,2021)。袁淳等(2021)指出数字化升级的本质是对企业数据的一系列数字化操作,即实现数据的规范化、联通化、公式化和指标化,甚至达到自动化,是对某业务(或企业)理性的、结构化的管理运营。采用数字化技术实现自身工作流程的重塑,可以清楚地掌握生产流程的全过程,帮助企业提高工作协同及资源利用效率,实现企业工作流程的自动化,为企业创造信息化价值奠定基础。

2. 员工角度

当企业开始数字化转型时,重要的是让每个人都了解情况并花时间培训员工,有必要让每个人都知道系统内部的变化,并能够以正确的方式进行工作,提高员工的技能将激励他们更好地工作,让他们有机会展示他们的创造力并分享他们的创新想法。企业数字化转型必定是势不可当的社会潮流,员工应当迅速掌握企业数字化转型工具,转变工作思维,以前由业务到数据,现在要从数据到业务,让数据说话,让数据去提供决策思路才是员工应该去做的,也必须去做的。

例如,钉钉在数字化的过程中做到了为员工进行赋权:首先,对于任务的开展,钉钉可以对最适合的人进行赋权,同时可以让项目成员看到任务的进程,做到人才在项目当中的能力得到最大化的发挥,推动项目的发展;其次,钉钉在人与物、人与人、人与事 3 个方面实现了数字化升级,使员工的工作权力与组织结构更加匹配,实现了更为简单、高效的协同办公。

3. 顾客角度

顾客赋能强调顾客和企业为促使利益最优化,把更多的主动权让给顾客,使顾客参与企业的营销活动与设计研发中,由此形成客户关系的良性发展,进而对企业创造价值的活动产生影响(Gu,等,2021)。企业可以通过顾客赋能,将更多的主动权让给顾客。用户解决产品问题,并提出建议,从而获得了成就感,同时建立快速且高效的沟通渠道,能够让企业对用户进行快速响应,提高了客户的参与感。基于此,用户与企业之间的关系呈良性发展,推动企业价值创造活动的发展。

4．政府角度

数字化价值是制造企业数字化转型的核心目标，是评价企业数字化转型与否的主要依据。数字化价值是企业开展业务活动所创造且可度量的经济和社会价值及效益的结果，它既是企业数字化转型的出发点，也是数字化转型的落脚点。在工业经济时代，制造企业创造价值的方式是基于工业技术专业化分工取得规模化发展效率，以获取长周期的回报。而在数字经济时代，数字生产力的飞速发展不仅引发了生产方式的转变，也深刻改变了企业的业务体系和价值模式。企业可以利用新一代信息技术的赋能作用，通过数字化转型实现价值体系优化、创新、重构，不断提升存量业务，实现效率提升、成本降低、质量提高的同时，不断获取日益个性化、动态化的价值和新的增量空间，实现新的高质量发展（Park，等，2020）。

5．供应商角度

供应链既是过程，也是网络。供应链的过程包含从原材料生产开始到产品制造，再到消费者交付、废弃产品处置的整个阶段，而网络涵盖供应商、制造商、分销商、零售商、物流公司、空港运营方等多个角色。正由于供应链是一个系统，其本身具有一定的抵抗外部扰动的能力，但当扰动超过供应链自身承载的阈值时，供应链就会"失衡"。在这种情况下，企业需采取应对措施使其尽快恢复到平衡状态。尤其是在当今市场环境下，供应链变得愈加复杂，所面临的扰动也越来越多。在这样的背景下，面对外部突发公共事件时，供应链仍能保持连续供应且快速应对并恢复到正常供应状态的能力（单宇，等，2021）。

随着企业不断实现数字化转型，在企业管理的各个方面都发生了变化，就供应商角度而言，供应链环境的变化推动了企业与供应商的协同趋势，同时通过长期的数据精准化管理，企业逐步建立起自己的供应商资源池，逐步实现企业的平台化与数据化，从而可以对供应商数据进行汇总、挖掘和分析，充分发挥大数据的效用。平台化的转变使得企业采购更加流程化和透明化，融合平台内外连接，形成了良性的生态协同效应，使得供应商能够更好地满足市场需求。

1.2.5 企业数字化的未来展望

1．智慧营销

智慧营销是通过人的创造性将互联网、物联网、大数据等技术应用于当代营销领域的新思维、新理念、新方法和新工具。它将带领企业与消费者由"联"时代走向"共"时代。通过整合数据驱动力、社交驱动力和内容驱动力，双方"共策、共建、共营"，在实现消费者效用最大化的同时，降低企业经营成本和风险，实现双方共赢（Huang，Rust，2020）。

在未来，个性化和预测将成为主题，依靠类似于大数据和人工智能等技术的推动，将把渠道内的客户服务与效率提升到极致。虽然渠道多种多样，但是信息的一致性、客服代表的倾听能力、快速解决客户问题的能力这三方面才是影响用户满意度的评判标准。不过可以预见的是，在将来，智慧营销将成为主流，以人工智能为核心的智能识别、智能匹配、智能解答得到广泛的应用，为客户提供更加精准的信息推送，从而破了企业与消费者以往"联"的关系，向双方共赢的目标发展，使得消费者体验有了质的飞跃。

2．员工变革

数字员工（Robotic Process Automation，RPA），即机器人流程自动化。机器人流程自动化是在数字系统中模拟和集成人类行为以优化业务流程的软件机器人。从社会各领域信息化建设开始以来，传统的信息化方式，是围绕解决某一个或几个问题而设计的。而RPA机器人的开发，是以能够跨系统处理数据、降低企业员工工作强度为出发点，为企业搭建起高效管理的平台(Herhausen,等,2020)。因此,随着数字化的快速发展,企业会应项目的要求,从而对内部员工的结构进行调整,以前的传统且繁杂的工作将交由数字员工进行处理,那么员工将会把大量时间投入创新性项目上来,推动企业的创新性发展(安筱鹏,2020)。

3. 运营流程

运营流程是指领导者在制定计划的过程中要考虑到运营流程中可能出现的问题,并制定出一份能够将战略和人员及结果联系起来的运营计划。动态能力定义为企业整合、构建和重新配置内外部资源以适应动态复杂变化环境的能力。动态能力的具备可使得运营流程按照预期方向发展或调整,从而更好地应对变化,实现组织运营目标。在大数据时代下,动态能力既能帮助企业进行基于数据原生的流程开发,如大数据服务和孵化流程、大数据预测与分析流程等,也能帮助企业进行基于现有流程的数字化升级,如供应链敏捷性更新、商业创新过程升级等,进而影响企业竞争优势(焦豪,等,2021)。

因此,未来的运营流程离不开物联网和互联网的深度融合,同时也离不开数字化影响和采购数字化平台与企业管理系统的有效连接,这正是企业动态能力的必然要求,从而实现企业管理运营的科学性、逻辑性。

4. 商业模式

数字化转型(Digital Transformation)聚焦的是"业务数字化",是指企业在新型的数字化商业环境中,开发数字化技术及支持能力,发展新的业务模式和核心竞争力(焦豪,等,2021)。数字化转型极大地促进了商业模式的转变,例如,互联网的应用为企业带来了极低的可变成本、地理壁垒被打破、场景流程的缩短与合并以及基础服务支持交易结构丰富等。袁淳等(2021)认为数字化的业务创新需要以数模化及数用化为支撑基础,数模化(Digi-fax)是指企业挑选合理的业务评价指标以创新应用数据,开发创新产品、潜在的商业价值及商业模式,从中发现可能的业务风险;数用化(Digi-Marketing)是指通过对企业资源和能力的归类整理、建模分析及数字化连通,方便具体业务快速地调用已有的资源及能力。

未来企业的商业模式的重中之重是数据,并将数据看作重要的资产,通过企业数字技术的广泛应用恰好可实现管理数据化,完美契合未来商业模式发展。同时,企业可以利用合理的评价指标以创新应用数据,开发出创新产品,挖掘出潜在的商业价值和建立合理的商业模式,同时对资源进行有效整合实现数字化连通,极大发挥资源利用效率,快速调动自己的资源和能力来实现价值创造最大化。

1.3 企业的数字化管控

教材讲解
视频

数字化管控是指企业利用计算机、通信、网络等 IT 技术,通过数字化技术量化管理对象与管理行为,实现研发、计划、组织、生产等职能的管理活动,促使企业传统运营模式向数字化模式转变(Park,等,2020)。

1.3.1 数字化管控的本质

数字化管控主要实现了以下两方面的效益。

一方面,优化活动间的协作联动。数字化下的管理信息系统、财务信息系统等信息技术能够赋能组织管理,有利于企业内部各分部间实现信息的及时沟通与分析、物料的实时记录与追踪,从而优化分部间投料、生产、运输、仓储等活动的协作联动,降低各分部间的协调成本,进而提高一体化企业管理决策效率(袁淳,等,2021)。

另一方面,实现活动实时与透明。数字化管控有利于实现企业内部管理过程、研发过程、生产流程、财务控制等重要活动的实时化和透明化,有助于压缩分部投机空间,从而降低纵向一体化企业的监督成本以及分部代理问题所造成的效率损失(袁淳,等,2021)。

1.3.2　数字化技术的管控

在数字化管控中,技术能够通过提高组织协调和监督控制能力,大幅削减组织代理成本,深刻影响组织间资源整合的战略、结构和流程(吴瑶,等,2022)。结合相关文献,企业要通过技术实现数字化管控,需要从以下 6 个方面出发。

1. 数据融合化

企业在数字化管控中,不仅需要内部数据,也需要外部数据。企业在生产经营过程当中会产生大量数据,这些是企业的内部数据,它们存放在不同部门,并没有打通。即使是同一个部门的数据,也可能放置在不同的数据仓库中,想将这些数据打通也存在技术壁垒。企业内部数据不打通,业务部门就无法将不同数据进行关联和整合,无法挖掘更深层次的数据价值(Letmathe 和 Rler,2020)。在数字时代,企业若想及时抓住商业机会,不仅需要内部数据,还需要外部数据的支持。过去,企业并不善于融合和使用外部数据。如今,面对席卷而来的数字化浪潮,企业不得不对这些外部数据加以重视。

2. 全场景应用

数智应用可以帮助业务部门解决需求,但企业在管控中经常遇到数智应用不全面的问题。即企业的技术投入没有体现业务场景的价值,没有让业绩发生变化。

3. 人才多元化

数字经济浪潮的到来迫使企业及早思考如何从工作流程、业务模式、思维模式、应用场景模式、思维方式等方面快速布局数字化。完整的数字化管控不仅需要掌握数据战略的高层人才,也需要熟稔技术、应用、算法的中层、基层人才。

4. 工具体系化

数字化工具可以提高企业管理的效率和质量,但必须建立在完整的工具体系基础上,因为数据工具之间的格式大多存在差异,如果不将这些数据格式统一,就无法形成数据闭环。滥用这些数据工具,容易出现错误的分析结果,并且难以定位问题到底是出现在数据融合环节还是数据分析环节。因此,企业要实现数字化管控,不仅要搭建不同环节的工具体系,还要在数据共享的基础上使数据工具之间形成闭环。

5. 数字化经验

如果缺少数据经营经验,企业实现数字化管控也会困难重重。一般企业不了解大数据的应用场景和数据价值,难以准确摸清大数据应用需求,也就无法对企业的发展实现自我诊断、挖掘数据背后的价值。业务部门不能提出清晰的数据需求,数据技术部门在短期内无法帮助业务部门挖掘数据价值,企业的决策者可能会认为数据技术投入与产出不成正比,这在一定程度上会使企业对数字化转型的战略持犹豫、观望的态度,不仅影响了企业挖掘数字化时代的商机,也阻碍了企业依靠数字化转型沉淀技术和数据应用能力的进程。企业想要扭转这种局面,需要依靠专业的数据团队构建大数据应用场景,让业务人员了解数据的真正价值,并不断提高数据业务实践能力,不断积累数字化管控的经验。

6. 中台效率化

企业依靠数据中台可以梳理数据资产、构建数据模型、沉淀数据应用。面对业务和管理问题时,一味地增设应用却不建设中台,会导致重复建设的情况,造成数据烟囱林立,内外部数据无法实现共享和打通,也就无法沉淀数据应用能力(Leonardi,2020)。数据中台可以帮助企业实现内外部数据的打通和融合,实现企业自身的全方位掌控。业务部门可以在中台之上自由地享用数据服务,而后端技术部门可以留出大量时间和精力研发更高水平的应用产品。

1.3.3 数字化管控的维度

数字化管控增强了企业对运营管理各个环节的洞察力,可以更好地制定运营管理决策、提高运营效率。企业数字化管控的核心目标在于为顾客提供更有竞争力的产品。为实现该目标,企业必须了解顾客、理解顾客的需求,基于顾客需求进行有针对性的产品设计,继而对产品合理定价并制定与之适应的库存管理决策。而且,当下的商业环境中的管控,不再是单个企业自身的事情,而是必须从供应链的视角来做出更为系统的考虑。因此,数字化管控主要由以下4个维度构成(陈剑,等,2020)。

1. 需求预测

需求预测是企业数字化管控的基础。进入数字化时代,消费者需求与过去相比变化速度更快、需求的个性化特征更为明显。同时,企业可以获取的数据类型和数据量都远比过去丰富。以亚马逊公司为例,除了交易数据以外,还可以将用户浏览、购买、使用、评价等数据都记录下来,包括搜索的关键词、页面的停留时间等。这些行为特征往往是用户偏好及其个性化需求的直接表现,加上强大的数据分析能力,可以更加准确地预测顾客的需求,为提高运营管理绩效打下良好的基础。

2. 产品设计

数字化管控能够实现更加贴合用户需求、更佳性能、更高效率的产品设计。首先,大量的消费者使用数据和社交媒体数据,为企业准确设计符合市场潮流的产品提供了可能。其次,数字仿真、虚拟现实(Virtual Reality,VR)和增强现实(Augmented Reality,AR)等技术的发展,推动数字技术作为设计工具,精确地模拟和仿真产品的各种物理参数,并通过可视化的模式加以展示,尤其是可以在不同参数、不同环境下模拟不同产品设计的性能差异,从而形成最佳性能的产品设计。最后,为了更好地满足数字化时代消费者需求日益个性化的趋势,最大程度上实现个性化的设计,许多企业开始利用云计算技术,将越来越多的功能转移到云服务器,增强了与用户的互动设计,通过软件实现客户端产品的定制。

3. 定价和库存管理

借助数字化管控,企业可以制定更加优化的定价和库存决策。定价决策方面,首先,通过从数据中学习,企业能够动态优化定价策略,实现更好的收益管理;其次,企业可以实现不同销售渠道或不同细分市场上的差异化定价;最后,在某些服务行业,结合用户的行为数据,甚至可以做到"一人一价"。对于涉及实物产品的需求,企业的库存管理决策与定价决策密切相关,一方面动态的价格决策需要考虑剩余的库存数量,另一方面库存补货决策受到消费者需求的影响,需要同时对两者进行优化。

4. 供应链管理

数字化管控在企业的供应链管理创新中发挥了重要的作用,这既体现在流程日趋智能化,又体现在供应链上下游之间决策越来越多地依赖于数据分析做出。首先,制造业正在变得越来越智能,越来越多地使用传感器和无线技术来捕获生产环节中的各种数据,再传递回智能设备以指导生产,工厂由集中控制转变为分散式自适应的智能网络;其次,在互联网时代,越来越多的供应链管理中的零售环节开始采用全渠道零售模式,即零售商通过线上及线下等多种渠道进行销售;最后,在供应链风险和金融领域,数字化管控也发挥了重要作用。来自各个领域的大数据使得提供金融服务时不再仅依据财务报表,而是基于多维度的数据评估目标企业的信用,降低供应链金融风险。

1.3.4 企业数字化管控的应用

1. 生产制造

"制造数字化"是借助各种信息技术来实现生产和服务过程的数字化。利用工业互联,完成原材料、生产设备、信息管理的连接,并和 MES(Manufacturing Execution System,制造执行系统)、ERP(Enterprise Resource Planning,企业资源计划)等系统集成实现定制化生产;借助"制造数字化",可促成传统行业的升级,提升产品质量,满足用户个性化需求(刘淑春,等,2021)。同时,企业可以通过与客户互动,了解客户的潜在需求,并以此为出发地,推动自身产业制造和服务的升级,实现客户价值最大化(胡笑梅,等,2021)。

2. 运营管理

在运营管理上,以百丽国际的运营管理为例,其主要涉及商品管理和员工管理两个方面,百丽国际根据累积的技术知识开发了一套数字工具包,让使用者实时读取门店的数据,并能通过内嵌的算法自动对有关运营数据进行多维分析,以此实现自我运营绩效的飞跃。

在商品管理上,门店店长在管理商品时,可以通过数字工具包实时检查其门店的实时库存水平及商品销售表现,并对店内产品陈列及促销活动做出相应调整,区域经理也可以使用该数字工具包比较不同门店内同一商品的销售表现,并将商品重新分配至具有更好销售机会的门店;在员工管理上,门店店长可以使用数字工具包实时监测及分析其员工的销售表现,通过针对性的实时指导准确地提升个别员工的表现。

数字化技术使企业在商品管理和员工管理上有了很大的变化。在商品管理上,数字化技术可以依据销售表现对于陈列商品及促销活动进行调整;在员工管理上,数字化技术可以实时监测及分析员工表现,做到精益管理。因此,数字化转型给企业的业务流程带来了突飞猛进的发展,促使企业对于自身管控更加到位(胡笑梅,等,2021)。

3. 组织管理

"管理数字化"是指借助信息技术实现企业资源配置和风险管理的规则化。传统模式下,指标无法匹配资源,控制无法平衡风险,效率不能满足期望;而互联网模式下,"权、责、利"的有效匹配与动态平衡,有助于提升企业活力。互联网模式下的"管理数字化"能为实现目标的驱动力赋能,使资源配置市场化,用 IT 系统控制风险(刘淑春,等,2021)。

4. 供应链管理

供应链管理是以各种技术尤其是信息技术为依托,以集成化和协同化思想为指导,应用系统的方法来管理供应链上的所有节点间的相互关系,以期在供应链各节点间建立一种战略伙伴关系,实现从原材料供应商、制造商、分销商、零售商直到最终用户的信息流、物流、资金流在整个供应链上的畅通无阻的流动,最终达成双赢的目的(陈剑,刘运辉,2021)。

1.3.5 数字化管控的价值

1. 生产制造

在生产制造上,随着数字化管控及相关技术的普及,近年来制造业服务化的趋势日趋加快,企业不仅为客户提供产品,而且基于智能设备、互联网、云计算等提供以数据为基础的服务,产品成为实现服务的载体,企业转向提供数据—服务—产品包,企业通过不断改进产品,更好地满足顾客的多样化、个性化需求。制造商通过数字化管控将生产过程可视化管理,对生产数据和过程进行监控,做到产品工序、材料、质量、人员的可追溯,满足生产制造企业的各类管理需求。

2. 运营管理

在运营管理上,数字化管控打破了传统运营模式中企业与消费者之间、消费者之间以及企业之间的壁垒,通过建设统一的数据标准体系、数字化运营体系和数字平台运维体系,推进业务数据的集成和共享,提供过程可视化、业务分析、业务预警、辅助决策等运营服务。

数字化管控不仅支持消费者更好地满足自身消费需求,而且使他们能够为其他消费者创造更大的价值(Dellaert,2018)。在新兴数字经济业态中,价值共创在产品或者服务中发挥着更大的作用,甚至有的业态的核心就是价值共创,离开价值共创,也就没有了产品或服务。

3. 组织管理

在组织管理上,数字化管控围绕协同、共享、共生展开,组织内部提高人的协同效率,创造性地优化人和组织的组合;组织外部依托移动互联网、云计算等技术,将过去不相关的产品或服务关联起来,形成网络化和动态化的生态圈,满足消费者的集成式需求。

生态圈是当前全新的竞争模式,对于政府、生态圈的主导者、生态圈的参与者而言,都存在许多需要解决的问题(陈剑,等,2020)。随着移动互联网普及和消费习惯的随之改变,消费者越来越希望能够以一站式、无缝衔接的方式满足各种不同类型的需求,通过简单的界面或单击就能完成一系列的消费活动。领先企业正在依托移动互联网、云计算等技术,将过去不相关的产品或服务关联起来,形成网络化和动态化的生态圈,创造并满足消费者的集成式需求。

4. 供应链管理

在供应链管理上,传统的"供应商—生产商—批发商—零售商"垂直供应链的线性结构被颠覆,来自不同行业、不同职能、不同地区的企业和个体形成基于互联网平台错综复杂的"供应网"。相对于过去的供应链,数字化时代下的供应链呈现网络化、动态化、虚拟化的特点,可以灵活应对环境变化,增加所有供应链主体的利润,改善下游企业经营绩效。Jingqi Wang 等(2017)将网络供应链与垂直供应链进行比较,表明在某些情况下,网络供应链优于线性供应链,并增加所有供应链主体的利润。

从线性结构到网状结构:在移动互联网、云计算、物联网、大数据、智能技术、3D打印等数字化技术的支持下,产品或服务的设计、生产、仓储、配送、售后服务等环节在全球范围的互联网虚拟供应链中完成,供应商、制造商、批发商和零售商可以参与不同的供应链中,甚至在不同的供应链中承担不同的功能,发挥不同的作用,同一个成员可能作为消费者出现在某些供应链中,但是在另外一些供应链中则承担了供应商的角色。

1.4 数字化管理系统的构建原则

数字化管理系统是指建立在互联网信息技术基础上,以系统化的管理思想,为企业决策层及员工提供决策运行手段的管理平台。其应用范围可覆盖多种行业,主要功能包括财务管理、人力资源管理、流程管理、质量管理等方面的全方面报告展示系统。

1.4.1 市场导向原则

市场导向是指企业根据对实际情况的判断,有效地整合顾客导向和竞争者导向并使之聚合兼容成的一种新的经营导向。通过对顾客以及竞争者的双重考虑,避免单一导向的局限性,以构建更具市场竞争力的数字化管理系统。

顾客导向是指企业以满足顾客需求、增加顾客价值为企业经营出发点,在日常的生产经营活动中,通过对消费者特征、偏好、能力进行系统的调查与分析,重视新产品开发和营销手段的创新,以适应客户不断变化的需要,完成产品的迭代创新。这种导向强调的是切忌根据对市场的主观判断产生决策,而是要以顾客为坐标轴完成决策过程。竞争者导向则是指以行业内公司现存的竞争者为中心,从竞争对手出发,瞄准竞争对手的策略、行为并实施相应的战略。公司将大部分时间用于追踪竞争者的行动,试图找出对策来反击。它着重强调在当今激烈的市场竞争下,决定企业生存和营利的关键因素,已经不再是预见和把握市场变化、知晓和达成消费者需求的能力,而在于能否在行动上领先竞争对手一步,能否优于竞争对手,体现决策的速度和质量。

但仅依靠顾客导向无法肯定地认为它一定可以带领企业走向成功,完全的顾客导向而忽视竞争对手的存在会导致企业的经营决策失误。以我国目前的软件开发为例,有很大一部分企业为了超越自己的竞争对手获得更大的市场占有率,其拼命地想要从自身功能方面取得成果,于是功能研发方面投入很多精力,产品功用尤为复杂,但软件的使用率极低。因为相对于广大消费市场而言,复杂的功能只会徒增产品操作中的迷惑感,无法利用全部的功能,这样一方面浪费了社会资源,同时还损害了一部分顾客群体的切身利益,进而也会给企业的生存发展带来危机。因此为克服单一导向的缺陷,应当在产品开发构建时严格遵守市场导向原则,从顾客和竞争者两个角度全方位地考虑问题。

作为市场经济中的微型主体,公司的所有活动都与市场密不可分,它必须从市场上获得原材料,它的产品和服务都需要通过市场来获取价值。在这个过程中,由于同一行业的市场过于拥挤,不可避免地存在着相互竞争;同时,为了在市场竞争中取得有利地位,每个企业都要依靠市场需求来开发产品和服务,制定适当的战略。为了在市场上取得有利地位,企业需要发展其产品和服务,并根据市场需求设计战略。因此,在开发与构建新的产品和服务时,公司要坚持同时以客户和竞争者为中心的市场导向原则。

综上所述,在构建数字化管理系统时应首先从顾客需求出发,通过市场调查顾客企业的行业类型和组织结构等来获取其显性需求,运用资源生产出满足顾客显性需求的系统平台投放市场,通过使用效果反馈及进一步的市场研究,对顾客需求和产品不足之处做出分析,结合对顾客工作习惯等个人偏好的深入了解,不断完善系统功能,满足顾客隐形需求。与此同时,分析竞争者产品所能够为顾客带来的价值,发掘自身在满足顾客需求领域的战略空地,从而帮助企业在已有基础上通过创新去填补市场空缺。

1.4.2　系统韧性原则

韧性的概念在物理学、生态学以及心理学等学科中具有悠久的传统,但在商业和管理研究中一直到 20 世纪 80 年代才得到关注,后来人们提出组织韧性的概念,组织韧性是指组织在不利事件的冲击下能够恢复和反弹,并在反思改进过程中逆势成长的能力(李平,2020)。借助韧性的概念,这里的系统韧性原则即数字化管理系统能够对外部环境变化做出适应的调整和改变,以更好地发挥效用。数字化管理系统的构建是为客户企业提供一个系统化平台,实现公司内部各个业务流程的一体化,增强各环节之间的协作,以提高企业经营管理效率的操作系统。

企业管理包括财务管理、会计管理、成本管理、质量管理、生产管理、人力资源管理、物资管理等各项管理,数字化管理系统在构建之初通常会包含营销管理子系统、生产计划子系统、生产组织与控制子系统、质量管理子系统、财务管理子系统以及人力资源管理子系统等方面,以期能够全方位覆盖企业价值链的各个环节,使其呈现一种环环相扣的管理链条,达到花最少的时间和劳动力获得最多的信息的高质量管理目标。

由于企业规模、行业经营领域、组织结构等方面的差异,每个企业所包含的职能环节会存在一定的不同,且外部环境的变化对各个企业的影响程度也各不相同,因此对于数字化管理系统中所包含子系统的数量以及类别的需求程度也是不同的,这就要求数字化管理系统在构建的过程中对于其构成的子系统有一定的韧性,能够根据企业自身的状况对子系统数量以及类别进行相应的调整,并且经过这种调整依旧能够保证整个数字化管理系统的完整运行和各个系统之间的协作配合,可以在外部环境变化的影响下依旧保持韧性。

1.4.3　可持续化原则

在数字化管理系统的构建中,很多技术人员只考虑当下的使用,从不考虑系统未来的扩展性和可运维性,这就是所谓的"管生不管养"。而其构建的可持续性从两个方面体现,一方面表现在系统的可扩展性,另一方面则表现为可运维性。

可扩展性是指在原始系统的基础上可以容易地根据自身不同需求添加更多功能或加入更多系统,这就要求系统在构建之初采用标准化的、低耦合的架构组建,这样的构建就好像乐高积木一样,可以进行随意的拆卸组合。乐高是现在市面上很受欢迎的玩具品牌,它区别于其他一般积木,广受喜爱。乐高的每一个零件都是一个原子,然后依据自己的想象力、搭建能力,以及不同的认知环境与知识背景,对其进行创造,从而产生新的分子、形状和组织结构,同一套积木玩具在每个人手中的搭建成果都是不同的。正因为乐高积木可随意拆卸组合,具有高度的可扩展性与创造性,也就随之提出了诸如乐高思维、乐高积木模式的概念运用于芯片搭建、教育和系统构建等领域。

可运维性,也叫"可维护性",是指可以对已经投入使用的管理系统,根据使用反馈和分析,进行有针对性的改动。为使系统能够实现便于运维的目标,在系统构建时需要具备必要的工具、手段,从而实现对整个系统的控制能力。

数字化管理系统的构建不是写好程序就算最终完成,而是需要在实践反馈中不断修改、升级、维护最终形成一个与企业匹配度高的数字化管理系统。事实上,在一般的软件开发行业中,有80%的软件成本都使用在后续的维护阶段,因此,如何提高系统的可扩展性,使其便于维护,是系统在构建过程中需要着重考虑的问题。

1.4.4　可执行性原则

可执行强调由虚转实的过程,可以是一项政策,也可以是一款新产品或者研发的新技术,它的"新"是因其处于设想提出的阶段,在没有实际使用之前无论它多么完备先进,都只是空中楼阁,不会发挥任何实际意义,所以就需要使其落到实处。可执行性就是对于其是否可以落地问题的关注。

数字化管理系统是数字经济时代下,伴随着数字技术的发展不断催生出来的新型管理方式。但是由于组织内部环境的复杂性,是否能够借助数字化管理平台帮助企业实现智能、高效的管理仍是一个未知数。而这种不确定性所带来的影响也是多向的,可能会因为系统和组织的高度契合而激发积极效果,同时也可能由于在某组织中的执行性不强未对管理工作带来显著效果甚至也可能因为二者之间无法协调融合，造成重复管理或管理缺失，进而产生消极影响。

为了促使积极效用的达成，实现数字化管理系统构想设定的简化管理、减本增效目标，在系统构建时就应当充分考虑其后续的执行问题，考虑系统的构成是否简单易学、界面设定录入信息是否覆盖完整、每一个子系统中是否能够完整进行该模块的业务、表单性质是否界定妥善、算法生成数据及报表是否清晰准确等一系列问题，做到在系统构建之时就为日后的实施运用做了充足的斟酌与准备，以确保数字化管理系统在构建完成之后的执行环节是切实可行的，从而实现管理的平台化，帮助提升管理工作的效率和质量。

1.5　数字化管理系统的构建方案及意义

数字化管理系统通过搭建一个网络平台，将现代化管理思想、管理方法、管理技术、管理手段充分加以数字化，全面提高管理的效益和效率，针对性地从企业管理的多个维度去解决企业运营中的三大难题，即质量、成本、速度，最终帮助企业实现经济效益提升的目标。

1.5.1　构建原因

第一，组织管控需求复杂。一个组织的控制需求受许多因素的影响，如公司规模、产品类型、工作类型、组织结构和每个部门的个别控制需求。这些需求千差万别，没有一个单一的模式可以适用。与此同时，组织也在不断发展和变化，在不同的发展阶段，其业务模式、控制功能和其他方面也会不断演变，以满足新的需求。

第二，原产品无法适应发展。现阶段，组织的管控需求越来越多样化，市场上的产品已经无法满足组织的发展需求，也无法适应外部环境的变化趋势。初期产品的二次开发受到技术水平的限制，开发速度永远跟不上需求变化的步伐；随着时间的推移，软件的滞后也限制了组织的发展壮大。

第三，管理链路断层导致数据分散。系统化和一体化是组织控制的关键。旧的管理系统普遍存在无法整合的缺点。例如，组织控制使用一种管理软件记录出勤情况，使用另一种管理软件评估绩效，使用另一种管理软件分析数据，每个管理模块使用不同的管理产品。除了大量软件系统并存外，日常维护成本也很高，不同供应商的不同管理软件会造成中断，同时使用多个管理系统不可能形成一个整体的组织控制系统，而是多个信息"孤岛"，数据不能实时共享，最终仍需要对系统的不同部分进行原始的人工统计和汇总。这不仅不能提高组织控制的有效性，还会大幅降低管理系统的实施效果。

1.5.2　成功标准及必备要素

一个成功的数字化管理系统开发，需要具备很多标准与因素。

1. 数字化管理系统构建的成功标准

对此可从使用与应用两个层面展开分析。一方面在使用层面上，该数字化管理系统是否能符合组织内员工习惯、落地使用；另一方面在应用层面上，该系统成品是否能真正符合目标企业的企业发展、业务发展的需求。

（1）使用层面——系统是否符合组织习惯。

在企业员工层面，构建过程数字化管理系统应根据企业的需求，考虑大多数员工的使用习惯、对新案例的接受程度、对时间变化的接受程度等。员工只需掌握基本的计算机技能即可胜任,无须进行复杂的培训和辅导。

在组织层面,系统与组织结构的适配程度至关重要,例如,采用自上而下、层级式复杂组织结构的某通信龙头企业需要一个相对完整、链路相对较长的数字化管理系统;而现代互联网公司更注重即时性和效率,因此倾向于缩短链路,采用更适合数字化流程中简单、快速步骤的扁平化管理结构。如今的互联网公司更注重即时性和效率,因此倾向于缩短链接,创建一个扁平化的管理结构,更适合于简单流程和快速步骤的数字化管理系统。

(2) 应用层面——系统是否符合企业需求。

这一层面可从两个维度进行考虑:一是系统本身的硬件条件是否达标,二是该系统是否能符合组织和业务发展的各时期需要,带来实际增益。

从应用本身来看,系统的整体承载能力、稳定性、安全性和保密性以及功能是否覆盖了所有需求,包括考勤、审批、沟通和数据分析等方面。此外,系统是否具备全局数据互通和自动流转的能力,以确保组织内各成员之间的关联。

就企业发展来说,数字化管理系统需要切实贴合企业发展阶段和实际状况,即如果组织存在特殊性质,系统是否能满足。

2. 数字化管理系统构建的必备要素

1) 高层决策

高层决策者在数字管理系统的设计和实施中起着关键作用。当一个企业开始开发和实施数字化管理系统项目时,如果高层决策者没有改革的决心、没有资源、没有权力、没有技术、没有信念来支持项目的开始、研发和实施的全过程,下层的责任人就无法主动作为,事情就无法启动,项目就只能一拖再拖。由此可见,高层管理者不仅要致力于发展,还要支持整个发展过程。

2) 项目主导者牵头

项目主导者作为领域专家,在获得授权后,根据自身经验和项目要求对数字化管理系统项目建设的各个环节进行方案编制、细化分工、人员分配、项目过程监控和奖惩机制设置等,确保数字化管理系统开发和项目实施利用能够真正落地实施,走上正轨。

3) 员工心智同频

在数字化管理系统的实施阶段,它包括最后一个必要的要素,保证组织中的每一个终端工作人员与上级同频共振、目标一致,共同推进数字化管理变革的有效实施,是数字化管理系统开发成功的主要要求和直接保障。

首先,从员工对变革的理解与接受角度出发。重点确保员工不是被迫接受数字化,而是理解并认同数字化。在推进数字化管理变革时,必须确保尽可能贴近员工原有的工作习惯和做法,确保他们理解并接受即将使用的数字化管理系统,确保他们认同项目的推进方式及其价值。

其次,从管理层给予员工的激励措施角度出发。例如,在新系统中设置奖励机制以调动员工积极性,更快速自愿地参与数字化新管理系统的使用中。同时,促使员工在试用期间能够体验到新系统的方便改善之处,把团体的目标变成为个体的趋向。当这两者能够合一时,即可实现员工自我策动、上下一心的良好局面,保证数字化应用高效推进。

1.5.3　需求分析

1. 识别数字化管理系统的需求目的

实施数字化业务管理系统旨在提高公司的数字化架构水平,利用数字化系统为业务发展和业务创新创造更多价值。通过数字化管理系统的设计和实施,有效解决公司现有业务形态中存在的业务瓶颈和问题,统一业务管理标准,提高组织间、部门间的协作和员工工作效率。

2. 分析数字化管理系统的使用人群

熟悉业务范围和需求情况,透彻了解需求发起人和部门工作人员在业务流程现阶段的业务活动,以及工作人员、部门和组织之间的协同作用,明确工作人员和部门情况之间不同联系的业务情况。

3. 实现数字化管理系统的需求路径

数字化管理系统主要需求实现路径划分为需求收集、需求分析、需求设计、需求确认 4 个节点,如图 1-2 所示。

图 1-2　数字化管理系统主要需求实现路径

需求收集:深入了解各业务部门业务现状及业务痛点,收集用户对象和使用人员对目前业务管理及运行情况的诉求及希望达到的效果和目标。

需求分析:了解需求产生的根本原因,分析需求提出人角色、出发点及目标价值,对需求的重要性及紧急程度做等级划分(重要、一般、不重要),识别伪需求,对隐藏问题和功能点做延伸和确认,确保逻辑严谨性。

需求设计:按使用部门和业务场景对需求做业务模块划分,根据业务流程设计需求之间数据逻辑关系,按照业务场景及需求目标来设计需求逻辑确保需求闭环。

需求确认:根据设计好的业务逻辑及需求逻辑梳理,整理初步需求内容,向需求提出人使用部门及管理层来确认需求内容,确保需求准确性和真实性,以及对应需求实现的时间和效果目标。

1.5.4　方案判断与节点设置

1. 数字化管理系统构建的方案判断

具体判断维度如下。

(1)需求预算及成本。根据目前企业数字化预算及需求服务方案实现的人力、物力、后期运营等成本来分析,体现数字化管理实现后能给企业带来的提升及价值延伸。

(2)需求实现周期。从调研企业需求开始,到数字化管理系统上线正式使用的整个周期内,符合企业数字化建设的规划,并且能够保证目前业务能正常运行。

(3)解决方案复杂程度。根据需求涉及的内容、业务场景复杂程度,来判断服务方案是否能完全实现预期的需求建设目标,对部分完成或者无法实现的功能点的重要性及影响做充分评估。

2. 数字化管理系统构建的节点设置

数字化管理系统计划节点具体分为以下 4 个步骤。

(1)立项。确认数字化管理系统构建的评审小组及成员,一般包括重要业务需求部门人员、企业信息化工程师及公司高层管理人员。

(2)计划。确认时间计划,明确数字化管理系统咨询、汇报、决策等阶段大概周期,在计划时间内高效完成管理系统选型。

(3)评估。确认数字化管理系统汇报的核心内容,对业务需求核心内容需要在数字化系统汇报中做展示和了解,对关注点做确认和沟通,对相关成本、风险点、服务周期做评估。

(4)决策。对数字化管理系统效果做分析和验证,其他相关内容及服务做沟通,做管理系统的选型。

1.5.5　构建意义

1. 从企业角度看

通过数字化管理系统的构建,企业借助信息资源的充分利用,尽可能实现资源的完全价值,优化物流与资金流配置,从而降低企业的生产经营成本,为决策者提供及时准确的数据,为管理者提供更清亮的眼睛,实现管理的跨越式变革,为企业创造核心竞争优势。

1)客户管理

客户是企业持续发展的重要保证,没有了客户企业也就没有了动脉血。在经济不断发展的今天,客户资源的竞争越来越激烈,挖掘客户并留住客户是每个企业的终身命题,而数字化管理系统的构建则可以很好地帮助企业实现这个目的,真正解决客户管理难题,其具体体现为如下三个方面。

客户聚焦:在数字化算法的加持下,进行彻底的客户调查,发现重点潜在客户,将调查和目标聚焦于少数人群,进一步调查包括人物或组织情况、客户决策流程、竞争对手情况等在内的信息。

与客户建立良好关系:有研究表明,如果同客户建立了相对紧密的良好关系,在同等的竞争情况下,成功率会高出约93%。企业相关人员在处理与客户关系的过程中,应学会理解和接受顾客的意见,围绕客户需求,对客户有效提问,耐心倾听,寻找机会为客户需求提供解决方案。

向客户进行有效的产品信息传递:企业相关部门人员应有识别客户成交意向的能力,并与客户建立长期联系,完成客户推荐,这种推荐要结合长期考察达到真实有效的目标,但一定要完全尊重客户决策过程。

客户管理主要包括客户信息管理和客户关系管理。客户信息管理是指企业完整地认识客户,提供与客户沟通的统一平台,提高员工与客户接触的效率和客户反馈率;客户关系管理即管理与客户之间的关系,属于客户后期服务部分的管理工作。通过数字化管理系统覆盖客户信息的全过程管理,实现了业务全流程的一体化,在系统内只需要将零散的信息按步骤录入,系统就会根据初始算法和程序运行,将有序信息最终呈现给企业,确保企业能够对客户信息进行线上化和信息化的管理,从而实现"四化"的转变:客户管理集成化、合同执行流程化、售后服务自动化、客户统计智能化。

通过钉钉宜搭低代码平台,可以构建一个客户管理页面,实现客户信息线上汇总,其与客户之间发生的接触互动,都可以借助系统让管理人员更容易掌握客户全面信息,让一线人员了解历史信息,做出更为高效、科学的判断;通过数字化的工具对客户信息进行汇总,企业可以多维度分析潜在客户,判断其能否为企业带来更多价值,这是客户挖掘的关键步骤;并且通过对客户价值的深入挖掘,有利于企业后续的客户分类管理工作。借助数字化管理系统可以实现线上客户信息录入、合同管理、客户联系记录等业务,让管理者、销售部门、生产部门等各部门登录系统就可以随时随地了解客户的资料和过往信息,迅速做出判断并制定出针对性的策略。

在客户信息录入后,系统会通过算法工具进行客户数据分析描绘客户数字画像,使客户数据实现可视化。系统最终将客户数据形成可视化图表形式,能够让管理者更为直观地看到客户数量增减以及增量渠道方面的数据,数据分析包含客户在平台上提供和录入的基本信息,并借助这些基本信息分析客户,下面介绍一种常用的客户分析方法——5W2H 客户分析法。模型如图 1-3 所示。

- Why:客户为什么选择本公司产品所期望实现的目的是什么?产品是在哪方面吸引了客户?
- What:本系统可以提供什么服务?所提供的服务是否与顾客的需求一致?
- Who:系统构建最终的使用客户人群是谁?他们具有什么特点?
- When:客户何时使用系统产品?
- Where:客户人群分布的区域是什么?他们在何地使用系统产品?
- How:客户使用系统产品的方式是什么?
- How much:客户使用系统产品所支付的成本(包括时间、金钱、人力、物力等)有多少?

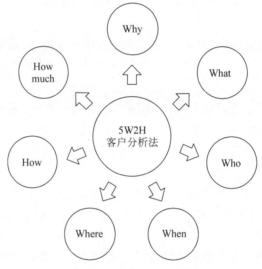

图 1-3　5W2H 客户分析法模型

2)销售管理

有效的信息整合、高效的数据算法、清晰的界面展示,为组织的生产经营活动带来诸多便利,数字化管理系统的构建助力推动在销售管理范围内的“四化”转变,带来极大的实际效用:销售计划科学化、销售报价合理化、订单跟踪实时化以及销售过程自动化。

销售项目管理的核心在于销售订单的管理,每个企业的订单信息都存在一定差异,根据企业的业务需求子系统需自定义搭建销售订单的项目表格,以销售的订单编号作为标识符号。同时还应当根据不同使用人员的角色分工,在表格的设计上添加不同的视图,通过将视图与团队成员、群组共享,实现权限管理下的表格协同。在数字化的管理系统中,通过普通表单完成信息填写工作、采用流程表单进行项目申请,最后用报表形式来实现最终的呈现。在销售管理这一业务流程中,通过填写流程表单建立项目的流转申请,让销售环节的工作能够与后续财务和采购工作形成融洽的过渡与衔接,打通不同业务间的协助壁垒,同时方便管理者从数据层面直观把握公司业务情况。借助于数字化管理系统,可从以下 4 个方面推动组织销售管理工作更好地实施开展。

客户分类:企业可以对不同客户进行分类,按照行业类别进一步做出基于客观的针对性营销及产品推广计划。

数据采集：从多维度尽可能全面收集客户资料，为客户建档，争取能够做到知己知彼，有的放矢地开展后续销售工作。

服务延续：服务质量的高低已经越来越成为企业合作伙伴选择的重要判断标准，不仅要注重服务的质量，同时服务的延续性也尤为重要，所有服务行为都应当有明确的记录，并且要保证这种记录的连贯性，从而依据这些记录来分析客户当下的真实需求。

技术工具：销售管理是一项工序复杂、任务重复、细致紧密的工作，仅依靠人力是远不够的，不仅效率低下会产生诸多人为失误，还造成了人力资源的极大浪费，因此需要通过技术工具的应用，来高效低成本地完成这些复杂算法。

在宜搭，销售人员可以根据自身所需进行一个页面搭建，更好地对销售对象、销售数据进行管理，提高了自身的工作效率，也促进了整个部门的工作进度，节约整体工作时间，为客户提供更好的服务。

3）库存管理

库存管理，又称为"仓库管理"（Warehouse Management，WM），是企业管理中非常重要的一环，做好库存管理工作有利于对库存状况、货品动销情况有精准把握，实现供应商管理规范化、采购过程透明化、出库入库标准化和库存统计精准化，从而确保企业生产经营活动的稳定高效运行。然而传统的库存管理方式由于规模和信息水平获取的限制，会存在一些弊端。

传统的库存管理工作采用纸质文档表格对相关出库、入库等信息进行记录，这种方式一方面可能会因为人为因素记录错误，另一方面也会有文件丢失或损坏的现象；采用 Excel 表格来进行信息的记录，虽一定程度上克服了最原始方法的一些缺陷，但文件依然无法实现相关数据的实时更新，也很容易出现由于计算机问题造成的文件损毁无法恢复；这些传统的仓库管理办法都无法方便地对多元数据进行管理和存储，同时也面临着数据展示、查询、统计分析低效的问题。

而随着企业的不断发展，库存管理的复杂性和多元化程度都在呈阶梯状不断上升，库存信息量也不断增加，如果还是用原始的数据记录方式进行管理，那么不仅容易出现错误记录的情况，还无法准确监管，严重时还会为公司带来巨额的赔偿。因此企业都试图去寻找一个能够匹配企业需求的数字化管理系统进行自动化的库存管理，来实现公司库存管理准确、高效地运行。

数字化管理系统的构建将库存相关流程的各表环环相扣，形成一个循环运作的体系，通过脚本和自动化规则等在一个表格内实现，入库、出库的申报以及审批都是通过系统平台完成的，数据处理过程更加透明。同时系统具有归档功能，可以将往年数据一键归档，还可以借助高级统计工具对各个子表进行统计分析，以更直观的方式进行库存管理。钉钉提供的低代码平台可以通过它的图形化设计，整理库存管理的业务逻辑，库存管理人员可以通过梳理的业务逻辑自制表单，将各个表单连接在一起，形成一个环环相扣的表单组，从而提高库存管理的效率，也对其库存内容有一个更直观的体现。库存管理业务逻辑模型如图 1-4 所示。此外，管理系统还具有销售订单、采购订单、供应商信息、MOB 表等全链条管理功能，相互之间协调配合帮助企业优化业务流程，降本增效，推动企业可持续发展。

4）员工管理

员工管理是公共组织编制管理的核心内容。员工管理的主要目标是将合适的人员配备到合适的职位上，并让其从事合适的工作，从而实现"人适其位，位得其人"。通俗来讲，员工管理

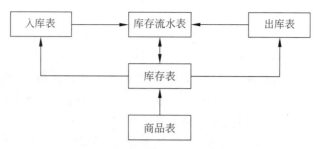

图 1-4   库存管理业务逻辑模型

就是借助一系列科学的管理手段和思维,让有限的员工发挥最大的效用,讲究效用最大化原则。通过数字化管理系统的构建,将员工管理工作与数字化交汇,实现了工作环节的交换,大幅提升员工的工作效率。同时,通过系统平台还可以实现对工作流程更为具体和实时的把控,增强各环节之间的协作性,提高资源利用效率,兼顾人力资源与物力资源的节约,不浪费员工的每一分钟,发挥其合法工作时间内的最大潜能,实现员工工作既高效又轻松的双重目标。

同时随着组织规模的不断扩大,层级越来越多、机构臃肿、上传下达效率低下还会产生信息失真的状况;又或是在扁平化的组织结构中,由于管理幅度较大,上级、下级和同级之间难以达成及时有效的沟通和反馈。若组织沟通渠道受阻,基层员工的意见无法上传,影响决策;同级之间无法同向交流,影响协作。因此亟须解决组织内部由于各种因素所导致的沟通、反馈不及时和效率低的问题。数字化管理系统的构建恰好可以帮助解决这一难题。通过钉钉提供的平台,实现了上下级之间的纵向联系和同级之间的横向联系,打通沟通路径,使立体的组织架构在沟通上变得扁平,相关信息可借由"快速通道"直接传达到接受者的手中,省去了一切不必要的转接。一方面由于上下级之间沟通得通畅,员工可以有机会表达自己的意见和看法,管理者根据判断选择是否采纳,这可以很大程度上增强员工的工作积极性,树立起主人翁的意识,更好地为企业谋福利;另一方面则是实现了同级之间的沟通,这有利于大家交换意见互相学习,拓宽思维,同时也可以增进同级之间的情感纽带,建立更加友好的关系链,促进个人与个人之间、个人与部门之间以及部门与部门之间的协作,从而提升工作完成的效率和质量。

2. 从员工角度看

数字化管理系统的构建,将员工从简单、烦琐的复杂机械式劳动中解放出来,降低了业务人员和管理人员的劳动强度,节约了劳动时间;为员工提供良好的知识环境,通过平台搭建把所有相关信息都提供到每个人面前,无论何时何地都可以查阅,增强其学习能力,以快速适应工作;给予员工充足的自主权和发挥空间,提高了其创造性和自主性,最大程度地发挥其核心价值;可以间接地提高员工的工作质量和生活质量。

1)员工满意度

第一,实现随时随地办公,获得自由、灵活的工作时间和地点。对于这个开放时代的人而言,不论是在生活中还是在工作中,自由、灵活都无疑是其主要追求之一。传统的工作模式的固定性及约束性一方面会让员工在工作中感到枯燥乏味,对工作效率产生消极影响,不利于其工作能力的完全开发;另一方面也会在一定程度上抑制员工主观能动性,阻碍员工的创新思维发展,难以为组织创造新鲜想法,催发"鲇鱼效应"。

通过数字化管理系统的构建,逐步实现办公系统内部项目之间的有效联通,打破时间和空间上冲突而引发的壁垒。员工可以通过系统平台,随时随地完成、部署工作,实现各个环节之间的系统管控与有效协同,而不再是必须处于固定的位置上、与人面对面完成各项工作的对接,将员工从固定的工位和办公时间中解放出来,只要拥有网络、计算机或手机等移动电子终端设备登录公司系统平台账号,员工即可完成所需工作。无论是咖啡厅、图书馆、高铁站等任何地方都可以成为员工办公场所,减少了员工工作的限制性,为员工个人的时间安排带来极大的自主权,从而可以让员工在保证工作效率的同时激发创造力。

第二,员工关怀,让员工感受来自企业的温暖。员工关怀是企业增强员工凝聚力、归属感、忠诚度以及降低其离职率的主要方式,员工关怀便于企业及时发现员工不满的情绪,帮助其解决问题,进而改进组织,这会极大程度上提高员工满意度。但当前大大小小的企业真正能够做到员工关怀的屈指可数,大部分企业对于员工的关怀仅停留在发放员工福利、员工补贴等传统物质层面的基础关怀,而对于员工自身的真实需求却未曾涉足,这样的关怀是难以发挥效用的。因此通过数字化管理系统的构建,员工关怀实现了物质层面向精神层面的跨步,加大了员工关怀形式的多样化、个性化以及保密化。员工可借助系统平台提出自身真实的诉求和存在的想法,并无须因为担心会被别人知道而放弃言论发表,进而通过数字化手段对员工诉求进行深入的分析,对企业内部开展一次自查,发现组织在架构以及员工管理等方面存在的问题,进行查漏补缺。

2) 员工自我提升

第一,实现员工成长,终身学习。从古至今,学习都是一个永久的命题,古人云:活到老学到老,"终身学习"的烙印在新一代的身上凸显得分外明显,据《2018 年中国 Z 世代理想生活报告》显示,在受访的 1995 年后出生的青年中,有 74% 会在闲暇时间学习或课外自我充电,而 1995 年前出生的受访记录表明仅有 35.49% 会如此。由此可见,1995 后出生的新青年对于自我学习的需求更为强烈,而这种需求不只局限于专业知识,还存在着对心理、跨专业领域知识的需求。但是在大部分的企业中,投放给员工学习的资源非常稀少,员工除基础的入职培训外,很少有机会参加其他的学习和培训活动,难以实现个人的进一步发展和提升,这在一定程度上抑制了员工的学习热情,长此以往会阻碍组织及员工跨学科领域的融合创新及与内外信息沟通学习的路径。

通过数字化管理系统的构建,组织可以借助内部培训和学习课程的开发等多类型学习课程在系统上的发布,完善企业学习网络的构建,实现学习型组织的数字化布局。一方面借助知识共享,员工将自身获取的资源文件发布在平台系统,让组织中的每位成员都可以随时随地地学习专业知识和非专业领域知识,并且成员可就自己的疑问在平台上发起提问,任何人都可以回答这个问题,实现成员之间的交流与学习,这样更加透明、有趣的学习形式可以增强参与者对于问题的深入理解和彼此之间思维的交流融合;另一方面借助平台系统的学习过程变得可视化,管理者可以通过对其讨论过程的了解与分析发现员工的学习需求,了解员工在工作过程中可能会面临的知识盲点和问题,实施更为针对性的工作指导,以实现真正地为员工赋能,让员工感受到组织的关注,增强其归属感和忠诚度。

第二,剥离基础事物,助推战略思维培养。马斯洛需求层次理论是行为科学的理论之一,由美国心理学家亚伯拉罕·马斯洛于 1943 年在《人类激励理论》论文中所提出。马斯洛将人的需求分成 5 个层次,依次由较低层次到较高层次排列,且需求由低层到高层逐级递增,只有当低层次的需求得到满足后,高层次的需求才会产生。生理需求作为最底层的需求,随着其不断得到保障和满足后,员工逐渐对自我价值实现、具有一定挑战性工作的需求不断上升,而那些繁重琐碎的基础性事务成为员工价值实现路上的"绊脚石",占据了员工的有效时间。马斯洛需求层次理论框架如图 1-5 所示。

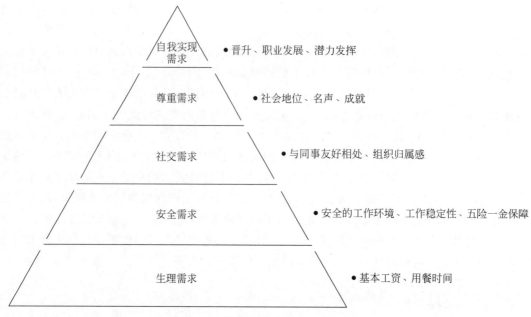

图 1-5 马斯洛需求层次理论框架

若员工长期困于复杂、程序、烦琐的工作事务中,一方面会消耗员工动能,挫伤其工作积极性和工作能力,抑制战略性思维能力的培养与发展,使组织僵化缺少新鲜的活水源泉,造成组织内部人才供应不足;另一方面由于员工需求层次的提高,又无法从基础工作中脱身,就会产生抵触和消极的情绪,影响工作完成质量的同时也会降低员工对组织的忠诚度。

综上所述,数字化管理系统的构建可以帮助实现公司基础性事务的自动化处理,例如,员工可以直接在系统平台上完成打卡签到、申领办公用品、费用报销等一系列日常工作内容,一体化和线上的操作方式减少了员工亲自去各个部门提交各项报告材料的流程,节省了不必要的时间资源和人力资源消耗,使员工的工作变得轻松,从而提升了工作质量和生活质量。

此外,从部门员工事务层面来看,人力资源管理部门的薪酬管理工作、运营管理部门的项目审批工作以及采购部门的数据误差等在传统的方式下,通常都需要借助人力进行处理,不仅费时还费力,且准确度存在着不稳定性。而通过构建数字化管理系统,这些工作内容都可借助计算机后台完成自动化处理,员工需要做的只有最后的检查工作,这就使得员工可以从冗杂的基础工作中剥离出来,获得更多的自主支配时间,在提升办事效率的同时还可以将目光聚焦于高层次的工作,进行思考和探索,对于员工战略性思维能力的培养和成就感的获取产生正向影响,最终实现员工更高层次需求的满足。

第 2 章

企业数字化管理

从以前的"信息技术"到现在的"数字技术",社会愈来愈追求快节奏、高效率,借由人工智能、云计算、大数据、5G、工业互联网、物联网以及区块链等数字技术为人们生活的方方面面提供便利,赋予了人们极大的自主性,为适应这种变化,企业组织结构也不断趋于扁平化、网络化。在享受数字技术带来的便利的同时,人们也展开了更为深入的思考,为了让数字技术真正落地,带来更为广泛的影响,数字化管理应运而生。

企业数字化转型的过程实质是从"工业化管理模式"向"数字化管理模式"的变革,通过将数字技术引入现有企业管理架构,推动信息结构、管理方式、运营机制、生产过程等相较于工业化体系发生系统性重塑,客观上要求企业打破传统工业化管理情形下的路径依赖(黄群慧,等,2019),改变原有的企业管理思维逻辑,驱使企业生产管理趋向智能化、企业营销管理趋向精准化、企业资源管理趋向高效化,从而带来企业管理方式乃至管理制度的颠覆式创新(Frynas,等,2018)。通过数字技术融合应用,贯穿企业核心数据链,集战略决策、产品研发、生产制造、经营管理、市场服务等各项业务活动于一体,搭建数据驱动型高效运营管理模式的能力,有效支撑组织决策系统,提升企业市场竞争力。数字化管理的技术手段有利于对企业各级人员充分授权,扁平化网络化企业组织,充分实现企业信息的服务与共享。

2.1 低代码平台系统

近年来,随着企业数字化转型不断加快,"低代码"受到了多方的关注。同许多软件开发一样,低代码不是横空出世,而是软件技术开发的必然产物。"低代码"就是利用很少或几乎不需要写代码就可以快速开发应用,并可以快速配置和部署的一种技术和工具。詹姆斯·马丁(James Martin)在 1982 年出版的《无程序员的应用程序开发》一书中写道:"每台计算机可用的程序员数量正在迅速减少,以至于将来大多数计算机必须在没有程序员的情况下工作。"从这短短的一句话可以看出,在如今计算机使用率不断攀升的年代,程序员的数量明显匮乏,只有当计算机可以在没有人员操作的前提下可以工作,才能维持与计算机使用数量的匹配。

教材讲解
视频

2.1.1 低代码平台的含义

2014 年,"低代码(Low-Code)"的概念被 Forrester 研究机构正式提出。其关于"低代码"的定义是:利用很少或几乎不需要写代码就可以快速地开发应用,并可以进行快速配置和部署的一种技术和工具。2017 年,Gartner 创建了一个新门类,提出了 aPaaS(应用平台即服务)的概念。

低代码(Low-Code)是一组数字技术工具平台,能基于图形化拖动、参数化配置等更为高效的方式,实现快速构建、数据编排、连接生态、中台服务等,通过少量代码或不用代码实现数字化转型中的场景应用创新。它能减轻甚至解决庞大的市场需求与传统的开发生产力引发的供需关系矛盾问题,是数字化转型过程中降本增效趋势下的产物。低代码开发就是通过编写少量的代码或无须编写任何代码即可完成应用的开发。在软件开发领域中,低代码开发平台本质上是一种软件快速开发工具,通常低代码开发平台可基于预先定义或配置的开发能力来快速满足业务开发需求,通过为开发人员提供可视化编排工具及各种配置界面,使开发者只需要在平台上进行可视化交互式操作就可以生成应用的部分甚至全部的代码(Bock,Frank,2021)。低代码开发平台(Low-Code Development Platform,LCDP)是无须编码(0代码)或通过少量代码就可以快速生成应用程序的开发平台。通过可视化进行应用程序开发的方法,具有不同经验水平的开发人员可以通过图形化的用户界面,使用拖动组件和模型驱动的逻辑来创建网页和移动应用程序。

2.1.2 低代码的发展

其实"低代码"这一词并不是近年来诞生的,它在很早以前就已经存在,但由于其一直处于一种不温不火的状态,所以很少有人提及。但在最近几年,大量的商业巨头和资本涌入低代码这一领域,便引来越来越多的人关注。

低代码最早的出现还要从20世纪80年代说起。1980年,IBM的快速应用程序开发工具(RAD)被赋予新的称号——低代码。由此开始,低代码首次展露于大众面前。低代码是指一种快速开发的方式,即使用最少的代码、以最快的速度来交付应用程序,用英文表示为Low-Code。

然而,一家研究机构弗雷斯特(Forrester)敏锐地洞察到了这一问题,并于2014年首次提出了低代码和零代码的概念:只需要用很少甚至几乎不需要代码就可以快速开发系统,并可以将其快速配置和部署的一种技术和工具。低代码开发模型如图2-1所示。随后又在2018年,Gartner提出aPaaS(应用平台即服务)和iPaaS(集成平台即服务)的概念。

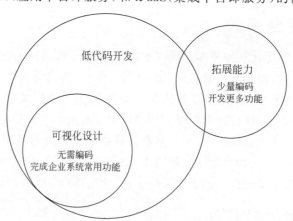

图 2-1 低代码开发模型

在概念诞生以后,慢慢地国外出现了一些软件厂商陆续发布了低代码或零代码开发平台,进行了一系列的探索并证实了这类低代码开发产品成功的可能。国外作为低代码开发的领军者为各大软件厂商打开了新世界的大门,基于此,中国市场也随即掀起了"低代码(零代码)"的热潮,并在这两年逐步规模化,形成完整的产品生态体系。低代码概念衍生至发展的时间轴如图 2-2 所示。

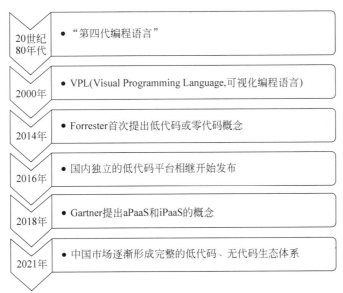

图 2-2　低代码概念衍生至发展的时间轴

2.1.3　低代码平台驱动模式和开发模式

1. 驱动模式

钉钉宜搭低代码平台主要有两种驱动模式,分别为表单驱动和模型驱动。

表单驱动是传统 BPM 的典型标志,为了实现某个业务目标,利用计算机在多个参与者之间按某种预定规则自动传递文档、信息或者任务。低代码平台主要实现工作过程管理的自动化、智能化和整合化。最主要的特征就是可以灵便地实现数据整合和数据统计,消除信息孤岛;低代码虽然看起来操作模式像 BPM,实际上基于流程进行驱动的数据、数据格式、数据来源已经发生了根本变化。BPM 是典型的表单驱动,只能做企业内部工作流,而基于 aPaaS 的后端模式与 MADP 前端模式加上 BPM,三者结合形成了低代码的一种展现,即是通过模型驱动进行实现的。

模型驱动使用可视化建模技术来定义数据关系、流程逻辑和构建用户界面,使开发人员和业务用户能够快速交付应用程序,而不需要代码。模型驱动通过去掉重新生成、重新构建、重新测试和重新部署步骤,可以更快地执行功能更改;访问平台中的 API 层,以便使用自定义代码轻松控制模型扩展;通过启动运行服务器并添加模型,可以轻松地进行部署;使用更灵活、更动态的应用程序监视功能,并使较少的技术开发人员能够通过可视化应用程序模型进行分析和快速调试;使用更灵活、更动态的应用程序监视功能,并使较少的技术开发人员能够通过可视化应用程序模型进行分析和快速调试。

2. 开发模式

钉钉宜搭低代码平台的开发模式也主要包括两种,即引擎式开发模式和快速生成代码模式。

引擎式开发模式是目前最先进的软件快速开发方式之一,只需在开发后台进行配置,即可完成软件开发的过程,由于过程中没有生成或修改底层源码,平台可以统一维护和升级,轻松实现复杂的业务逻辑。

快速生成代码模式则主要通过桌面式设计器来定义业务模块,辅助生成源代码框架,然后用户可以在生成的源代码的基础上去编写、修改自己的源代码来实现业务逻辑,因此快速生成代码模式也可认为是一种代码生成器。这种模式对开发人员的要求比较高。

低代码平台在设计时不仅要严格按照模式规范进行,还要关心诸如业务数据如何存储、如何实现自定义数据存储、如何实现业务流程流转、哪些人可以访问和控制业务数据和流程流转、如何进行服务端逻辑的自定义扩展等一系列的问题。第3~9章内容以钉钉低代码实战开发为例,具体讲述低代码开发数字化管理系统的完整流程,帮助读者更加清楚地了解低代码开发。

2.1.4 低代码开发平台价值

从开发者角度来看,宜搭低代码开发平台具有如下价值。

(1) 由于钉钉宜搭低代码的界面呈现特征,其图形化的操作,简单易懂,容易上手。

(2) 宜搭低代码开发平台拥有丰富的接口,缩短了新开发商的开发周期,节省了开发时间。

(3) 有众多成熟的案例模板库提供参考,站在巨人肩膀上有丰富的经验,不用从零开始。

(4) 支持所有主流应用服务器和数据库,降低开发难度。

(5) 强大的代码调试功能,提升了开发效率。

从企业角度来看,宜搭低代码开发平台可以提供如下价值。

(1) 优化企业内部各个业务流程,全面提升企业运作的协调性,提高企业运作效率。

(2) 节省了许多不必要的人力、物力、财力成本,使其在效益不变的基础上减少成本支出,提升了企业效益。

(3) 由于低代码开发平台的灵活性,可根据实际需求进行维护,即改即用,一键升级。

从使用者角度来看,宜搭低代码开发平台可实现的价值如下。

(1) 简单的操作方式,使平台的使用没有技术壁垒,任何人都可以使用,对普通大众十分友好。

(2) 其低代码的开发方式使其能够即用即改,根据不同需求来优化完善软件的各项功能。

(3) 平台消息驱动,有助于合理利用工作时间,同时由于其多客户端口,方便使用者可以随时随地办公。

低代码开发平台最为显著的优势在于它别出心裁的可视化开发形式,为开发者提供了前所未有的编码界面,通过拖放式操作即可将各个字段进行部署。另外,低代码开发平台可以使用可视化建模方式来验证应用逻辑,这对于IT人员和业务人员来说是一种很不错的全新交流方式。钉钉宜搭作为一个追求"云钉"一体的低代码平台,同样具备以上优点,可以利用宜搭在短时间内完成原先需要两周才能搭建完成的页面,且容易上手、操作简单、使用灵活、节约各项成本。

低代码工具不是万能的,但它是非常有效的。虽然对于具有复杂流程的系统来说,可能存在局限性,但低代码应用程序可以作为系统开发的补充工具,在流程简单的小批量场景中,根据业务需求创建应用程序。但不要让它限制了想象力。

低代码是企业改善其数字化转型的有力工具,当然这一切都取决于它们的实际需求。数字化转型不仅是IT部门的责任,整个过程也会落在每个人的身上。低代码产品提供了一种人人都能理解的语言,减少了实际实施过程中的障碍,加快了数字化转型的进度。

2.1.5 低代码开发数字化管理系统

根据上述对于低代码的介绍,可以了解到低代码开发其本质就是通过简单的配置,特别是图形化的设置,来实现业务流程的数字化管理,从而形成自动化的生产力,其有着开发高效快速、使用门槛低、高扩展性等特征。然而在传统软件开发的发展历程中一直存在着代码复杂冗长的问题,开发周期过长,难以适应软件市场快速变动的用户需求,同时当需配合市场做出改变时又会因为代码更新迭代慢而存在一定限制,因此低代码软件开发的出现对填补传统模式的不足尤为重要。低代码可以帮助企业实现数字化管理系统的开发,使企业搭建适用于自身的线上系统,方便其做数字化管理,进而促进企业的数字化转型;企业也可以邀请具备深入了解企业业务和流程的能力、掌握先进的数字技术和工具的数字化管理师,帮助企业在低代码平台内进行数字化管理系统的开发,助力企业进行数字化转型。

以设备管理为例,数字化管理系统平台通过应用信息技术,可以将组织设备的信息集中管理,提高管理效率,它涵盖了从供应链管理到生产计划和控制、质量控制、库存管理、设备维护等制造活动的各个方面。数字化管理系统可以通过电子表格、数据库等方式集中管理设备信息,快速录入、修改和查询设备信息;可以通过系统化的流程管理实现设备的分配、调动、借用、转让等操作,记录每一步的流程和相关人员的操作;可以自动记录设备的入账、调出和销账操作,减少人工差错和账物不符的风险,有助于准确统计和分析资产情况;可以提供快速的文案检索功能,通过关键字搜索等方式,方便用户及时找到相应的设备记录;可以提高设备管理的效率,减少人力和时间的投入,提高整体工作效率;可以通过权限管理、数据备份等手段保障数据的安全性和完整性。由此可见,数字化管理系统对企业进行高效管理的促进作用,而低代码助力企业以更快速、更便捷的方式实现数字化转型,在1～2周内即可搭建一套完整的、适用于企业的数字化管理系统,有助于解决业务部门长期未解决的数字化需求,从而加强对组织内部数字化变革的支持和认同。

企业需要在数字化情境下建立、使用与自身资源相匹配的数字平台(焦豪,2023)。钉钉于2020年12月宣布推出低代码应用开发平台"钉钉宜搭",将面向超过1500万企业组织、3亿用户开放低代码、无代码开发的能力,助力企业实现数字化转型,帮助企业进行数字化管理。本书将以钉钉宜搭低代码开发数字化管理系统为例,分别从合同管理系统、采购管理系统、仓库管理系统、生产管理系统、总账管理系统、出纳管理系统和应收应付管理系统这7个子系统的具体构建流程展开,为读者讲解低代码系统开发的具体实战过程,以帮助读者更好地学习掌握相关知识与能力。

2.2 钉钉企业数字化管理

随着企业内部结构和人员频繁变动,组织设备的调整也变得频繁,对于传统的管理方式,如Excel表格和纸质文件等,存在许多痛点。因此,采用数字化管理平台是管理组织设备的较好选择。

教材讲解
视频

2.2.1 数字化管理与传统管理方式对比

数字化管理平台通过应用信息技术,可以将组织设备的信息集中管理,提高管理效率,它涵盖了从供应链管理到生产计划和控制、质量控制、库存管理、设备维护等制造活动的各个方面。两种方式的对比详见表2-1。

表 2-1　数字化管理平台与传统方式对比

	数字化管理平台	传统方式
设备信息录入	通过电子表格、数据库等方式集中管理设备信息，可以快速录入、修改和查询设备信息	通过纸质记录或手工录入的方式，容易出现错误和遗漏
设备调动流程	可以通过系统化的流程管理实现设备的分配、调动、借用、转让等操作，记录每一步的流程和相关人员的操作	需要依靠人工的抄写和传递，容易出现信息丢失、传递延误等问题
资产账务核对	自动记录设备的入账、调出和销账操作，减少人工差错和账物不符的风险，有助于准确统计和分析资产情况	需要依靠手工记录和比对，容易出现账目混乱和资产流失的问题
文案查找	提供快速的文案检索功能，通过关键字搜索等方式，方便用户及时找到相应的设备记录	需要耗费大量时间和精力来查找和整理纸质文案，查找效率低
管理效率	提高设备管理的效率，减少人力和时间的投入，提高整体工作效率	操作烦琐，容易出现错误，效率低下
数据安全	通过权限管理、数据备份等手段保障数据的安全性和完整性	容易出现纸质文案丢失、遗漏或泄露的风险

因此，企业需要采用适应新时代要求的设备管理方式，通过数字化的手段来提供更方便的文案查找方法和管理流程，从而为组织带来更高的生产力和效益。

2.2.2　钉钉企业数字化管理功能

钉钉企业数字化管理是一种基于钉钉平台的企业管理解决方案。它通过整合各种企业管理工具和功能，提供集中的、可定制的数字化管理工具，帮助企业实现高效的沟通协作、任务分配和绩效评估。

（1）组织架构管理：通过钉钉平台可以方便地创建和管理企业的组织架构，包括部门、岗位和员工。

（2）任务分配和追踪：企业可以使用钉钉平台快速分配任务并跟踪任务的进展情况，提高任务执行的效率。

（3）考勤管理：钉钉提供了方便的考勤管理工具，员工可以通过打卡、签到等方式记录工作时间，助于企业统计考勤情况。

（4）内部通信和沟通：钉钉提供了多种沟通工具，如即时通信、群聊、语音通话等，帮助企业实现及时高效的沟通和协作。

（5）绩效评估：钉钉提供了绩效评估的功能模块，企业可以根据设定的绩效指标和标准，对员工的绩效进行评估和管理。

（6）数据分析和报表：钉钉提供了丰富的数据分析和报表功能，帮助企业了解企业运营状况，提供决策支持。

（7）审批流程管理：钉钉提供了强大的审批流程管理功能，可以根据企业的需求定制各种审批流程，如请假申请、报销审批等，提高审批效率和准确性。

（8）文件管理和共享：钉钉平台可以作为企业的文档管理中心，员工可以上传、下载和共享文件，实现团队和部门之间的协作与共享。

（9）企业微信工作台：通过企业微信工作台，企业可以集成其他企业应用、外部合作伙伴和平台，以便员工更高效地处理业务和接触相关信息，提高工作效率。

（10）数据安全和权限管理：钉钉提供了严格的数据安全措施和权限管理，保护企业信息的安全性和隐私。

（11）多端协同办公：钉钉支持多终端（如计算机、手机、平板）的协同办公，员工可以随时随地通过钉钉进行工作交流和任务处理。

（12）行业特定解决方案：钉钉还针对不同行业提供了特定的解决方案和模块，如零售、制造业、医疗等，满足不同行业的管理需求。

钉钉企业数字化管理是一种强大的企业管理工具，可以帮助企业提高工作效率、降低管理成本，实现数字化转型和创新。需要注意的是，钉钉企业数字化管理是根据企业需求和规模来进行定制和部署的。企业可根据自身需要选择合适的模块和功能，实现数字化管理。此外，钉钉也不断更新和升级功能，以满足企业在数字化管理方面不断变化的需求。

2.2.3　钉钉各版本的权益

钉钉作为一个使用群体广大、使用人数庞大的软件，具有标准版、创业版、专业版、专属版、混合版 5 个版本，不同版本的区别具体如表 2-2 所示。

表 2-2　钉钉不同版本的区别

	费用	用户	功 能
标准版	免费	数字化起步阶段企业及个人	• AI 助理：1000 点免费算粒/日 • 标准版企业管理套件 • 标准工作台 • 钉盘：100GB 企业存储空间 • 视频会议：标清会议，单场最高 60 分钟 • 文档：支持 25 人同时在线编辑
创业版	980/年	面向小微企业	• AI 助理：1000 点免费算粒/日 • 数字化工作台：支持更多置顶应用、AI 生成应用图标 • 邮箱：5 个企业邮箱账号 • 钉盘：在标准版的基础上，扩容 100GB • 年检认证：1 年内 3 次认证机会，提供认证标识、防冒名等 15 项高级权益 • 即时通讯：1000 条短信/电话 DING
专业版	9800/年	面向中小企业	• AI 助理：1000 点免费算粒/日，可增购更高额度 • 专业版企业管理套件 • 自定义工作台 • 聊天记录：云端存储最长 10 年 • 钉盘：1TB 企业存储空间 • 视频会议：高清会议，单场最高 24 小时 • 文档：50 人同时在线编辑，支持多维表格 • 开放能力：付费 API 调用量 50 万次/自然月等 6 项高级权益
专属版	98 000/年	面向中大型企业	• AI 助理：1000 点免费算粒/日，可增购更高额度 • 混合云部署：实现数据私有化 • 数据防泄：全链路数据管控，精细化规则引擎 • 品牌定制：专属定制 App • 自主运营：全组织全流程自主运营 • 自主运维：数据日志开放，自主可控 • 专属 AI：数据混合部署、问答效果精准、客户自主定制

	费用	用户	功能
混合版	按需购买	面向大型组织	• AI助理：1000点免费算粒/日，可增购更高额度 • 混合部署：中心结合本地两端部署，更好体验和服务 • 多云适配：轻量化、灵活部署 • 本地运行：核心服务可在本地运行 • 合规安全：自主密钥、等保安全防护

钉钉标准版以"普惠开放的数字化新生产力工具"为口号，有聊天、通讯录、考勤打卡、日志、OA(Office Automation，办公自动化)审批、签到、创建企业/团队等功能；还有一次免费预约部署专家进行培训的机会，可以快速了解钉钉。钉钉标准版的功能基本可以满足一般小公司团队使用，目前是免费使用。

钉钉专业版以"打造属于企业自己的数字化资产"为口号，包含如聊天记录云端保存时效延长、视频会议专业版、提供1TB云端存储、OA审批专业版、考勤专业版、资产安全保障、自定义工作台等多项权益。钉钉专业版目前定价是9800元/年，且不限流、不限企业规模人数。

钉钉专有版以"打造专属、安全、开放的数字化办公运营平台"为口号，在标准版本已有功能的基础上增加了统一账号管理、条块结合组织通讯录、通信多元消息必达、特色办公能力支撑、互联互通、政企联动、安全防护体系等特色功能，助力企业个性化管理。钉钉专有版按规格与选购功能付费，更多信息可与选型顾问进行一对一沟通。

钉钉专属版以"根据行业及角色场景，定制满足不同场景的解决方案"为口号，有基础版、独立存储版和独立App版三个不同版本：基础版有专属设计、专属账号、专属开放等特色功能；独立存储版支持独立文件存储、独立消息存储和独立通讯录存储；独立App版可以自定义App图标，并拥有SDK集成。专属钉钉基础版价格为52 000元/年(起)，专属钉钉独立存储版价格为152 000元/年(起)，专属钉钉独立App版价格为352 000元/年(起)。

2.2.4　宜搭各版本的权益

钉钉宜搭目前有4个版本，分别为免费版、轻享版、专业版以及专属版，每个版本有不同收费标准。所有版本都包含报表填写、流程协作、可视图表、权限管理、集成自动化、酷消息卡片以及400＋应用模板。详细的价格和功能以宜搭官网的最新数据为准。

1. 免费版

免费版免费使用，可满足小团队轻量业务场景免费试用。宜搭免费版试用人数为10人，总数据量2万条(每月1000条)，免费版不限制使用时效。

2. 轻享版

轻享版配置最低收费为2988元/年，按使用人数和资源包数量收费依次提高。宜搭轻享版的人数限制是根据购买的人数决定的，同时需要根据购买的版本规格决定使用人数。

轻享版可满足小型组织零代码搭建轻量应用，支持零代码拖曳式搭建、并且能够实现零代码搭建具备播报功能的门户，总数据量80万条。

3. 专业版

专业版配置最低为5988元/年，按使用人数和资源包数量收费依次提高。宜搭专业版的人数上限是根据企业的实际需求和购买的许可证类型而定的。但是，如果企业需要更多的用户数，也可以通过购买更高级别的许可证来扩展人数上限。专业版可以满足中大型组织低代码搭建复杂应用,前端支持低代码扩展化搭建,OpenAPI 和页面数据源开放,支持连接器工厂、数据工厂、酷应用工厂,支持多应用(含三方)间互联互通,总数据量 300 万条。

例如,宜搭引入了一整套的连接器包括自动化编排的概念,并且提供了钉钉官方的连接器甚至企业自建的连接器,每一个连接器在事件、流程甚至所编排出来的逻辑里面可以任意调用,让 API 调用变成可视化的时候,就可以发现开发者不需要再做任何的编码工作就可以调用和快速接入这些 API,同时能够收到 API 的触发事件。

宜搭不仅能使用钉钉群插件功能,还可以为钉钉群定制更多的协同工具。在一个应用被添加到群聊中后,除了能更便捷地打开该应用,更重要的是该应用结合了群内机器人的消息推送能力,这使得群里的消息能够与应用实现互通,同时所有权限管理可以通过群来进行指定,一系列信息都会被共享。这个应用添加在群插件之后就可以快速启动打开应用里的每一个功能,甚至将群应用的所有能力和群里的一些卡片等一系列的东西进行共享。

4. 专属版

专属版需要进行商务咨询,满足组织专属定制及高安全性能。专属版具有复杂逻辑、高数据量、高并发、高安全等特性,具有一级域名、自主品牌,可以省心运维、轻松审计,支持上下游互联以及专属钉伴侣,还有专属的售后服务。

2.3　钉钉环境下企业架构的创建

教材讲解
视频

相信很多刚开始准备使用钉钉的小伙伴都会有这样的一个疑问,那就是如何在钉钉内创建属于自己的企业架构呢? 本节将做一下流程的梳理,因手机端和计算机端操作基本一致,所以就以计算机端作为流程演示。

首先,登录钉钉账号,然后在左侧找到"通讯录"选项,单击这个选项进入通讯录菜单界面,可以看到有一个"创建团队"选项,单击即可开始创建,如图 2-3 所示。

输入个人钉钉注册时使用的手机号,进行验证码验证并登录到下一界面,如图 2-4 所示。

图 2-3　创建团队　　　　　　　　　　图 2-4　绑定账号

因为编者已经加入了一些企业架构,所以此处的提示新用户看到的和这个界面会有所不同,这里可以不做过多关注,直接按如图2-5所示创建新团队的提示进行资料的填写,即可完成企业/组织/团队创建。

图 2-5　填写团队信息

教材讲解
视频

2.4　钉钉低代码应用开发

钉钉低代码应用开发具体过程如下。

2.4.1　创建应用

目前,使用宜搭创建应用有"创建空白应用""从 Excel 创建应用""从模板创建"三种。除此之外,2023 年 11 月 3 日钉钉宣布,接入大模型能力的钉钉 AI 魔法棒正式上线,用户可以通过对话方式使用宜搭 AI 功能。这里将演示以接入 AI 功能的"智能创建应用"方式创建应用。

首先,进入宜搭首页,单击右上角的"宜搭 AI"按钮。使用"钉钉魔法棒"功能,如图2-6所示。接着切换到"智能应用",如图2-7所示。在对话框中输入需求,宜搭 AI 会生成一些相关应用,可以选择一个生成应用,如图2-8所示,也可以选择"识图搭应用",如图2-9所示。

图 2-6　宜搭 AI

图 2-7　智能应用

图 2-8　宜搭 AI 生成的应用

图 2-9　识图搭应用

2.4.2　权限设置

使用宜搭 AI 生成一个关于客户意见的智能应用，然后在该应用基础上进行一些修改完善，预览效果如图 2-10 所示。

图 2-10　意见反馈页面预览效果

现在需要对这个应用添加一些权限设置。首先是"应用权限"，在 PC 端编辑应用页面单击上方的"应用设置"，跳转之后单击左侧的"应用权限"。可以看到有"应用主管理员""数据管理员"和"开发成员"三种人员设置，如图 2-11 所示，三种人员的权限不相同，详见表 2-3。应用主管理员拥有应用管理后台的全部权限，可进行应用搭建、编辑、设置以及数据管理；数据管理员拥有数据管理相关的权限，可管理应用数据、搭建报表、数据集管理及数据服务管理等，具有无表单设计、流程设计、自定义页面、页面设置、应用管理员设置等权限；开发成员拥有除数据管理之外的应用开发权限，无应用数据管理、搭建报表、数据集管理、应用管理员设置等权限。

图 2-11　应用权限

表 2-3　人员权限对比

角　色	是否有查看应用数据权限	是否有设计权限
应用主管理员	是	是
数据管理员	是	否
开发成员	否	是

　　除了应用权限之外，每个表单页面也可以设置权限，对用户设置"表单的提交权限"和"数据的管理权限"，实现对数据的精细化管理。如图 2-12 所示，进入表单编辑页面，单击上方的"页面设置"，跳转之后，单击左侧的"权限设置"，在这里可以分别设置"提交状态"权限和"查看状态"权限。可以在原有权限上面进行编辑，也可以单击"新增权限组"按钮进行自定义，如图 2-13 所示。

图 2-12　表单权限

图 2-13　新增权限组

2.4.3　应用发布

在编辑好应用之后,需要将应用发布出去,接下来将进行具体演示。

1. 单个页面发布

如果只需要发布一张表单,如一张问卷调查,可以选择直接发布页面,首先进入表单编辑页面,单击上方的"页面发布",跳转之后,可以发现有组织内发布和公开发布,目前免费版本不支持公开发布,如需使用,要升级宜搭或先完成钉钉组织认证。

组织内发布面向组织内成员,需要登录并授权。组织内发布十分简单,如图 2-14 所示,可以使用默认的访问地址,也可以自定义访问地址,并且可以生成二维码,最后保存即可。

图 2-14　组织内发布

开启公开访问之后,组织外的成员无须登录即可填写表单,例如,匿名的问卷调查。同时支持投放到钉钉之外的其他渠道。如图 2-15 所示,打开公开访问,并设置访问地址,最后保存即可,同时也可以生成二维码。

2. 发布到钉钉工作台

除了单个表单的发布,也可以将整个应用进行发布,方便组织内全员访问应用。

宜搭支持一键将搭建好的宜搭应用发布到钉钉工作台,发布应用到钉钉工作台目前是不需要收费的。

在 PC 端编辑应用页面,首先单击上方的"应用发布",选择"发布到钉钉工作台",如图 2-16

图 2-15　公开发布

图 2-16　PC 端应用发布

所示。"工作台分组"可以选择发布的位置,发布到"全员"的会在"全员"列表中出现,全员可见;如果发布到其他模块,如"内部办公",也会在对应的模块中出现,还可以调整"可见范围",如图 2-17 所示。

在手机端,进入一个应用的访问页面,单击右上角的"…"图标,选择"发布到工作台",如图 2-18 所示,接着选择工作台分组和可见范围。

图 2-17　PC 端发布到钉钉工作台

图 2-18　手机端应用发布

假设将应用发布到"客户管理"模块,PC 端预览效果如图 2-19 所示,手机端预览效果如图 2-20 所示。

图 2-19　PC 端预览效果

图 2-20　手机端预览效果

3. 应用发布到群

除了发布到工作台,目前宜搭支持将搭建好的宜搭应用一键发布到组织的内部群,群内成员可以在群插件内看到此应用,可在此群内直接打开宜搭应用,可以将消息发送到安装了这个应用的群,更加快捷方便。

按照以下路径,就可以把应用发布到组织内部群,如图 2-21 所示。首先进入应用,单击右上角的"更多操作",选择"应用添加到群",然后选择需要添加到的群即可,效果如图 2-22 所示。

图 2-21　应用添加到群

图 2-22　应用添加到群效果展示

教材讲解
视频

2.5 智能应用开发

近年来,随着数字科技的进步,人工智能快速发展。生成式人工智能、大模型预训练模型和知识驱动 AI 等新兴技术为产业提供了广阔的发展空间。2024 年 1 月 9 日,在钉钉 7.5 产品发布会上,钉钉正式发布了基于 70 万家企业需求共创的 AI 助理产品。钉钉 AI 助理具备感知、记忆、规划和行动能力,更关键的是它具备跨应用程序的任务执行能力,可以和钉钉上丰富的第三方应用、企业自建应用无缝结合。钉钉希望通过 AI 助理推动 AI 的使用门槛进一步降低,让每个人都能创造自己的 AI 助理。钉钉总裁叶军表示"钉钉诞生以来一直在做一件事,就是不断降低中国企业数字化的门槛。今天,钉钉希望每一个人、每一家企业都能低门槛地创造 AI 超级助理,推动智能化普惠"。企业应当重视培养拥有低代码和人工智能技能的人才,并积极探索如何将这些技术应用于自身的业务和数字化转型中,以实现更高的效益和竞争优势。

2.5.1 智能应用

进入宜搭,用户可以在应用搭建链路的任一位置,打开智能服务·工作台→宜搭 AI→智能助手,就可以召唤智能助手。在平台层或应用层切换至"智能应用",就可以享受宜搭所带来的全新应用搭建之旅,充分利用 AI 的便捷性提升开发效率与交互体验。

本节将演示接入 AI 功能的"智能创建应用"方式创建应用。首先,进入宜搭首页,单击右上角的"宜搭 AI",使用"钉钉魔法棒"功能,如图 2-23 所示。

图 2-23 宜搭 AI

接着在弹出的对话框中将"智能问答"切换到"智能应用",如图 2-24 所示。

在对话框中输入需要搭建的应用的业务需求,宜搭 AI 会生成一些相关应用。以生成一个进销存应用为例,可以选择一个生成应用,如图 2-25 所示,也可以选择"识图搭应用",如图 2-26 所示。

图 2-24 智能应用   图 2-25 宜搭 AI 生成的应用

基于上述方式生成应用后,如图 2-27 所示,可以单击"访问"按钮来查看应用效果。如图 2-28 所示为智能应用生成效果,如需修改应用或页面信息,可按需调整。

图 2-26　识图搭应用

图 2-27　智能应用访问页面

图 2-28　智能应用效果示意图

2.5.2　智能表单

通过宜搭 AI 创建智能表单,可以自动分析和理解用户的需求,并根据需求自动生成表单的结构和字段。这样可以节省大量手动创建表单的时间和工作,加快表单的创建速度。在应用页面列表,新建页面,选择"流程表单"或"普通表单",单击"新建智能表单",如图 2-29 所示,可以通过上传 Excel 表格或者通过图片生成表单。

这里以上传 Excel 表格为例介绍如何新建智能表单,在如图 2-29 所示界面中单击"上传 Excel"按钮,如图 2-30 所示,上传需要生成的 Excel 表格,设置各个字段为相应的组件类型。

基于上述方式生成智能表单后,如图 2-31 所示,可以单击"访问"按钮来查看表单效果,如需修改表单或页面信息,可按需调整。

图 2-29　新建智能表单示意图

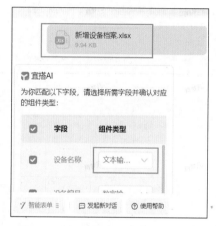

图 2-30　智能表单字段设置示意图

图 2-31　智能表单访问示意图

2.5.3　宜搭 AI 助理

AI 助理基于魔法棒应用的智能能力,叠加加入通讯录、单/群聊、文档编写、参与音视频会议等类人的能力,在钉钉更多的场景中实现深度融合,更高效地服务企业成员。

钉钉超级助理作为钉钉 7.5 版本的核心新功能,旨在应用 AI 技术以提高企业的信息流转、协同流程和决策等方面的沟通效率,减轻员工的负担和管理者的管理难度。钉钉超级助理分为个人版和企业版两个版本,基于阿里通义千问大模型打造,具备感知、思考和行动三大能力。通过这些能力,超级助理致力于解决企业和员工在日常工作中遇到的各种实际问题,从而提高企业的运作效率并降低运营成本。

目前 AI 助理主要有以下三大核心能力,为钉钉低代码插上了腾飞的"双翼"。

(1)**智能表单填报 ChatForm**:致力于简化一线操作员工的数据填报流程,通过智能化的交互,加速数据的流转和上传。通过使用智能表单填报 ChatForm,用户可以直接与虚拟助手进行交互,提供所需的信息,而不需要手动一个个填写表单字段。这种方式减少了用户的操作步骤和时间,提高了填报表单的效率。

(2)**智能数据分析 ChatBI**:定位于支持企业管理层和核心骨干通过数据洞察来驱动工作。它为每位员工提供了一个数字化的辅助工具,使数据分析的好处能够影响到每一个决策者,从而助力企业构建更精细化的管理和运营。

（3）**智能自动化流 ChatAutomation**：在企业中,存在大量的数据流动,包括来自不同部门和系统的数据。然而,这些数据往往处于沉睡状态,没有得到充分利用。智能自动化流 ChatAutomation 的目标是将这些数据激活和释放出来,使其在组织中流动起来,为企业创造更大的价值。

宜搭 AI 助理分为个人 AI 助理和企业 AI 助理两个版本,具体如表 2-4 所示。

表 2-4　个人 AI 助理和企业 AI 助理对比

	个人 AI 助理	企业 AI 助理
谁可以使用	创建后仅自己可用,其他人无法查看或搜索到;后续将支持分享给他人安装使用	创建后可以在当前组织下与所选的其他组织成员一起使用,他们可以通过钉钉搜索或通讯录找到用户创建的企业 AI 助理
是否需要审批	不需要,创建后即可使用	需要,可选择组织管理员进行审批
是否支持编辑	支持	支持,但当前仅支持组织管理员进行编辑,同时钉钉管理后台中支持组织管理员编辑可见范围
是否支持删除或停用	可被自己删除,删除后将无法查看历史记录,也无法继续使用	不支持删除,但支持组织管理员在钉钉管理后台进行停用和启用
有没有最大数量限制	当前组织下每人最多创建 10 个个人 AI 助理,删除个人 AI 助理可恢复相应额度	单个组织最大支持 1000 个企业 AI 助理,停用暂不支持恢复额度

接下来介绍如何创建 AI 助理,创建 AI 助理支持从宜搭应用中创建以及客户端创建两种方式。

（1）从钉钉客户端创建 AI 助理。

登录钉钉客户端后,如图 2-32 所示,在客户端右上角,依次选择"钉钉魔法棒"→"AI 助理"→"创建 AI 助理"。

图 2-32　从钉钉客户端创建 AI 助理示意图

进入创建 AI 助理页面,如图 2-33 所示,填写 AI 助理信息,设置完成后,即可创建成功。

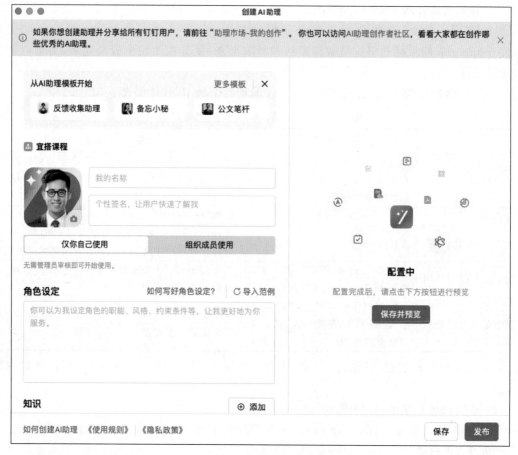

图 2-33　AI 助理信息填写界面

（2）在宜搭应用中创建。

登录钉钉宜搭工作台,进入应用设置页面,选择"应用发布"选项,单击"创建 AI 助理"按钮,如图 2-34 所示,填写 AI 助理信息,单击"创建"按钮完成创建,如图 2-35 所示。

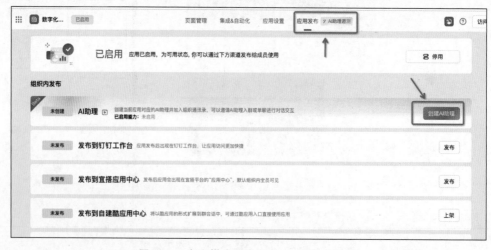

图 2-34　在宜搭应用中创建 AI 助理示意图

图 2-35　AI 助理信息填写界面

AI 助理配置项说明如表 2-5 所示。

表 2-5　AI 助理配置项说明

配置项	说　明
AI 助理名称	设置 AI 的名称。名称只能包含中文、英文、数字，且长度不能超过 8 个字符
AI 助理形象	单击 AI 助理头像右下角刷新按钮，选择你喜欢的助理形象。暂不支持上传自定义头像
AI 助理描述	设置 AI 助理的描述信息，描述信息最大长度不能超过 60 个字符
可见范围	AI 助理当前支持以下三种可见范围 • 全员可用 • 部分成员 • 仅自己 说明：AI 助理创建成功后，可见范围不可修改，请谨慎选择
创建申请	如果你不是本组织的组织管理员，那么在创建 AI 助理时还需要向组织管理员发送创建申请

创建 AI 助理成功后，进入需要设置 AI 助理的应用，单击"设置能力"，进入"设置能力"页面，即可开启设置智能表单填报 ChatForm 和智能数据分析 ChatBI 功能。

（1）智能表单填报 ChatForm。

智能表单填报致力于简化一线操作员工的数据填报流程，通过智能化的交互，加速数据的流转和上传。选择"智能表单填报"选项，单击"是否开启能力"开关，选择需要设置智能填报的表单页面，启用后即可打开"表单训练配置"页面，在弹出的"表单训练配置"页面中设置填报字段，设置成功后单击"保存"按钮即可，如图 2-36 所示。

返回钉钉客户端，找到应用对应的 AI 助理，输入填报信息内容，即可实现智能填报，如图 2-37 所示。

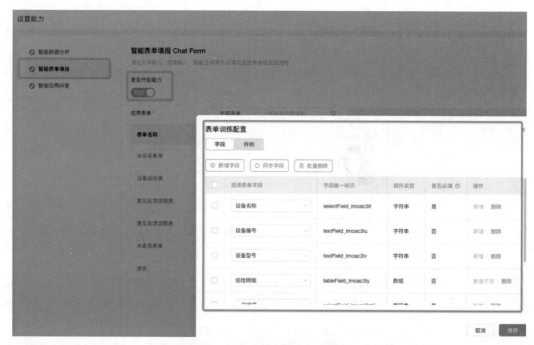

图 2-36　智能表单填报示意图

图 2-37　智能表单填报说明效果图

（2）智能数据分析 ChatBI。

宜搭智能数据分析可以一键整合多源数据，提供可视化图表、智能预警、自助分析等功能，帮助企业在高效洞察业务趋势的同时，驱动决策优化。宜搭 AI 会基于对表单行业字段的理解，预测并推荐可供借鉴的分析建议，可以帮助企业进行分析建议的推荐。

选择"智能数据分析"选项，可选择数据是否需要脱敏处理，选择要配置智能数据分析的数据集,启用后即可打开"推荐语配置"页面,在弹出的"推荐语设置"页面中设置智能填报规范,设置成功后单击"保存"按钮,如图 2-38 所示。

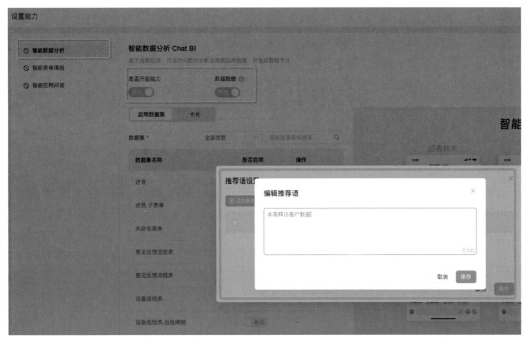

图 2-38 智能数据分析示意图

返回钉钉客户端,找到应用对应的 AI 助理,按照设置好的推荐语发送信息,即可实现智能数据分析,如图 2-39 所示。

图 2-39 智能数据分析效果图

第 3 章

合同管理系统

合同管理的自动化、标准化和高效化，集中管理和追踪合同，都可以通过普通表单来实现。本章将开发一个合同管理系统，将合同的流程数据化，从事项的启动到收尾都在系统中进行留痕记录并对其数据进行个性化分析，使得其过程与结果可视化。可以实现合同管理的自动化和优化，提高工作效率，降低合同管理风险。同时，也提供了更好的合规性和监管合规性。

3.1 "合同管理系统"案例引入

案例——基金行业合同信息化先行者：南方基金[①]

1998 年 3 月 6 日，经中国证监会批准，南方基金管理有限公司作为国内首批规范的基金管理公司正式成立，成为我国"新基金时代"的起始标志。2018 年 1 月 4 日，南方基金管理有限公司整体变更设立为南方基金管理股份有限公司（以下简称"南方基金"）。

南方基金以打造"值得托付的全球资产管理集团"为愿景，秉承"为客户持续创造价值"的使命，坚持以客户需求为导向，以价值创造为核心，以产品创新为引擎，历经了中国证券市场多次牛熊交替的长期考验，以持续稳健的投资业绩、完善专业的客户服务，赢得了广大基金投资人、社保理事会、年金客户和专户客户的认可和信赖。

然而，在金融行业内，合同管理是极其重要但又烦琐复杂的。基金业务涉及金额大、风险高，行业监管严格，行业最重要的合同为产品合同。行业特性决定了产品合同内容多，除了基本的合同要素外，还涉及行业监管要求、产品信息、基金运作、风险揭示等信息内容。高合规要求以及业务的复杂度决定基金行业合同复杂度高，内容动辄百页以上，同时一个产品合同带有多份配套产品合同附件，为确保合同的合规，基金公司除设置了专门的产品部门进行产品合同设计外，还设置监察稽核部对产品合同的合规性进行专项审查，流程烦琐。金融业合同管理痛点与挑战如表 3-1 所示。

表 3-1　金融业合同管理痛点与挑战

痛 点	具 体 内 容
合规要求严格 合同起草效率低下	金融行业合同涉及的相对方数量庞大、合同金额大、风险高，并且受到多部门严格监管，导致最终合同文本字数多，页数多，合同的起草过程长，效率低下
合同评审过程 无法有效追溯	金融行业合同流程涉及部门多，协同评审时无法做到过程留痕，导致整个评审过程时间长且无法后期追溯

---

① 资料来源：秀合同官方网站 https://showcon.cn/

痛　　点	具 体 内 容
合同审核效率低	金融行业的合同更多依赖人工方式审核,过程周期长,风险点难以发现,效率低下
传统合同管理平台难以支撑成套合同管理模式	金融行业合同正文通常还包含许多关联文件,在合同管理流程上需要成套地进行起草、审批,传统合同平台无法有效支持

　　而南方基金作为金融业中的领军企业,也面对着这些合同管理难题:合同拟定效率低,主合同、合同附件、审批流程表单需要填写的数据多,且重复填写,无法建立关联,合同填写的关键数据需要人工核对,效率极低;合同评审过程复杂,涉及部门多,且无法有效留痕,导致合同评审过程时间长,且无法追溯;合同知识无法沉淀,审核中关注的合规问题、运营风险及行业监管要求只能通过人工审核,知识无法沉淀,同时无法有效控制风险。

　　针对这些问题,南方基金选择购买了一套成熟的合同管理系统,同时该系统为金融行业打造了专属的解决方案,如表 3-2 所示。

表 3-2　金融行业合同管理解决方案

解 决 方 案	具 体 内 容
增加文本编辑工具	增强文本编辑工具实现合同正文要素的批量更新,合同条款根据条件自动生成
全过程留痕	基于合同协同评审能力,线上完成多部门协同评审,评审过程全程留痕,过程可追溯
风险提示	依据合规提示,对正文内容快速审阅,高亮显示文本区域,加速审查进度;敏感词灵活配置,一键查看敏感词数量并快速定位,规避风险
成套合同文件管理	针对金融行业特点的成套合同及关联文件管理,提升合同起草、审批效率

　　该合同管理系统也为南方基金具有针对性地定制了部分方案内容:建立集合资产及单一资产管理计划合同在线模板库,统一沉淀资产管理计划合同知识;建立资产管理计划合同要素库、合同条款库,并建立合同要素及条款关联,约束规则,控制合同信息输入,自动生成合同条款;建立风险提示库、敏感词库实现资产管理计划合同的快速初审;提供合同在线协同评审能力,提高多部门合同协同评审效率;智能化摘录主合同内容,生成合同配套文件合规审查意见书、计划说明书、产品备案报告、产品成立及合同生效公告等,避免复制出错。南方基金在该系统的帮助下,实现合同管理线上化、标准化,成为基金行业合同信息化的先行者。

　　由上述案例可知,合同管理可以为企业解决合同审核难、统一管理难等问题,对企业的管理与发展皆有益处。合同是当事人双方或多方确定各自权利和义务关系的协议,虽不等于法律,但依法成立的合同具有法律约束力。合同管理的基本内容有合同签订管理、合同履行管理、合同变更管理、合同档案管理。合同管理的全过程就是由洽谈、草拟、签订、生效开始,直至合同失效为止,不仅要重视签订前的管理,更要重视签订后的管理。

　　合同管理具有系统性与动态性:系统性就是凡涉及合同条款内容的各部门都要一起来管理;动态性就是注重履约全过程的情况变化,特别要掌握对自己不利的变化,及时对合同进行修改、变更、补充或中止和终止。

　　合同管理子系统由销售合同管理、销售资金管理、销售发票管理三个子模块共同搭建而成。各个子模块对客户信息管理、标的信息管理、收款安排管理、业务合同集合、应收账款管理、申请开票管理等内容进行了集合,便于企业通过钉钉宜搭低代码平台进行合同管理系统的搭建。

教材讲解
视频

实验讲解
视频

3.2 "合同管理系统"总概

本系统为结合普通表单、流程表单、自定义页面在内的综合应用系统。在该系统中,销售合同管理模块为销售资金管理和销售发票管理提供了基础数据,销售资金管理根据销售合同管理的数据,进行资金的收付管理和监控。销售发票管理则依赖销售合同管理和销售资金管理的数据,生成对应的销售发票。该合同管理系统思维导图的基本框架如图 3-1 所示。

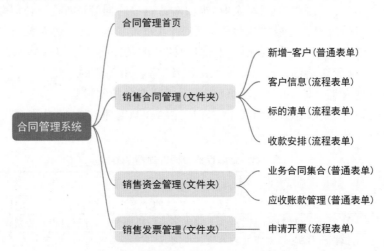

图 3-1   合同管理系统思维导图的基本框架

3.3 "销售合同管理"子模块

该模块主要是对销售合同的创建、管理、执行和监控等过程进行有效管理的一种业务活动或系统。它可以帮助企业确保销售合同的合规性、准确性和及时性,以最大程度地提升销售效率和客户满意度。同时,它也提供了数据分析和预测功能,帮助制定企业销售策略和业务流程,提高绩效和决策的准确性。如图 3-2 所示为该模块的表单组成。

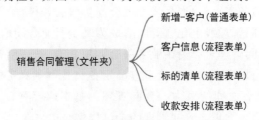

图 3-2   "销售合同管理"子模块思维导图

创建一个分组,将其命名为"销售合同管理",分组创建效果如图 3-3 所示。

图 3-3   "销售合同管理"分组创建效果

教材讲解
视频

实验讲解
视频

3.3.1 "新增-客户"普通表单

根据图 3-4 中"新增-客户"表单的思维导图,普通表单包括"客户编号"单行文本组件、"客户名称(全称)"单行文本组件和"客户名称(简称)"单行文本组件。

图 3-4 "新增-客户"思维导图

首先将"客户编号"单行文本组件、"客户名称(全称)"单行文本组件、"客户名称(简称)"单行文本组件添加至表单内。为"客户编号"设置"默认值"为"CONCATENATE("KH",TEXT(TODAY()),"yyMMdd"),MID(TEXT(TIMESTAMP(NOW())),9,5))",如图 3-5 所示。

图 3-5 "新增-客户"组件预览效果图

3.3.2 "新增-客户-管理"数据管理页

在创建完"新增-客户"普通表单后,通过对"新增-客户"普通表单生成数据管理页,并将该数据管理页命名为"新增-客户-管理",可以对信息进行新增、修改、删除、导入、导出、搜索、筛选等操作,便于管理员对表单信息进行管理。"新增-客户-管理"数据管理页效果如图 3-6 所示。

图 3-6 "新增-客户-管理"数据管理页效果

教材讲解视频

实验讲解视频

3.3.3 “客户信息”流程表单

1. 表单组件选择

根据图 3-7 中“客户信息”表单的思维导图，流程表单包括“客户名称(全称)”单行文本组件、“客户名称(简称)”单行文本组件、“统一社会信用代码”单行文本组件、“注册地址”单行文本组件、“电话”单行文本组件、“开户银行”单行文本组件、“银行账号”单行文本组件、“完成度”数值组件和“销售经理”成员组件。

客户名称(全称)(单行文本)
客户名称(简称)(单行文本)
统一社会信用代码(单行文本)
注册地址(单行文本)
客户信息(流程表单)
电话(单行文本)
开户银行(单行文本)
银行账号(单行文本)
完成度(数值)
销售经理(成员)

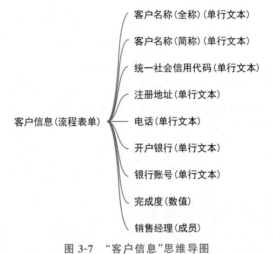

图 3-7 “客户信息”思维导图

将以上组件添加至表单内，进行“客户信息”内组件的特殊权限设置。将“完成度”设置默认值为如图 3-8 所示公式，单位设置为“%”，状态改为“只读”；将“销售经理”设置默认值为公式“USER()”，状态改为“只读”。

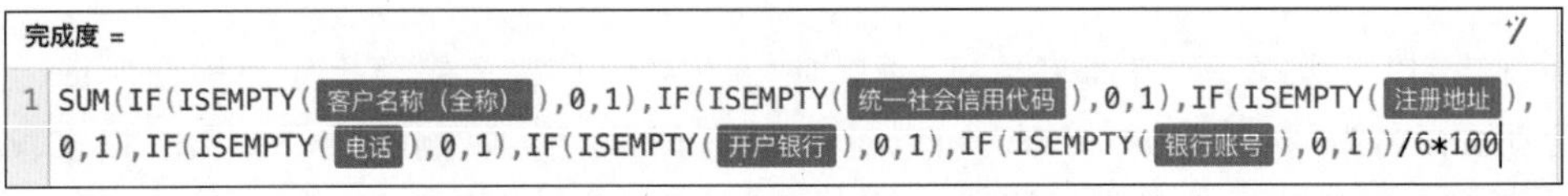

完成度 =
SUM(IF(ISEMPTY(客户名称（全称）),0,1),IF(ISEMPTY(统一社会信用代码),0,1),IF(ISEMPTY(注册地址),0,1),IF(ISEMPTY(电话),0,1),IF(ISEMPTY(开户银行),0,1),IF(ISEMPTY(银行账号),0,1))/6*100

图 3-8 “完成度”公式

在该表单设计界面设置该页面后单击“保存”按钮，再单击“预览”按钮，如图 3-9 所示。

2. 表单流程设计

设置审批人为指定角色“销售主管”，流程设计实际结果如图 3-10 所示。

3.3.4 “客户信息-管理”数据管理页

在创建完“客户信息”流程表单后，通过对“客户信息”流程表单生成数据管理页，并将该数据管理页命名为“客户信息-管理”，可以对信息进行新增、修改、删除、导入、导出、搜索、筛选等操作，便于管理员对表单信息进行管理。“客户信息-管理”数据管理页效果如图 3-11 所示。

教材讲解视频

实验讲解视频

3.3.5 “标的清单”流程表单

1. 表单组件选择

如图 3-12 所示可知“标的清单”表单的组件内容，将“客户名称(简称)【隐藏提交】”单行文本组件、“客户名称”下拉单选组件、“合同编号”单行文本组件、“项目名称”单行文本组件、“签订日期”日期组件、“签订地址”地址组件、“货品是否含税”下拉单选组件、“清单细则(不含税)”

客户信息

客户名称（全称）*

请输入

客户名称（简称）*

请输入

统一社会信用代码

请输入

注册地址

请输入

电话

请输入

开户银行

请输入

银行账号

请输入

完成度

0.00%

销售经理

蔡晓丹

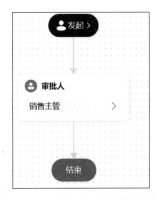

图 3-9　"客户信息"组件预览效果图　　　　图 3-10　"客户信息"流程设计图

图 3-11　"客户信息-管理"数据管理页效果

子表单组件、"清单细则（含税）"子表单组件、"额外折扣金额"数值组件、"清单总额"数值组件、"交货地址"多行文本组件、"收货人姓名"单行文本组件、"收货人电话"单行文本组件、"销售经理"成员组件添加至表单内。其中，"清单细则（不含税）"子表单组件包括"名称"单行文本组件、"规格型号"单行文本组件、"计量单位"单行文本组件、"不含税单价"数值组件、"数量"数值组件、"税率"数值组件、"折扣率"数值组件、"含税金额（元）"数值组件、"备注"单行文本组件、"交货截止日期"日期组件、"产品 ID"单行文本组件，如图 3-13 所示。"清单细则（含税）"子表单组件包括"名称"单行文本组件、"规格型号"单行文本组件、"计量单位"单行文本组件、"含税单价"数值组件、"数量"数值组件、"税率"数值组件、"折扣率"数值组件、"含税金额（元）"数值组件、"备注"单行文本组件、"交货截止日期"日期组件、"产品ID"单行文本组件，如图 3-14 所示。

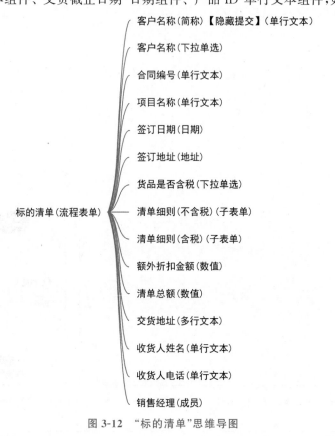

图 3-12　"标的清单"思维导图

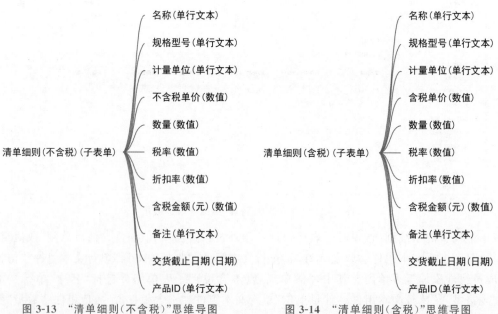

图 3-13　"清单细则（不含税）"思维导图　　　图 3-14　"清单细则（含税）"思维导图

"标的清单"内组件的特殊权限设置。将"客户名称（简称）【隐藏提交】"设置为"数据联动"：关联至"新增-客户"表单，当"客户名称"等于"客户名称（全称）"时，联动显示为"客户名称（简称）"，将状态设置为"隐藏"，高级设置中，数据提交设置为"始终提交"。将"客户名称"设置为"关联其他表单数据"：关联至"客户信息"表单的"客户名称（全称）"组件。将"签订日期"设置格式为"年-月-日"。将"货品是否含税"自定义选项改为"含税"和"不含税"，进行关联选项设置，当选项为"含税"时，显示"清单细则（含税）"组件，当选项为"不含税"时，显示"清单细则（不含税）"组件，如图 3-15 所示。将"清单细则"中的"含税金额（元）"设置默认值为公式"清单细则（不含税）.数量 * 清单细则（不含税）.不含税单价 *（清单细则（不含税）.税率/100＋1）* 清单细则（不含税）.折扣率"。将"清单细则"中的"产品 ID"设置状态为"只读"，设置默认值为公式"CONCATENATE（清单细则（不含税）.名称，"-"，客户名称（简称）【隐藏提交】，"-"，合同编号，"-"，TEXT（DATE（TIMESTAMP（TODAY（）））,"yyyy-MM"））"。将"清单总额"设置默认值为公式"SUM（清单细则（不含税）.含税金额（元））＋SUM（清单细则（含税）.含税金额（元））-额外折扣金额"。将"销售经理"设置默认值为公式"USER（）"，状态改为"只读"。

图 3-15　"货品是否含税"关联选项设置

在该表单设计界面设置该页面后单击"保存"按钮，再单击"预览"按钮，如图 3-16 所示。

图 3-16　"标的清单"组件安排预览效果图

2. 表单流程设计

设置审批人为指定角色"销售主管",流程设计实际结果如图 3-17 所示。

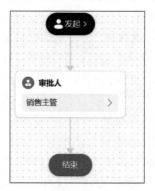

图 3-17 "标的清单"流程设计图

3.3.6 "标的清单-管理"数据管理页

在创建完"标的清单"流程表单后,通过对"标的清单"流程表单生成数据管理页,并将该数据管理页命名为"标的清单管理",可以对信息进行新增、修改、删除、导入、导出、搜索、筛选等操作,便于管理员对表单信息进行管理。"标的清单-管理"数据管理页效果如图 3-18 所示。

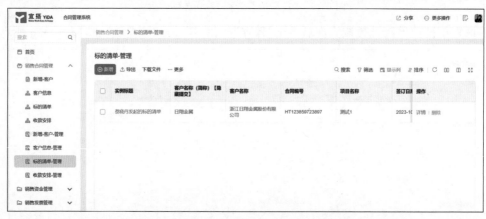

图 3-18 "标的清单-管理"数据管理页效果

教材讲解
视频

实验讲解
视频

3.3.7 "收款安排"流程表单

1. 表单组件选择

如图 3-19 所示可知"收款安排"表单的组件内容,将"客户名称"下拉单选组件、"合同编号"下拉单选组件、"清单总金额"数值组件、"签订日期"日期组件、"回款日期 1"日期组件、"回款金额 1"数值组件、"回款日期 2"日期组件、"回款金额 2"数值组件、"回款日期 3"日期组件、"回款金额 3"数值组件、"回款日期 4"日期组件、"回款金额 4"数值组件、"回款日期 5"日期组件、"回款金额 5"数值组件、"回款日期 6"日期组件、"回款金额 6"数值组件、"应收总额"数值组件、"距签订日天数"数值组件、"完成度"数值组件、"销售经理"成员组件添加至表单内。

"收款安排"内组件的特殊权限设置。将"客户名称"关联至"客户信息"表单的"客户名称(全称)"组件。将"合同编号"设置"数据联动":关联至"标的清单"表单,当"客户名称"等于"客户名称"时,联动显示为"合同编号"。将"清单总金额"设置"数据联动":关联至"标的清

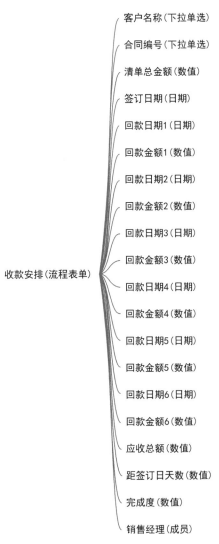

图 3-19　"收款安排"思维导图

单"表单,当"客户名称"等于"客户名称"且"合同编号"等于"合同编号"时,联动显示为"清单总金额"。将"签订日期"设置"数据联动":关联至"标的清单"表单,当"客户名称"等于"客户名称"且"合同编号"等于"合同编号"时,联动显示为"签订日期"。将"应收总额"设置默认值为公式"SUM(回款金额1,回款金额2,回款金额3,回款金额4,回款金额5,回款金额6)"。将"距签订日天数"设置默认值为公式如图 3-20 所示公式,将状态设置为"隐藏",高级设置中,数据提交设置为"始终提交"。将"完成度"设置状态为"只读",默认值为公式"SUM(IF(ISEMPTY(客户名称),0,1),IF(ISEMPTY(合同编号),0,1),IF(ISEMPTY(回款日期1),0,1),IF(ISEMPTY(回款金额1),0,1))/4 * 100"。将"销售经理"设置状态为"只读",默认值为公式"USER()"。

距签订日天数 =

1 SUM(DAYS(DATE(回款日期1),DATE(签订日期)),DAYS(DATE(回款日期2),DATE(签订日期)),DAYS(DATE(回款日期3),DATE(签订日期)),DAYS(DATE(回款日期4),DATE(签订日期)),DAYS(DATE(回款日期5),DATE(签订日期)),DAYS(DATE(回款日期6),DATE(签订日期)))

图 3-20　"距签订日天数"公式

在该表单设计界面设置该页面后单击"保存"按钮,再单击"预览"按钮,如图 3-21 所示。

图 3-21 "收款安排"组件预览效果

2. 表单流程设计

设置审批人为指定角色"销售主管",流程设计实际结果如图 3-22 所示。

图 3-22 "收款安排"流程设计图

3.3.8 "收款安排-管理"数据管理页

在创建完"收款安排"流程表单后,通过对"收款安排"流程表单生成数据管理页,并将该数据管理页命名为"收款安排-管理",可以对信息进行新增、修改、删除、导入、导出、搜索、筛选等操作,便于管理员对表单信息进行管理。"收款安排-管理"数据管理页效果如图 3-23 所示。

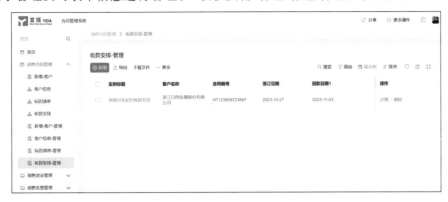

图 3-23　"收款安排-管理"数据管理页效果

3.4　"销售资金管理"子模块

"销售资金管理"子模块是合同管理系统中负责管理销售资金流动的重要组成部分。它涵盖了业务合同集合和应收账款管理两个关键方面,通过销售资金管理子模块,企业能够更好地管理销售合同和应收账款,实现对销售资金流动的有效控制和监控。这有助于加强企业与客户之间的财务管理,降低坏账风险,提高现金流的稳定性和可预测性。根据图 3-1"合同管理系统"思维导图,销售资金管理模块提供了一个集中管理和跟踪业务合同和应收账款的平台,有助于提高销售资金的管理效率,并确保及时跟进和回款。该子模块思维导图如图 3-24 所示。

图 3-24　"销售资金管理"子模块思维导图

创建一个分组,将其命名为"销售资金管理",分组创建效果如图 3-25 所示。

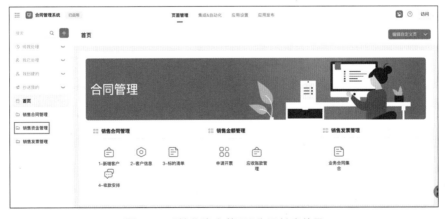

图 3-25　"销售资金管理"分组创建效果

教材讲解
视频

实验讲解
视频

3.4.1 "业务合同集合"普通表单

"业务合同集合"普通表单用于收集合同相关信息,并进行整合。通过业务合同集合表单,企业能够有效管理销售业务合同,在资金管理和业务决策过程中提供准确和全面的信息支持。创建一个普通表单,命名为"业务合同集合",该表单中组件名称和类型如图 3-26 所示。

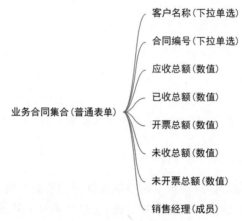

图 3-26 "业务合同集合"思维导图

在画布中,添加两个下拉单选组件分别为"客户名称""合同编号",如图 3-27 所示将"客户名称"组件的选项类型设置为"关联其他表单数据",关联新增-客户表单中的客户名称(全称);如图 3-28 所示将"合同编号"组件的选项类型设置为数据联动,设置数据关联表为标的清单,条件规则为"客户名称值等于客户名称的值时,合同编号联动显示为合同编号的对应值",校验中将"必填"选中。添加 5 个数值组件分别为"应收总额""已收总额""开票总额""未收总额"和"未开票总额"。其中,"未收总额"在默认值中选择"公式编辑",输入公式"应收总额-已收总额",如图 3-29 所示。添加一个成员组件命名为"销售经理",组件状态属性设置为"只读",在默认值中选择"公式编辑",输入公式"USER()"如图 3-30 所示。表单效果如图 3-31 所示。

图 3-27 "客户名称"组件设置示意

图 3-28　"合同编号"组件设置示意

图 3-29　"未收总额"代码设置示意

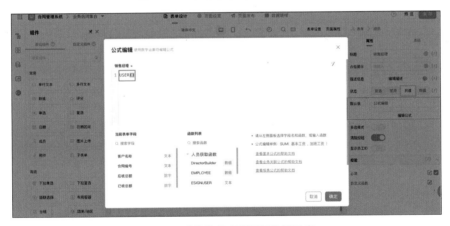

图 3-30　"销售经理"代码设置示意

图 3-31　"业务合同集合"普通表单效果

3.4.2 "业务合同集合"数据管理页

在创建完"业务合同集合"普通表单后,通过对"业务合同集合"普通表单生成数据管理页,并将该数据管理页命名为"业务合同集合管理",可以对信息进行新增、修改、删除、导入、导出、搜索、筛选等操作,便于管理员对表单信息进行管理。"业务合同集合管理"数据管理页效果如图 3-32 所示。

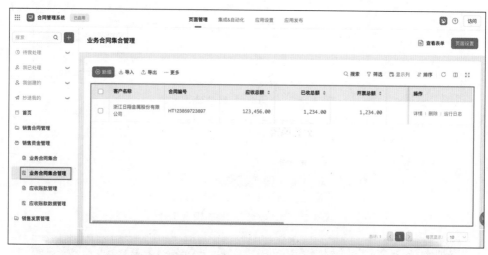

图 3-32 "业务合同集合管理"数据管理页效果

3.4.3 "应收账款管理"普通表单

教材讲解
视频

实验讲解
视频

"应收账款管理"普通表单是在销售资金管理子模块中用于记录和管理应收账款的一种工具。企业可以利用它对销售资金流动和应收账款情况进行实时跟踪和管理,以便更好地进行现金流规划、预测和优化。创建一个普通表单,命名为"应收账款管理",该表单中组件名称和类型如图 3-33 所示。应收账款和已收账款内组件名称和类型如图 3-34 所示。

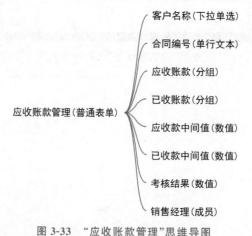

图 3-33 "应收账款管理"思维导图

在画布中,添加 1 个下拉单选组件为"客户名称",如图 3-35 所示将"客户名称"组件的选项类型设置为"关联其他表单数据",关联新增-客户表单中的客户名称(全称)。添加一个单行文本组件为"合同编号"。在应收账款分组中添加 6 个日期组件和 6 个数值组件,分别命名为

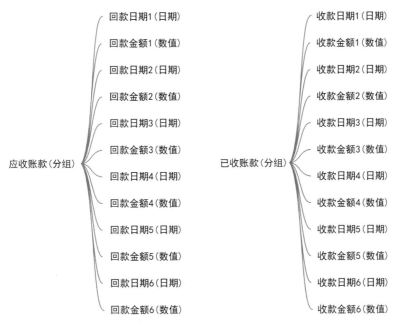

图 3-34　"应收账款和已收账款"思维导图

"回款日期"和"回款金额",同时进行编号,以便区分,其中 6 个"回款金额"组件单位设置为"元",小数位数设置为 2。在已收账款分组中添加 6 个日期组件和 6 个数值组件,分别命名为"收款日期"和"收款金额",同时进行编号,以便区分,其中 6 个"收款金额"组件单位设置为"元",小数位数设置为 2。在画布中添加 3 个数值组件,分别命名为"应收款中间值""已收款中间值""考核结果"。添加一个成员组件为"销售经理"。表单效果图如图 3-36 所示。

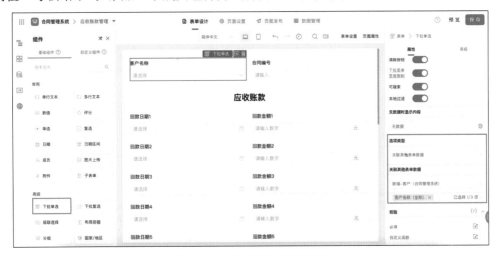

图 3-35　客户名称组件设置示意

3.4.4　"应收账款数据管理"数据管理页

在创建完"应收账款管理"普通表单后,通过对"应收账款管理"普通表单生成数据管理页,并将该数据管理页命名为"应收账款数据管理",可以对信息进行新增、修改、删除、导入、导出、搜索、筛选等操作,便于管理员对表单信息进行管理。"应收账款数据管理"数据管理页效果如图 3-37 所示。

图 3-36 "应收账款管理"普通表单效果图

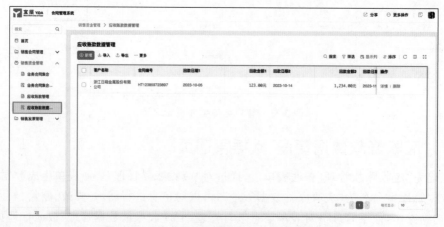

图 3-37 "应收账款数据管理"数据管理页效果

3.5 "销售发票管理"子模块

教材讲解
视频

实验讲解
视频

销售发票管理是合同管理系统的一个重要子模块。通过销售发票管理子模块,企业能够对销售业务的发票开具、监控和控制进行全面管理和跟踪。这可以帮助企业优化销售管理流程,提高客户满意度和促进企业业务增长,同时实现准确的应收账款管理和现金流控制。根据图 3-1 中"合同管理系统"思维导图,该子模块内包含"申请开票"流程表单及其数据管理页。该子模块思维导图如图 3-38 所示。

图 3-38 "销售发票管理"子模块思维导图

创建一个分组,将其命名为"销售发票管理",分组创建效果如图 3-39 所示。

图 3-39 "销售发票管理"分组创建效果

3.5.1 "申请开票"流程表单

通过申请开票流程表单,企业能够规范和管理发票开具流程,提高工作效率和准确性。它有助于提升内部协作和沟通,统计和分析开票数据,实现发票管理的规范化和信息化,同时也为企业的财务分析和决策提供有价值的参考。创建一个流程表单,命名为"申请开票",该表单中组件名称和类型如图 3-40 所示。应收账款和已收账款内子表单内组件名称和类型如图 3-41 所示。

1. 表单组件设置

在画布中,添加两个下拉单选组件分别为"客户名称"和"合同编号",如图 3-42 所示将"客户名称"组件的选项类型设置为"关联其他表单数据",关联客户信息表单中的客户名称(全称);如图 3-43 所示将"合同编号"组件的选项类型设置为"数据联动",设置数据关联表为"标的清单",条件规则为"客户名称值等于客户名称的值时,合同编号联动显示为合同编号的对应值",校验中将"必填"选中。

在画布中添加 1 个数值组件为"收款批次",校验中将"必填"选中。如图 3-44 所示,添加一个单选组件为"申请开具发票的种类",设置自定义选项为增值税专用发票和普通发票。在画布中添加 5 个单行文本组件分别为"统一社会信用代码""注册地址""电话""开户银行"和

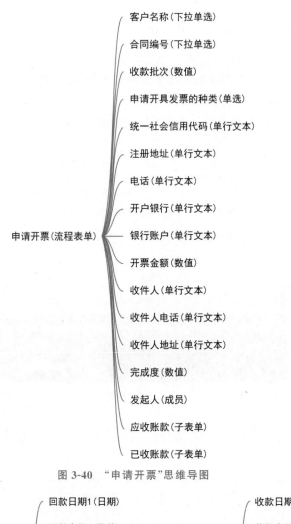

客户名称(下拉单选)

合同编号(下拉单选)

收款批次(数值)

申请开具发票的种类(单选)

统一社会信用代码(单行文本)

注册地址(单行文本)

电话(单行文本)

开户银行(单行文本)

申请开票(流程表单)——银行账户(单行文本)

开票金额(数值)

收件人(单行文本)

收件人电话(单行文本)

收件人地址(单行文本)

完成度(数值)

发起人(成员)

应收账款(子表单)

已收账款(子表单)

图 3-40 "申请开票"思维导图

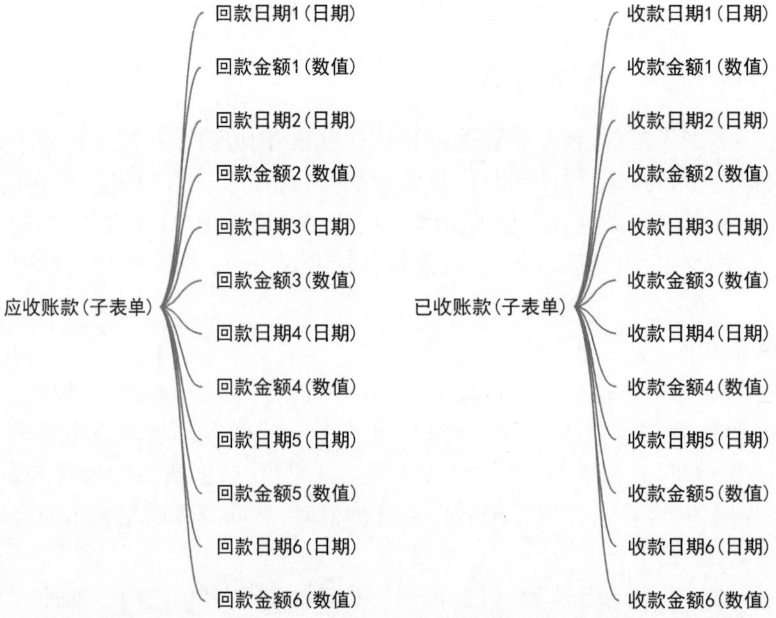

回款日期1(日期)

回款金额1(数值)

回款日期2(日期)

回款金额2(数值)

回款日期3(日期)

应收账款(子表单)——回款金额3(数值)

回款日期4(日期)

回款金额4(数值)

回款日期5(日期)

回款金额5(数值)

回款日期6(日期)

回款金额6(数值)

收款日期1(日期)

收款金额1(数值)

收款日期2(日期)

收款金额2(数值)

收款日期3(日期)

已收账款(子表单)——收款金额3(数值)

收款日期4(日期)

收款金额4(数值)

收款日期5(日期)

收款金额5(数值)

收款日期6(日期)

收款金额6(数值)

图 3-41 "应收账款和已收账款"子表单思维导图

图 3-42　"客户名称"组件设置示意

图 3-43　"合同编号"组件设置示意

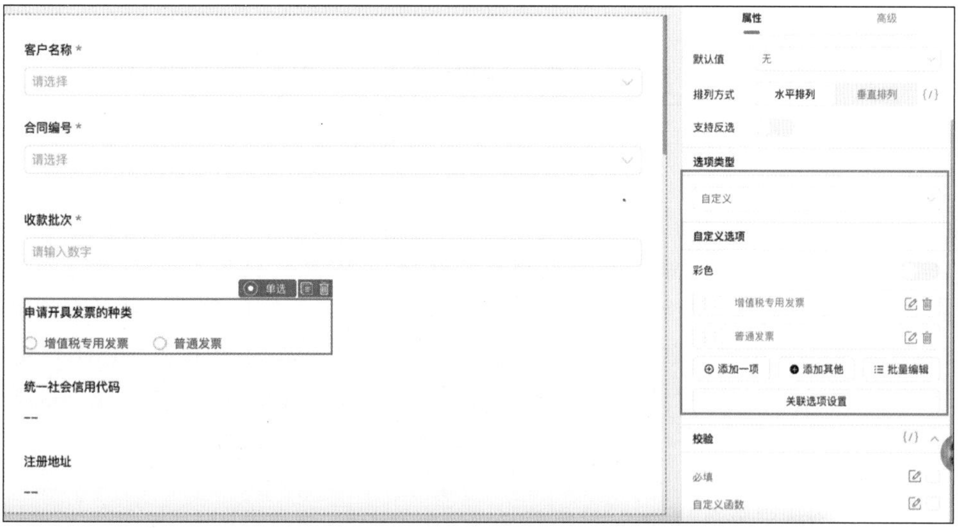

图 3-44　"申请开具发票的种类"组件设置示意

"银行账号"。如图 3-45 所示,以"统一社会信用代码"为例,将 5 个单行文本组件状态设置为"只读",组件默认值设置为"数据联动",设置数据关联表为客户信息,条件规则为"客户名称值等于客户名称的值时,统一社会信用代码联动显示为统一社会信用代码的对应值",其余 4 个单行文本设置与之相同。添加 1 个数值组件为"开票金额",在属性设置中将单位设置为元,小数位数设置为 2 位。添加 3 个单行文本组件分别为"收件人""收件人电话""收件人地址"。添加 1 个数值组件为"完成度",组件状态属性设置为"只读",在默认值中选择"公式编辑",公式如图 3-46 所示。添加 1 个成员组件命名为"发起人",组件状态属性设置为"只读",在默认值中选择"公式编辑",输入公式"USER()"。

图 3-45 "统一社会信用代码"组件设置示意

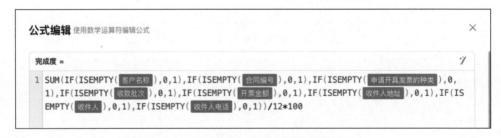

图 3-46 "完成度"组件公式设置示意

在应收账款子表单中添加 6 个日期组件和 6 个数值组件,分别命名为"回款日期"和"回款金额",同时进行编号,以便区分,组件状态属性均设置为"只读"。其中 6 个"回款金额"组件单位设置为"元",小数位数设置为 2。在已收账款子表单中添加 6 个日期组件和 6 个数值组件,分别命名为"收款日期"和"收款金额",同时进行编号,以便区分,组件状态属性均设置为"只读"。其中 6 个"收款金额"组件单位设置为"元",小数位数设置为 2。表单效果如图 3-47 所示。

2. 表单流程设计

设置审批人为指定角色"财务",设定消息通知为发送给"表单发起人"的内容为"您发起的开票申请审核结果为:系统默认字段.最近一次审批意见"的工作通知,如图 3-48 所示。

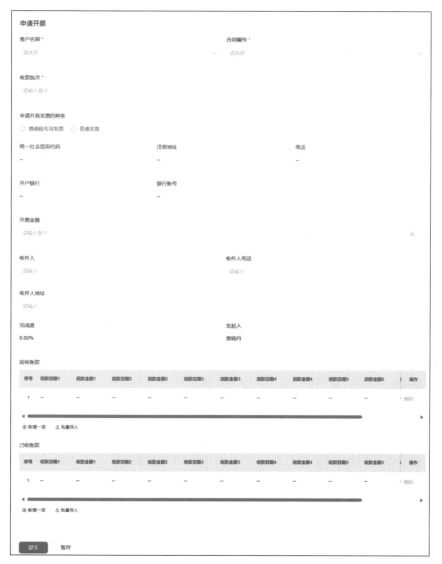

图 3-47　"申请开票"流程表单效果

图 3-48　"申请开票"流程设计示意图

3.5.2 "申请开票管理"数据管理页

在创建完"申请开票"流程表单后,通过对"申请开票"流程表单生成数据管理页,并将该数据管理页命名为"申请开票管理",可以对信息进行新增、修改、删除、导入、导出、搜索、筛选等操作,便于管理员对表单信息进行管理。"申请开票管理"数据管理页效果如图 3-49 所示。

图 3-49 "申请开票管理"数据管理页效果

教材讲解
视频

实验讲解
视频

3.6 "合同管理首页"自定义页面

本节将在宜搭的应用程序内创建自定义表单,读者可以通过本例来学习如何使用自定义页面开发系统的首页门户。首先用户确定好需要的界面元素后,即可开始新建自定义页面,设计满足自身需求的个性化页面,并且自定义界面带有协作功能,可以对访问的权限进行管理,引导不同的用户进入不同的首页界面。本系统自定义页面如图 3-50 所示。

图 3-50 "合同管理首页"自定义页面示意

在开始新建应用时,单击新增自定义页面,选择启用模板选项,在模板中选择"工作台模板-01"选项。进入编辑页面后根据之前思维导图构建的所需内容删减容器数量,将其布局为三个分组并依次修改分组容器标题为"销售合同管理""销售资金管理"和"销售发票管理"。按照分组名称修改页面上的模板文字和图片,将其转变为本系统所匹配的相关内容,分别如图 3-51 和图 3-52 所示。

如图 3-53 所示,将所有图片与文字设置完毕后,单击每个功能按钮的链接块,在右侧属性面板内修改其链接设置,选择链接类型为"内部页面",然后选择与该功能对应的页面进行跳转

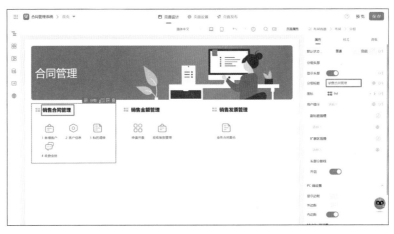

图 3-51　修改控件名称

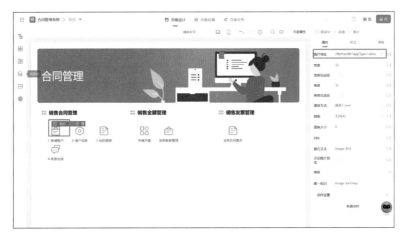

图 3-52　修改控件图片

绑定。由于需要用户能看到自己已提交的表单信息,此处通常选择表单的管理页作为"选择页面"的选项。

图 3-53　添加功能按钮的基本设置

第 4 章

采购管理系统

该系统的供应商管理、采购比价、采购订单、合同管理等模块,可以帮助企业建立标准化采购流程,帮助公司内部的采购管理,以及对应的付款,实现线上办公。在供应链管理模式下,采购管理不但加强了内部管理,还转向对外部资源的管理。

4.1 "采购管理系统"案例引入

案例——删繁就简三秋树:九阳的采购数字化转型之路(易开刚,宋海波,2022)

九阳作为中国小家电行业的领导品牌,从 1994 年成立到现在已经走过二十多年的发展历程。众所周知,九阳是从"一杯豆浆"开始的,提到九阳很多人的第一印象就是豆浆机,二十多年来九阳一直秉承着"只为一杯好豆浆"的初心,把九阳豆浆机做成了国货之光、国民品牌。但在九阳不断壮大的同时其内部在采购方面的问题也逐渐出现,制约着九阳的进一步发展。

其实早在 2012 年九阳就有将脚步踏入采购的信息化管理系统,在这段时间里,我们已经寻找了许多方法来解决低效的供应链系统和薄弱的供应商管理,但收效甚微。随着公司规模的扩大和海外业务的迅速拓展,对一系列生产性和非生产性材料的需求也在增加。生产性物料采购属于直接采购业务,采购量一般比较大,采购周期、供应商来源都相对稳定,因此暂时没有出现太大问题,但供应渠道狭窄、成本高、效率低等问题已经慢慢阻碍了九阳的快速发展。

相比之下,间接采购的问题更为严重。管理上已经凸显了物资类别杂乱、选择范围广、反应慢和效率低的问题。在一次采购专家会议上,九阳的采购总监赵玉新听到商越科技的创始人苗峰谈到,他们在实践中发现,80%~90%的非生产性采购订单都是标准材料,而这些材料可以通过创建一个"类淘宝"的网上商城进行在线购买。经过这次经历,赵玉新暗暗告诉自己,作为小家电行业的龙头企业,九阳在采购的数字化转型方面可能是时候迈出一步了。

九阳随后启动了采购的数字化转型。为了说服公司管理层支持间接采购的数字化转型,采购总监赵玉新在采购部召开了几次会议,讨论如何向管理人员展示数字化采购的好处。在解决了高级管理层的支持问题后,下一步是明确需求并找到解决方案。一是走访正在进行采购数字化的平台和同行,进行对标;二是根据九阳的业务特点,找出采购实践中的痛点和难点,确定其数字化转型需求。2019 年 9 月 26 日,九阳宣布与采购数字化服务商商越科技签约,启动采购数字化项目。九阳根据采购数字化需求,初步选择了 6 家服务商,最终从 6 家采购数字化服务商中选择了专注于采购场景设计和用户体验、由采购中心主导的互联网基因——商越科技作为合作伙伴。

除了选择供应商外,九阳还关注项目的实施过程。为确保项目顺利实施,九阳成立了采购流程数字化项目组,并制定了项目实施的五步法,由采购总监作为项目组长,在每个关键阶段亲自监督项目的进展。第一步是组建项目团队;第二步是界定业务边界;第三步是使用不同的理论工具,提高项目实施的科学性;第四步是将间接采购流程与管理系统和业务逻辑相统一;最后一步是克服内部信息系统和间接采购数字平台之间的数据障碍,使正确的数据在正确的时间以正确的方式到达正确的人和设备。通过以上 5 个步骤,九阳在间接采购领域成功地改善了内部和外部的联系,并建立了一个统一的内部采购中心——九阳悦购。该中心旨在实现三个关键功能:电子商务采购中心、供应商之间的实时在线协作和采购的开放式电子商务平台,同时将九阳转变为一个间接采购中心,采购中心与 5 个主要系统相连,包括 OA、ERP、WMS、ISP、移动和外部电子商务平台。由于核心技术的进步,以前孤立的数据平台现在已经相互连接,实现了更有效的信息传输和更快的业务数据移动,使采购公司有更多机会降低成本和提高效率。

下一个首要任务就是数字化采购商城最终落地的问题。最初,项目组认为,一旦平台到位,只是让每个人都使用它的问题。然而,我们没有想到在推广之初会遇到来自原间接采购部门的阻力,因为许多以前负责间接采购的工作人员报告说,新系统使用起来很不方便,而且购物中心的产品种类不全。在推广和宣传过程中,九阳尝试了一些内部推广的方法,如种草、体验和奖励。为了使该系统顺利运行,九阳还出台了一系列内部沟通和推广政策,鼓励公司所有员工习惯使用内部间接采购数字平台。下一步是加强沟通,动员公司所有员工使用九阳悦购这一高效的内部采购平台,接下来九阳通过九阳人、微行政、论坛、朋友圈等多种传播渠道给平台造势,最后九阳还提出了“向优秀标杆交流学习,与先行者同行”的口号。除了让内部员工清楚地了解整个项目的运作方式和好处外,九阳还举了一个文化衫采购的例子,向内部员工展示了间接采购转型前后的变化。

赵玉新在项目总结大会上总结,项目运营过程中虽遇到了许多挑战,但最终通过间接采购数字化项目的实施,使公司间接采购业务焕然一新。九阳悦购商城上线以后,使公司在间接采购方面的管理效率和智慧运营都得到了很大程度的提升。通过悦购商城平台实现了与多家主流电商平台的直连,连接了 500 家经销商,协同了 150 家供应商。采购的数字化转型帮助九阳实现了间接采购降本增效、间接采购业务转型和间接采购智慧运营的目标。

虽然间接采购数字化转型有了不错的成果,但九阳的数字化转型还长路漫漫。因此九阳打算继续丰富和完善数字化应用场景和解决方案,持续为公司降本增效,使采购成为九阳的核心竞争优势,打造一条以九阳为核心的数字化产业链,实现全场景的数字化转型,这条漫漫转型之路让我们共同拭目以待!

通过九阳完成采购数字化转型的实例,可知通过数字化的系统平台可在极大程度上为采购赋能,帮助企业实现更好的发展。采购是企业生产经营活动完整供应链中的一个基本环节,它是指企业在一定的条件下从供应市场获取产品或服务作为企业资源,来保证企业生产及经营活动正常开展的一项企业日常经营活动。采购既是内部供应链的起点,也是同外部供应链连接的节点。采购通过与产业链上游供应商密切联系追踪以保证产品的及时准确供应,是企业供应链管理中上游控制的主导力量,同时也是未来供应链提升协同能力重要的方向,因此采购是企业管理中不可或缺的一步。

采购管理(Purchasing Management,PM)是指对从供应端获取产品或服务的采购过程进行组织、实施与控制的管理过程。采购管理既是对供货商的管理,也是对采购流程的管理。从供货商角度来看,一切采购任务的下达都是发生在基于分部对原材料的实际需求,根据对所需原材料的质量与价格进行评估来确定采购的方式;同时采购人员在采购过程中需进行充分的比对与分析,在保证原材料质量的条件下,最大限度降低采购价格,为组织创造利润,但需兼顾降低成本与降低风险二者之间的平衡考量;原材料的配送作为采购环节的后续环节,也同样重要,采购人员需考虑与供货商的多种合作机制,通过与其洽谈,由供货商就近配送,从而实现在减轻配送压力同时最大程度控制配送成本的目标,在整体上降低采购成本。从采购流程角度来看,"制度管人,流程管事"这个道理想必人们都比较认同,采购管理在很大程度上是对采购环节全流程的管理和控制,建立从分部需求下发到供货商选择再到市场调研以及最终的供货商评估的完善采购管理制度与采购流程,并借助控制手段对出现的偏差情况进行及时的调整,信息逐级传递准确明了,规避了冗杂程序,使采购管理工作有序开展,以确保采购的准时、高效完成,为后续的生产等环境奠定良好基础。

采购管理子系统是一个对商品、原材料等采购全过程管理的系统,通过系统平台搭建实现了采购管理工作的线上一体化,在该系统中,一方面是对供应商和采购情况基础信息的录入汇总,为开展管理工作奠定基础;另一方面是对采购流程的管理工作,通过采取相应管理手段帮助采购顺利有序开展。采购的申报与审批都可通过该子系统线上完成,但对于员工和管理者而言,员工作为采购的申报者,管理者作为采购的审批者,二者工作职责不同所需处理的事务也就不同,因此采购管理子系统在构建时分设了员工首页和管理者首页两种呈现模式,把其对应需完成的工作展示在个人首页上,同时在对流程的管理中系统全程留痕记录了从采购申请到最终物品接收以及后续相关事项检验情况,对采购流程实现精准把控。钉钉宜搭低代码开发的采购管理子系统包括员工和管理员首页、基本信息模块和流程进度模块这几大板块,其中,基本信息模块提供了供应商和采购情况的基本信息。

教材讲解
视频

实验讲解
视频

4.2 "采购管理系统"总概

本章为结合普通表单、流程表单、自定义页面以及报表在内的综合应用系统。通过普通表单进行信息填写,流程表单进行项目申请并且由报表进行综合展示,自定义页面通常作为首页。本章将通过员工和管理员首页、基本信息模块和流程进度模块介绍采购管理系统。其中,"采购汇总表"普通表单作为底表将混合在各个相关流程中进行穿插讲解。该系统流程图如图 4-1 所示。

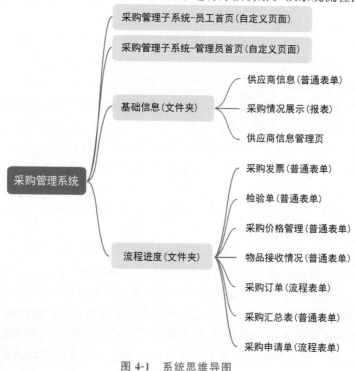

图 4-1　系统思维导图

4.3　"基础信息"子模块

该模块用于记录系统的基础信息,"供应商信息"普通表单记录系统中的供应商信息,"采购情况展示"报表页面展示系统中的采购情况,帮助决策和监控采购活动。

4.3.1　"供应商信息"普通表单

教材讲解
视频

根据图 4-2 中"供应商信息"表单思维导图,该普通表单包括"供应商名称"单行文本组件、"供应商联系方式"单行文本组件、"供应商邮箱"单行文本组件、"供应产品"单行文本组件、"供应商详细地址"地址组件。

实验讲解
视频

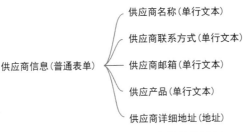

图 4-2　"供应商信息"普通表单思维导图

在该表单设计界面设置该页面后单击"保存"按钮,再单击"预览"按钮,如图 4-3 所示。

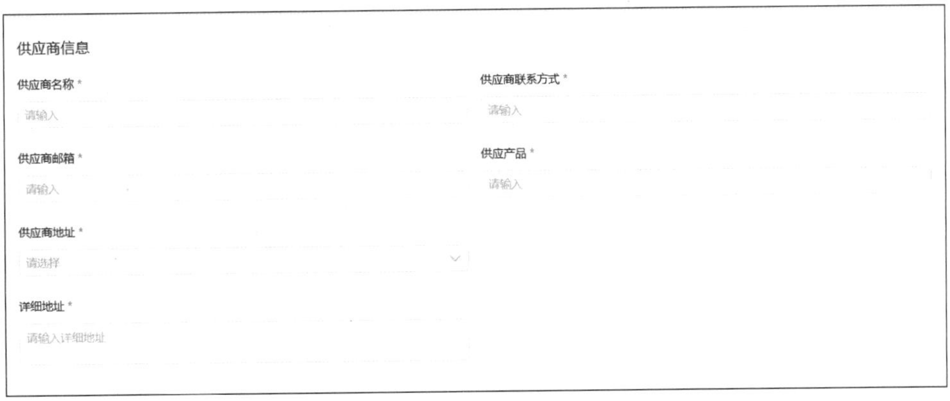

图 4-3　预览"供应商信息"普通表单预览效果图

4.3.2　"采购情况展示"报表设计

教材讲解
视频

1. 设置筛选区标题内容

单击应用左上方的加号新增报表页面后,进入报表设计页面。单击右上角的筛选选择"下拉筛选"拖至"页头"中,然后在右侧属性栏"样式"中修改名称。接着选中筛选组件单击右侧的数据集选择报表展示的数据集,选中数据集后在下方字段中选择该筛选组件筛选的字段内容,如图 4-4 所示。

实验讲解
视频

2. 设置基础表格组件

在"组件选择区"选择"表格"菜单中的"基础表格"组件添加至"画布区",在右侧"数据"设置分栏中单击"选择数据集"按钮,单击"选择数据集"按钮后,在"选择数据集"弹窗设置界面选择"表单"栏中的"采购汇总表"选项,单击"确定"按钮完成设置。在右侧操作栏"数据集"下方将"采购物品""采购申请人""申请结果""申请采购数量""是否选择供应商""采购供应商""物

图 4-4　为筛选组件添加数据集效果示意图

品接收情况""检验结果""检验建议"添加至"表格列"栏中，在左侧画布区会根据"表格列"栏中的字段实时更新表头，如图 4-5 所示。

图 4-5　添加基础表单效果示意图

3. 设置基础指标卡

通过设置基础指标卡对每年、每月、每日订单申请数和订单数进行记录。

首先在上方菜单栏中选择分栏容器，将分栏容器的结构设置为左右结构，并在两个分栏内分别放置三个基础指标卡。修改左侧三个指标卡名称分别为"年订单申请数""月订单申请数"和"日订单申请数"，修改右侧三个指标卡名称分别为"年订单数""月订单数"和"日订单数"。由于该指标卡显示内容都为当年、当月和当日，而不是累计值，所以需要设置过滤条件。以月订单数为例，选中"月订单数"，单击右侧的设置过滤条件。接着选择过滤组件为采购订单的月时间，然后选择判断条件为"等于""变量"，并且在变量中选择"当月"，如图 4-6 所示。

要为月申请订单数配置每月较上月涨幅情况。在右侧数据集下方再次选择申请日期中的"月"拖入辅助指标。接着单击"月"的编辑按钮，如图 4-7 所示进入"辅助指标"的字段设置面板，选中"时间偏移"，选择偏移量为"上月"。

退出后，进入"指标"数据设置面板，单击指标配置，选择字段"月"，填写说明文案"较上月"，显示值选择"相差百分比"，最后打开"显示标记"，如图 4-8 所示。

图 4-6 设置条件过滤效果示意图

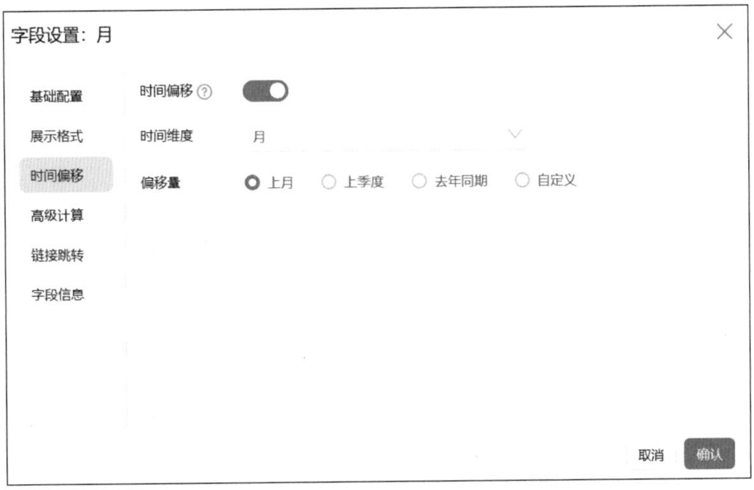

图 4-7 设置辅助指标的时间偏移效果示意图

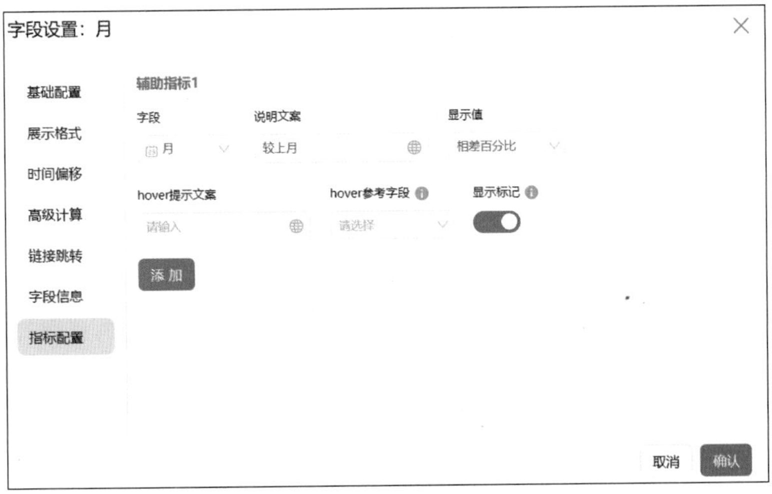

图 4-8 设置指标的指标配置效果示意图

4.4 "流程进度"子模块

该模块主要由"采购申请单"流程表单、"采购订单"流程表单、"采购发票"普通表单、"物品接收情况"普通表单、"检验单"普通表单、"采购价格管理"普通表单组成。通过上述组成部分,该模块可以对采购流程进行全面监督和管理,确保采购过程符合规定,并提供数据支持供应链分析和财务决策。

4.4.1 "采购申请单"流程表单

1. 表单组件选择

将"采购申请人"单行文本组件、"采购物品"下拉单选组件、"物品当前库存"数值组件、"供应商姓名"下拉单选组件、"供应商品"单行文本组件、"采购数量"数值组件、"申请日期"日期组件、"采购申请单编号"单行文本组件拖至表单中,如图4-9所示。

图 4-9　采购申请单组件设置预览效果图

设置各个特殊组件的相关功能。首先是"采购物品"下拉单选组件,将其选项类型选择"关联其他表单数据",选择关联表单为"物资库存",关联组件为"物品"。设置"物品当前库存"组件默认值为数据关联,通过判断"采购物品"组件与"物资库存"表单中"物品"组件是否一致,关联至"当前库存"组件。将"供应商姓名"组件关联显示"供应商信息"表单的"供应商姓名"组件。设置"供应商品"组件默认值为数据关联,通过判断"供应商姓名"组件与"供应商信息"表单中"供应商名称"组件是否一致,关联至"供应产品"组件。设置"申请日期"日期组件格式为"年-月-日"。设置"采购申请单编号"状态为只读,将默认值设置为公式,用于自动生成申请单编号,公式如图4-10所示。

图 4-10　"采购申请单编号"公式

2. 表单流程设计

设置审批人为指定角色"采购",并添加条件配置方式为"公式"添加"EQ(最近一次审批意见,"同意")"。通过判断审批人的审批意见是否为同意从而选择适合的消息通知。当审批结果为"同意"时,向"申请发起人"发送内容为"您的采购申请已通过"的消息通知;当申请结果为其他时,向"申请发起人"发送内容为"您的采购申请被驳回"的消息通知。流程设计实际结果如图4-11所示。

3. 添加关联规则

将本表单所有组件复制粘贴至采购汇总表普通表单,随后通过"流程设计"的全局变量编辑节点提交规则:当规则类型为"关联操作",审批节点为"结束节点",审批动作为"同意"时添

教材讲解
视频

实验讲解
视频

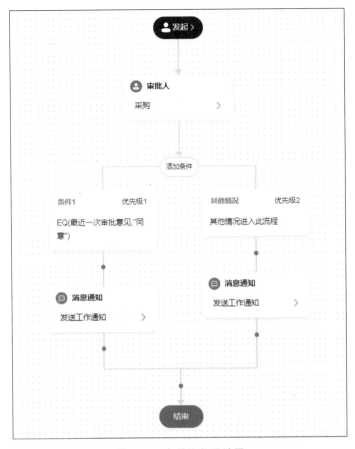

图 4-11　表单流程设计图

加公式,如图 4-12 所示,UPSERT 函数用于更新目标表单的实例数据或插入新实例。当前表单操作成功时,若目标表单(form)存在满足过滤条件(rule,rule2)的实例,则更新实例同 UPDATE;若不存在,则插入新实例同 INSERT 函数。

图 4-12　添加节点提交规则效果示意图

4.4.2　"采购订单"流程表单

1．表单组件选择

从图 4-13 可知该表单的组件内容,将"采购申请信息"和"采购订单信息"两个分组组件添加至表单。

如图 4-14 所示,将"采购申请编号"下拉单选组件、"采购供应商"单行文本组件、"采购物

教材讲解
视频

实验讲解
视频

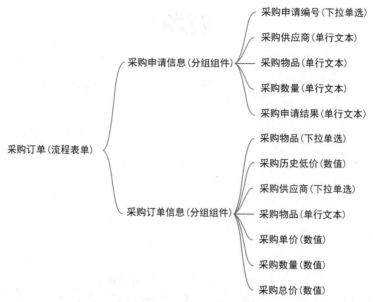

图 4-13　"采购订单"思维导图

品"单行文本组件、"采购数量"单行文本组件、"采购申请结果"单行文本组件添加至"采购申请信息"分组中；将"采购物品"下拉单选组件、"采购历史低价"数值组件、"采购供应商"下拉单选组件、"采购物品"单行文本组件、"采购单价"数值组件、"采购数量"数值组件、"采购总价"数值组件添加至"采购订单信息"分组组件中。

图 4-14　"采购订单分组"组件安排预览效果图（1）

　　如图 4-15 所示的"采购申请信息"分组内组件的特殊权限设置。将"采购申请单编号"组件关联至"采购申请单"表单的"采购申请单编号"组件。将"采购申请人"设置"数据关联"：关联至"采购申请单"，当"采购申请编号"等于"采购申请单编号"时，联动显示为"采购申请人"。将"采购物品"设置"数据关联"：关联至"采购申请单"，当"采购申请编号"等于"采购申请单编号"时，联动显示为"采购物品"。将"采购数量"设置"数据关联"：关联至"采购申请单"，当"采购申请编号"等于"采购申请单编号"时，联动显示为"采购数量"。将"采购申请结果"设置"数据关联"：关联至"采购汇总表"，当"采购申请编号"等于"采购申请单编号"时，联动显示为"申请结果"。

　　"采购订单信息"分组内组件的特殊权限设置。将"采购物品"组件关联至"物资库存"表单的"物品"组件。将"采购历史低价"组件通过"数据关联"：当"采购物品"等于"采购价格管理"表单的"采购物品"时，联动显示为"采购历史低价"。将"采购供应商"组件关联至"供应商信息"表单的"供应商名称"组件。将"采购物品"组件通过"数据关联"：当"采购供应商"等于"供应商信息"表单的"供应商名称"时，联动显示为"供应商名称"。将"采购总价"的状态设置为"只读"，并且将其默认值通过公式编辑设置为"PRODUCT(采购单价,采购数量)"。

图 4-15 "采购订单分组"组件安排预览效果图（2）

2. 表单流程设计

设置审批人为指定角色"采购"，设定消息通知为发送给"表单发起人"的内容为"您发起的采购订单申请审核结果为：系统默认字段.最近一次审批意见"的工作通知，如图 4-16 所示。

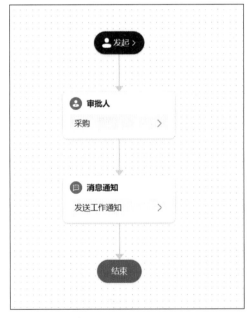

图 4-16 "采购订单"流程设计图

3. 添加关联规则

将本表单所有组件复制粘贴至采购汇总普通表单，随后通过"流程设计"的全局变量编辑节点提交规则：当规则类型为"关联操作"，审批节点为"结束节点"，审批动作为"同意"时添加公式 UPDATE(采购汇总表,EQ(采购汇总表.采购申请编号,采购申请编号),"",采购汇总表.采购供应商,采购供应商,采购汇总表.采购物品,采购物品,采购汇总表.采购单价,TEXT

（采购单价），采购汇总表.采购历史最低价，TEXT（采购历史低价），采购汇总表.采购数量，TEXT（采购数量），采购汇总表.采购总价，TEXT（采购总价），采购汇总表.是否选择供应商，"已选择供应商"，采购汇总表.采购订单日期，创建时间（var），如图4-17所示。

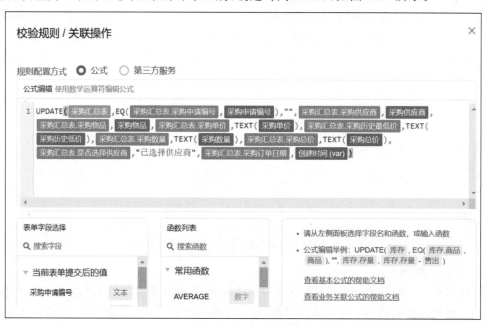

图4-17　添加节点提交规则效果示意图

除此之外，还要通过节点提交规则更新"采购价格管理"表单的"历史低价"。通过"流程设计"的全局变量编辑节点提交规则：当规则类型为"关联操作"，审批节点为"结束节点"，审批动作为"同意"时添加公式，如图4-18所示。

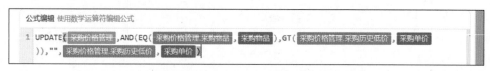

图4-18　更新"历史低价"节点提交规则效果示意图

教材讲解
视频

实验讲解
视频

4.4.3　"采购发票"普通表单

首先将"采购申请编号"下拉单选组件、"发票代码"单行文本组件、"发票号码"单行文本组件、"开票日期"日期组件、"校验码"单行文本组件、"发票数值（小写）"数值组件添加至表单内。并且将"采购申请编号"组件关联至"采购申请单"表单的"采购申请单编号"组件，如图4-19所示。

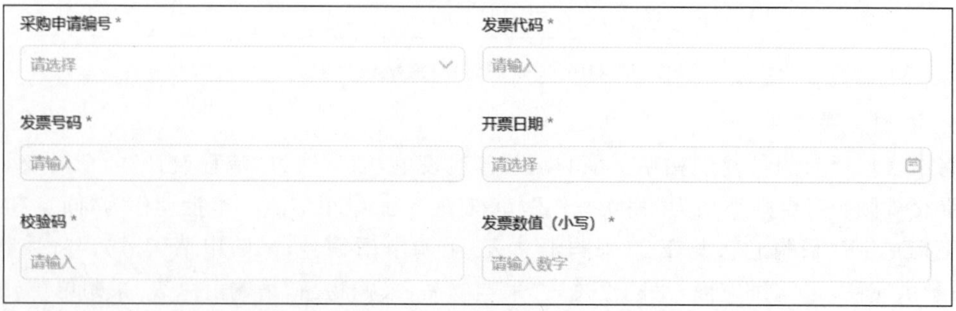

采购申请编号 *	发票代码 *
请选择 ∨	请输入
发票号码 *	开票日期 *
请输入	请选择 📅
校验码 *	发票数值（小写）*
请输入	请输入数字

图4-19　"采购发票"组件设置预览效果图

将本表单所有组件复制粘贴至采购汇总普通表单,随后在"表单设计"的"公式执行"中添加公式,更新采购汇总表中的采购发票相关内容,如图 4-20 所示。

图 4-20　更新采购汇总表中的采购发票

4.4.4　"物品接收情况"普通表单

根据图 4-21 和图 4-22 所示,将"采购申请单号"下拉单选、"接收物品"单行文本、"接收数量"单行文本、"物品接收人"单行文本、"接收情况登记日期"日期组件、"接收情况"单选组件加入表单。

教材讲解
视频

实验讲解
视频

图 4-21　"物品接收情况"思维导图　　　图 4-22　"物品接收情况"组件设置预览效果图

"物品接收情况"表单内组件的特殊权限设置。将"采购申请单号"组件关联至"采购申请单"表单的"采购申请单编号"组件。将"接收物品"组件状态设置为"只读",通过"数据关联":当"采购申请单号"等于"采购订单"表单的"采购申请单编号"时,联动显示为"采购物品"。将"接收数量"组件状态设置为"只读",通过"数据关联":当"采购申请单号"等于"采购订单"表单的"采购申请单编号"时,联动显示为"采购数量"。将"物品接收人"的默认值通过公式"LOGINUSER()"获取当前登录人的姓名。"接收情况登记日期"设置默认值为公式"TIMESTAMP(NOW())"获取当前日期,设置其格式为"年-月-日"。将"接收情况"组件的选项设置为"收料""退料"。

将本表单所有组件复制粘贴至采购汇总普通表单,随后在"表单设计"的"公式执行"中添加公式,用来更新采购汇总表中相关组件,当采购汇总表中的采购申请编号与本表单的采购申请单号相等时,更新物品接收日期,如图 4-23 所示。

图 4-23 "物品接收情况"表单设计预览效果图

4.4.5 "检验单"普通表单

教材讲解
视频

实验讲解
视频

根据图 4-24 和图 4-25 所示,将"采购申请编号"下拉单选、"采购供应商"单行文本组件、"采购物品"单行文本组件、"采购总数"单行文本组件、"采购总额"单行文本组件、"是否已收货"单行文本组件、"货品检验员"单行文本组件、"检验日期"日期组件、"检验结果"单选组件、"检验建议"多行文本组件加入表单。

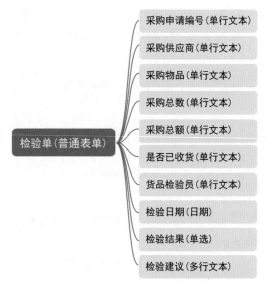

图 4-24 "检验单"思维导图

"检验单"表单内组件的特殊权限设置。将"采购申请编号"组件关联至"采购申请单"表单的"采购申请单编号"组件。将"采购供应商"组件状态设置为"只读",通过"数据关联":当"采购申请编号"等于"采购汇总表"表单的"采购申请编号"时,联动显示为"采购供应商"。将"采购物品"组件状态设置为"只读",通过"数据关联":当"采购申请编号"等于"采购汇总表"表单的"采购申请编号"时,联动显示为"采购物品"。将"采购总数"组件状态设置为"只读",通过"数据关联":当"采购申请编号"等于"采购汇总表"表单的"采购申请编号"时,联动显示为"采购数量"。将"采购总额"组件状态设置为"只读",通过"数据关联":当"采购申请编号"等于"采购汇总表"表单的"采购申请编号"时,联动显示为"采购总价"。将"是否已收货"组件状态设置为"只读",通过"数据关联":当"采购申请编号"等于"采购汇总表"表单的"采购申请编号"时,联动显示为"物品接收情况"。"货品检验员"组件设置默认值为公式"LOGINUSER()"自动填写检验员姓名。"检验日期"设置其默认值为公式"TIMESTAMP(NOW())"获取当前日期,设置其格式为"年-月-日"。将"检验结果"组件的选项设置为"合格""不合格"。

将本表单所有组件复制并粘贴至采购汇总普通表单,随后在"表单设计"的"公式执行"中添加公式,如图 4-26 所示。

同时,添加业务关联规则,公式如图 4-27 所示。

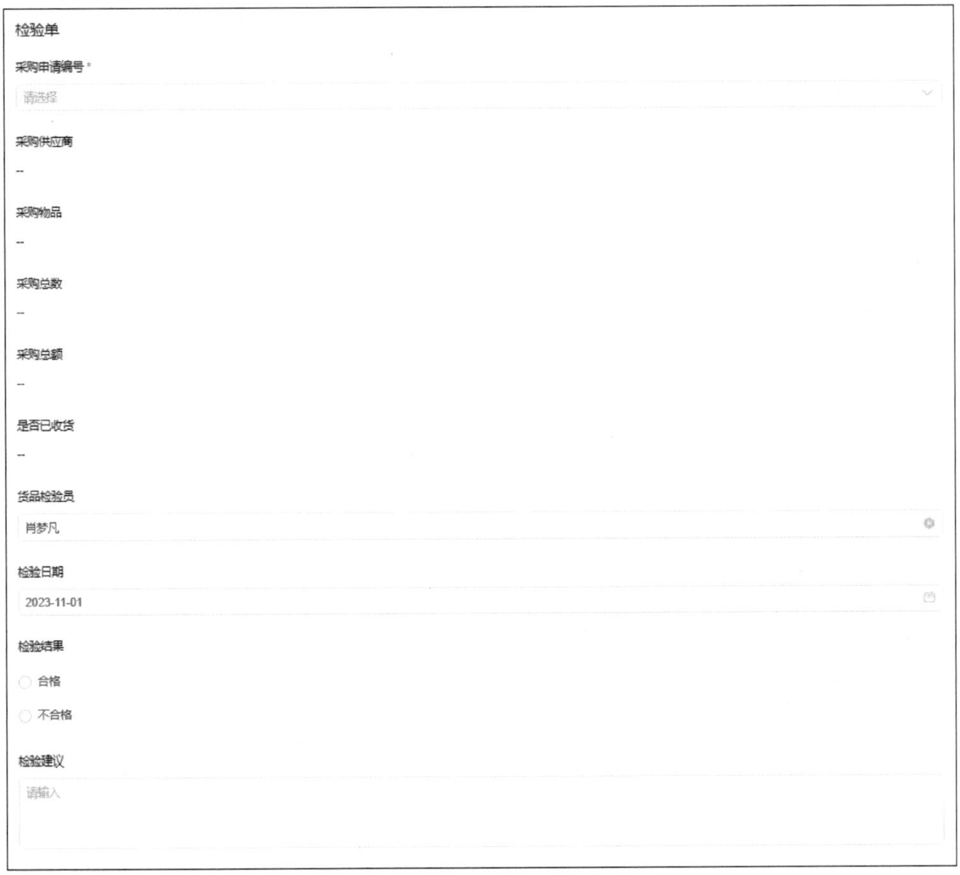

检验单
采购申请编号 *
请选择
采购供应商
--
采购物品
--
采购总数
--
采购总额
--
是否已收货
--
货品检验员
肖梦凡
检验日期
2023-11-01
检验结果
合格
不合格
检验建议
请输入

图 4-25　“检验单”组件设置预览效果图

公式 =
1 UPDATE(采购汇总表,EQ(采购汇总表.采购申请编号,采购申请编号),"",采购汇总表.检验员,货品检验员,
采购汇总表.检验日期,检验日期,采购汇总表.检验结果,检验结果,采购汇总表.检验建议,检验建议)

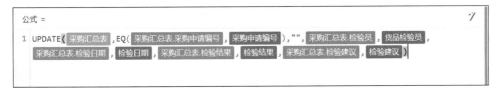

图 4-26　“检验单”更新“采购汇总表”表单设计效果预览

公式 =
1 IF(EXACT(检验结果,"合格"),UPDATE(物资库存,EQ(物资库存.物品,采购物品),"",物资库存.当前库存,
物资库存.当前库存+VALUE(采购总数)),"")

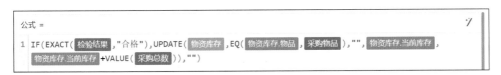

图 4-27　“检验单”函数计算表单设计效果预览

4.4.6 “采购价格管理”普通表单

教材讲解视频

如图 4-28 所示，将“采购物品”单行文本组件、“采购历史低价”数值组件、“采购低价供应商”单行文本组件加入表单。

流程图如图 4-29 所示，将相关类型组件添加至表单。

图 4-28 "采购价格管理"组件设置预览效果图　　　图 4-29 "采购价格管理"思维导图

教材讲解
视频

实验讲解
视频

4.5 "采购管理首页-员工"自定义页面

单击新增自定义页面,选择"工作台模板-01"。进入编辑页面后根据所需内容删减容器数量至一个,然后复制新增形成上下双层分组容器。修改分组容器标题为"基础信息"和"流程进度"。修改页面上已有文字和图片转变为本系统相关内容。并且在基础信息分组内添加跳转至管理页的功能按钮,如图 4-30 所示。

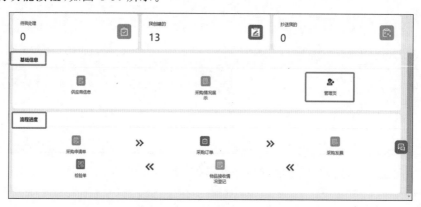

图 4-30 "采购管理首页-员工"效果图

根据图 4-31 将所有图片与文字设置好后,单击每个功能按钮的链接块,在右侧属性面板内选择链接类型为"内部页面",然后选择与该功能相关的页面。由于表单在计算机中通常操作不便,此处通常选择生成表单的管理页作为"选择页面"。同时,自定义页面的链接块通常加上表单的管理页。

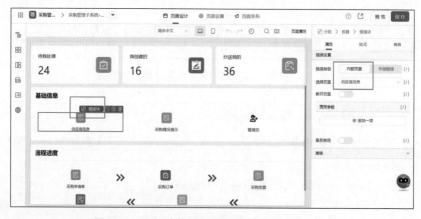

图 4-31 添加功能按钮的跳转链接效果示意图

4.6 "采购管理首页-管理"自定义页面

该页面设计效果与员工首页类似,不再赘述,如图 4-32 所示。

图 4-32　"采购管理首页-管理"页面设计示意图

本页面仅有管理员可对其操作,要进入"页面设置"→"权限设置",对本组织可查看人员进行自定义选择可查看的权限成员,单击"保存"按钮,如图 4-33 所示。

图 4-33　管理员首页权限设置效果示意图

第 5 章

仓库管理系统

　　该系统包含仓库管理、采购管理、销售管理,实现企业进销存一站式管理。在供应链中,库存管理的目标是降低库存成本,提高企业的反应能力,并通过从点到链、从链到面的库存管理方法将每个阶段的库存控制在最低限度,以减少库存管理成本和资源的浪费。这样做可以优化供应链中的库存流转方式,将整个供应链的库存成本降至最低。

5.1 "仓库管理系统"案例引入

　　案例——电商物流:仓库运营模式变革的困境(平海,石先林,2016)

　　随着电子商务和信息技术的快速发展,B2C 和 C2C 电子商务平台,如淘宝网、当当网和京东商城,日益发展并渗透到不同领域。在这种情况下,物流已成为电子商务的重要瓶颈之一。为了满足对信息技术和智能服务的需求,今天的物流业面临着严峻的挑战,要相应地改变其运营模式。

　　广东新洋物流有限公司成立于 2004 年,总部设在广州,于 2012 年开展电子商务物流业务,并以其出色的服务迅速成为行业领导者。如今,已建成以电子商务仓储物流服务和电子商务仓储计算机技术服务为核心的综合性电子商务企业,跨境电商、电商代运营等多个新兴产业齐头并进,能够提供国内先进的综合供应链系统解决方案和供应链系统管理服务。近年来,广东新洋物流有限公司认为,大规模的电子商务平台仓储服务是公司的未来,拥有大电子商务平台的仓储服务能力是未来区别于其他第三方物流公司的差异化。

　　广东新洋物流有限公司在 2013 年之前采用的运营模式和其他仓储公司的运营模式是一样的,即由单独一个工人完成一个订单的拣货工作,即俗称"单人拣货法"的运营方式。但是,2012 年年初,公司李总经理就开始有改变运营模式的设想,而且当时的目标是为了精确管理库存,仓内的库位设计是一品一位(一个 SKU 对应一个实体库位)。同时采用 WMS 系统对客户订单进行体积分析,然后给订单制定包装箱型(简称为系统切箱),这样使整个仓内的运作效率更高,使很多操作环节可以设立专岗专人进行处理。

　　由于电商日均订单量超过了一万单,这种激增似乎成为改变商业模式的直接原因。传统的商业模式无法满足需求。第一,在系统规划上,计划将整个 WMS 系统复制到华东仓库的服务器上进行安装,修改系统流程,封箱和打标签要在订单发出前进行工作,所以还需要增加相关的硬件和标签打印机,以及配置网络和电源;第二是区域调整,要在拣货区设置订单开始的投单和封箱的工作区域(简称为投单口),计划在 AA、A、B、C 类货品存放区域各设置一个投单口;第三是货架调整,经过测算发现 A 类的货位是不够摆放的 A 类产品,所以要把 A 类拣货架由两层调整为三层,增加了库位数;第四是货品调整,把仓库的货品严格按照 AA、A、B、C 类定义来摆放到相应的区域中,预计有 1000～2000 个产品需要变动位置,此工作要持续关注货品销量的变动,要及时做调整;第五是工资和绩效的调整,因为发现华东仓库的拣选和控制仍将按照物品数量计算,但每轮对应的工资会略微调整,最低一轮的工资不变,但单位数量会略微调整,该方案也将从过渡到新工作模式之日起执行。

新的运营模式在华东仓库进行了实施并完成了初步的系统测试,但根据第二天上午的运营情况发现了一个很大的问题,系统主管对仓库的发货效率数据进行了一次统计,发现现在仓库上午开机的两个小时只有 500 件单品,而平时一个小时就有 1000 件单品,效率比平时下降了 70%,而今天的订单量已经达到 10 000 多单了,无法发送的订单将受到惩罚,每个人都意识到问题的严重性。因此,电子商务事业部经理林一鑫立即命令把早上从天猫订单系统取下来处理的订单做完后切换回原系统,取下来处理的订单不多也就 1000 多单,剩下的订单切换回原系统后再做。

林一鑫在提交总结报告时指出,失败是由于错误的心态造成的,归根结底,盲目乐观、过度自信和随意的心态造成了失败。接下来的过渡必须是现实的和脚踏实地的。在公司派来的项目主管林优看来,从系统层面来总结就是系统切换不可以变中求变,要稳中求变。因为现代仓库操作系统的依赖性太深了,仅仅是一个点的发力就能牵一发而动全身,这个时候太着急了,而且区域、货架、系统同时变化,增加了新切换模式的难度。仓库运作新模式切换失败一周后,天猫要求运营部门对故障进行总结,收集分析所有运营问题,并确定时间完成,为下次切换做好准备。林优领导了这次审查,召集了所有仓库工作人员,从经理到下级员工进行沟通,并为审查编制了一份任务清单,计划在两个月内解决所有问题。鉴于上次的失败经验,对再次切换计划的步骤安排分为以下几个阶段。

(1) 系统完善和开发,对上次发现的系统问题进行改进。

(2) 试运行,让华东仓和华南仓新旧模式双系统同时进行运行,华南仓新模式先小范围地试运行,等运行成熟后再切换到新模式。

(3) 扩大运行范围,新模式小范围运行成熟后,再扩大运行范围。

(4) 全仓运行。

转型后,验货效率提高了一倍,验货和包装人员减少了一半,验货不再成为电商仓库的瓶颈,华东仓库的库存管理也很清晰,不需要在人工记录箱型工作时增加调货。在 2014 年,预计整个仓库作业需要 1300 人完成拣选作业,而现在只需要 700 多人就能完成运送订单的任务。由于电子商务的快速发展,广东新洋物流有限公司准备再开华北仓和苏州仓,同时提高仓库的自动化水平,进一步优化流水线操作模式。

由于传统的仓储物流功能单一化、利润率低、成本高,急需转型,广东新洋物流有限公司同时采用 WMS 系统对客户订单进行体积分析,然后给订单制定包装箱型进行仓库管理,借助信息化、数字化的仓库管理方式来应对困境,从而改善运营效率。仓储是指原材料、产成品、物资以及相关设施设备入库、出库的流程,是企业生产经营活动中商品实现流通的重要环节之一,促进了生产效率的提高。仓库则是原材料、产成品、物资以及相关设施设备存储的场所,同时也是销售、生产与供应的中间环节,通过仓库搭建桥梁使得上述三者能够彼此之间相互配合,协调运行。因此仓库在生产经营的完整产业链中起着重要的作用,好的仓库管理模式可以在有限的时间和有限的空间内大幅提升仓库流量,提高管理人员工作效率,借助系统平台减轻其工作负担,实现工作高效且精准。

仓库管理(Warehouse Management,WM)是指对于仓库中出库及入库商品数量的管理,是对仓储货物的收发、结存等活动的有效控制,其目的是保证仓储货物的数量和质量,从而为企业日常生产经营活动正常运行提供坚实保障,并且在此基础上对货物进行分类整理,以明确各类货物的现存情况,通过图表的形式呈现出来,为采购和销售决策提供依据。仓库管理的含义体现为如下 5 点。

(1) 仓储首先是一项物流活动,或者说物流活动是仓储的本质属性。

(2) 仓储包括物品的进出、库存、分拣、包装、配送及信息处理 6 大功能。

(3) 仓储的目的是能够满足生产经营活动产业链上下游环节的需求。

(4) 仓储的条件是特定的有形或无形的场所与现代技术。

(5) 仓储的方法与水平体现在有效的计划、执行和控制等方面。

仓库管理是衔接采购与生产的重要工作,及时准确的库存数据不仅可以减少库存损耗,降低库存成本,提高库存周转率,还可以保证存货的准确性,为企业订单及时履行提供物资保障。通常情况下,仓库管理需坚持如下 7 大原则。

(1) 面向通道进行保管。

(2) 尽可能地向高处码放,提高保管效率。

(3) 根据出库频率选定位置。

(4) 同一品种在同一地方保管。

(5) 根据物品重量安排保管的位置。

(6) 依据形状安排保管方法。

(7) 依据先进先出的原则。

仓库管理子系统由管理首页、基本信息子模块、入库子模块和出库子模块 4 个模块共同构建而成。本系统通过基本信息板块明确仓库中现有商品的情况,并通过报表形式将其可视化;入库模块与采购系统相互配合;出库模块与订单销售部分配合衔接以帮助企业的仓库管理人员更好地完成对库存物品入库、出库、移库、盘点、补充订货和生产补料等工作。

5.2 "仓库管理系统"总概

本章为结合普通表单、流程表单、自定义页面以及报表在内的综合应用系统。入库子模块和出库子模块的操作会实时更新库存量,并反映在管理首页上,使用户能够及时了解仓库的库存情况。通过这些模块之间的相互关联和影响,仓库管理系统能够实现高效、准确的管理,帮助企业更好地管理仓库。该系统流程图如图 5-1 所示。

教材讲解
视频

实验讲解
视频

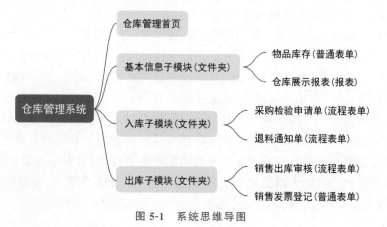

图 5-1　系统思维导图

教材讲解
视频

5.3 "基本信息"子模块

在"基本信息"子模块中,"物品库存"是"仓库展示报表"的基础,报表则提供了对库存信息的可视化呈现。通过"仓库展示报表",用户可以直观地了解每个物品的库存量,从而更好地进行库存管理和调度。同时,"仓库展示报表"也是用户与系统交互的重要界面,用户可以通过报表快速筛选和查找所需的物品,提高工作效率,如图 5-2 所示。

图 5-2 "基本信息"子模块思维导图

创建一个分组,将其命名为"基本信息",分组创建效果如图 5-3 所示。

图 5-3 "基本信息"分组创建效果

5.3.1 "物品库存"普通表单

物品库存主要字段如图 5-4 所示。

首先将"物品名称"单行文本、"物品库存"数值组件添加至表单内,如图 5-5 所示。

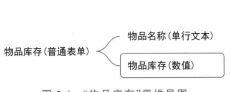

图 5-4 "物品库存"思维导图

图 5-5 "物品库存"组件设置预览效果图

实验讲解
视频

5.3.2 "仓库展示报表"报表展示

1. 顶部筛选栏操作

本报表不设置相关内容筛选,选中"顶部筛选器"进入右侧属性栏,将"顶部筛选栏"状态设置为"隐藏",如图 5-6 所示。

2. 基础表格内容设置

添加两个容器至报表,将两个基础表格分别添加至容器内。

首先设置"采购订单"基础表格。单击右侧的添加数据集,选择"采购检验申请单"作为数据集。添加"采购订单编号""采购物品""采购物品数量""采购物品总价""日""检验员""检验结果""检验建议(无建议填写正常)"组件至表单列表格,并且修改字段名称,如"日"修改为"采

实验讲解
视频

图 5-6　设置状态效果示意图

购日期"，如图 5-7 所示。

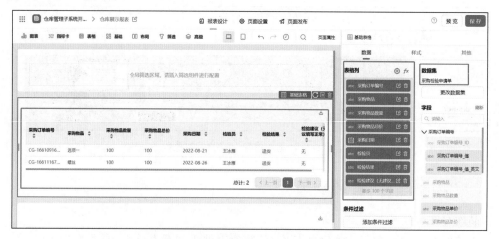

图 5-7　设置基础表格内容效果示意图（1）

　　随后设置"销售订单"基础表格。单击右侧的添加数据集，选择"销售出库审核"作为数据集。添加"销售编号""销售负责人""销售货物""销售数量""货物审核结果""日"组件至表单列表格，并且修改字段名称，如"日"修改为"销售日期"，如图 5-8 所示。

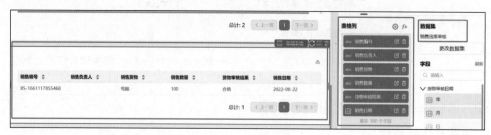

图 5-8　设置基础表格内容效果示意图（2）

3. 基础指标卡设置

　　设置基础指标卡用于记录总销售数、年月日销售数、总采购数、年月日采购数，如图 5-9 所示。

　　首先添加一个分栏组件至报表，然后在每个分栏中添加选项卡，每个选项卡设置 4 个选项。选项内各放置一个基础指标卡。将销售表和购买表的"日"组件分别放到"总销售数""日销售数""总采购数"和"日采购数"，并将"年""月"填写至相应指标卡。但指标卡记录的是总数,所以当年、当月和当日数需要通过设置条件过滤,设置"年等于变量今年""月等于变量当月""日等于变量当日"。

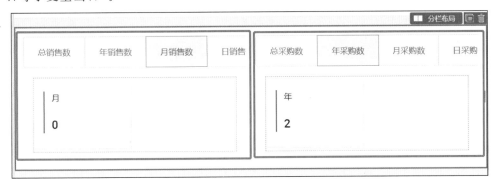

图 5-9 基础指标卡设置效果示意图

5.4 "入库"子模块

该模块主要用于入库流程的监督,入库模块是仓库管理系统中的一个重要模块,用于管理和跟踪物品的采购和退料过程。通过"采购检验申请单"录入的"采购物品""到货日期"和"检验结果"等,"退料通知单"可以通过数据联动,自动填入相关组件。通过这两个功能,入库模块能够更好地管理物品的供应和流动,确保仓库中的物品库存和实际需求相匹配,从而提高整体效率,如图 5-10 所示。

图 5-10 "入库"子模块思维导图

创建一个分组,将其命名为"入库",分组创建效果如图 5-11 所示。

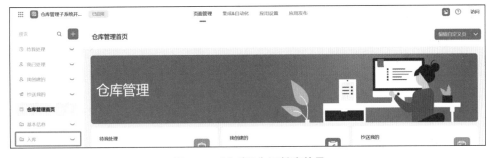

图 5-11 "入库"分组创建效果

5.4.1 "采购检验申请单"流程表单

1. 表单组件选择

由图 5-12 和图 5-13 可知该表单的组件内容,将"采购订单编号"下拉单选组件、"采购物品"单行文本组件、"采购物品数量"单行文本组件、"采购物品单价"单行文本组件、"采购物品总价"单行文本组件、"到货日期"日期组件、"检验员"单行文本组件、"检验结果"单选组件、"检验建议(无建议填写正常)"多行文本组件添加至表单内。

"采购检验申请单"内组件的特殊权限设置。将"采购订单编号"组件关联至"采购申请单"

教材讲解
视频

实验讲解
视频

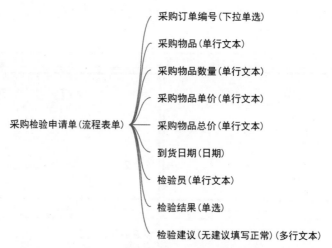

图 5-12 "采购检验申请单"思维导图

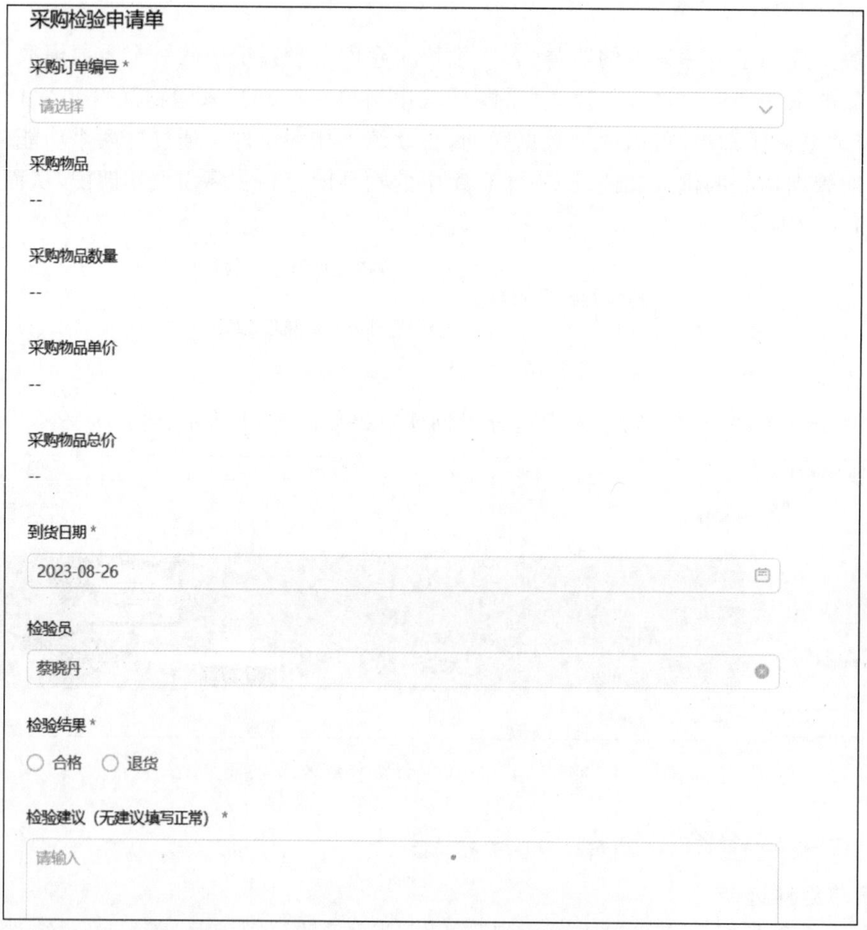

图 5-13 "采购检验申请单"组件安排预览效果图

表单的"采购申请单编号"组件。将"采购物品"设置"数据关联": 关联至"采购申请单",当"采购订单编号"等于"采购申请单编号"时,联动显示为"采购物品"。将"采购物品数量"设置"数据关联": 关联至"采购申请单",当"采购订单编号"等于"采购申请单编号"时,联动显示为"采

购数量"。将"采购物品单价"设置"数据关联"：关联至"采购订单"，当"采购订单编号"等于
"采购申请单编号"时，联动显示为"申请单价"。将"采购物品总价"设置默认值为公式"SUM
（VALUE（采购物品数量），VALUE（采购物品单价））"。将"到货日期"设置默认值为公式
"TIMESTAMP（NOW（））"，设置格式为"年-月-日"。将"检验员"设置默认值为公式
"LOGINUSER（）"。

2．表单流程设计

设置审批人为指定角色"采购"，并添加条件配置方式为"条件规则"添加"检验结果等于合
格"。当检验结果为"合格"时，向"申请发起人"发送内容为"您的检验结果合格"的消息通知；
当申请结果为其他时，向"申请发起人"发送内容为"您的检验结果不合格"的消息通知。流程
设计实际结果如图 5-14 所示。

图 5-14　"采购检验申请单"流程设计图

3．添加关联规则

通过"流程设计"的全局变量编辑节点提交规则：当规则类型为"关联操作"，审批节点为
"结束节点"，审批动作为"同意"时添加公式"UPDATE（物品库存，EQ（物品库存.物品名称，
采购物品），""，物品库存.物品库存，物品库存.物品库存＋VALUE（采购物品数量））"，如
图 5-15 所示。

5.4.2　"退料通知单"流程表单

1．表单组件选择

由图 5-16 和图 5-17 可知该表单的组件内容，将"采购申请单号"下拉单选组件、"采购物
品"单行文本组件、"入库检验日期"日期组件、"检验结果是否为退料"单行文本组件、"退货通

教材讲解
视频

实验讲解
视频

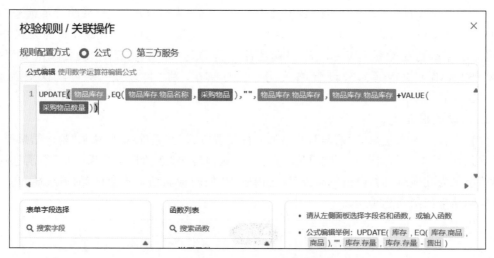

图 5-15 添加节点提交规则效果示意图

知员"单行文本组件、"是否同意退货"单选组件添加至表单内。

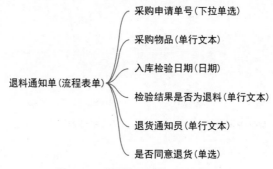

图 5-16 "退料通知单"思维导图

退料通知单(流程表单)
- 采购申请单号(下拉单选)
- 采购物品(单行文本)
- 入库检验日期(日期)
- 检验结果是否为退料(单行文本)
- 退货通知员(单行文本)
- 是否同意退货(单选)

退料通知单

采购申请单号 *

请选择

采购物品

--

入库检验日期

--

检验结果是否为退料

--

退货通知员 *

蔡晓丹

是否同意退货 *

○ 同意　○ 拒绝

图 5-17 "退料通知单"组件安排预览效果图

"退料通知单"内组件的特殊权限设置。将"采购申请单号"组件关联至"采购申请单"表单的"采购申请单编号"组件。将"采购物品"状态设置为"只读"并设置"数据关联"：关联至"采购检验申请单"，当"采购申请单号"等于"采购订单编号"时，联动显示为"采购物品"。将"入库检验日期"设置状态为"只读"并设置"数据关联"：关联至"采购检验申请单"，当"采购申请单号"等于"采购订单编号"时，联动显示为"到货日期"，并设置格式为"年-月-日"。将"检验结果是否为退料"设置"数据关联"：关联至"采购检验申请单"，当"采购申请单号"等于"采购订单编号"时，联动显示为"检验结果"。将"退货通知员"设置默认值为公式"LOGINUSER（）"。将"单行文本"设置"数据关联"：关联至"采购申请单"，当"采购申请单号"等于"采购申请编号"时，联动显示为"采购申请编号"。

2. 表单流程设计

设置审批人为指定角色"采购"，并添加条件配置方式为"条件规则"添加"是否同意退货等于同意"。当检验结果为"同意"时，向"申请发起人"发送内容为"您的退货申请已同意"的消息通知；当申请结果为其他时，向"申请发起人"发送内容为"您的退货申请不同意"的消息通知。流程设计实际结果如图 5-18 所示。

图 5-18　"退料通知单"流程设计图

5.5 "出库"子模块

该模块主要用于出库流程的监督，出库模块是仓库管理系统中的一个重要模块，用于管理和跟踪物品的销售出货过程。"销售出库审核"是"销售发票登记"的前提，只有经过审核的出库单才能生成相应的销售发票并登记。"销售发票登记"也通过数据联动的方式关联相关组件。通过销售出库审核和销售发票登记这两个功能，出库模块能够更好地管理物品的销售过程，确保出货的准确性和完整性，并及时更新库存和财务信息，如图 5-19 所示。

图 5-19 "出库"子模块思维导图

创建一个分组，将其命名为"出库"，分组创建效果如图 5-20 所示。

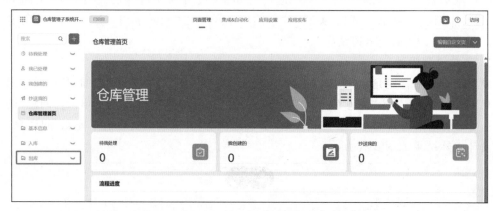

图 5-20 "出库"分组示意图

教材讲解
视频

实验讲解
视频

5.5.1 "销售出库审核"流程表单

1. 表单组件选择

由图 5-21 和图 5-22 可知该表单的组件内容，将"销售编号"下拉单选组件、"销售负责人"单行文本组件、"销售货物"单行文本组件、"销售数量"单行文本组件、"货物审核日期"日期组件、"货物审核结果"单选组件添加至表单内。

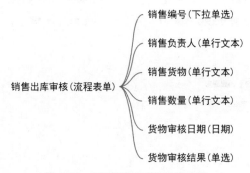

图 5-21 "退料通知单"思维导图

"销售出库审核"内组件的特殊权限设置。将"销售编号"组件关联至"销售订单"表单的"销售编号"组件。将"销售负责人"设置状态为"只读"并设置"数据关联"：关联至"销售订单表"，当"销售编号"等于"销售编号"时，联动显示为"销售负责人"。将"销售货物"设置状态为"只读"并设置"数据关联"：关联至"销售订单表"，当"销售编号"等于"销售编号"时，联动显示为"销售货物"。将"销售数量"设置状态为"只读"并设置"数据关联"：关联至"销售订单表"，当"销售编号"等于"销售编号"时，联动显示为"销售数量"。将"货物审核日期"设置默认值为公式"TIMESTAMP(NOW())"，设置格式为"年-月-日"。

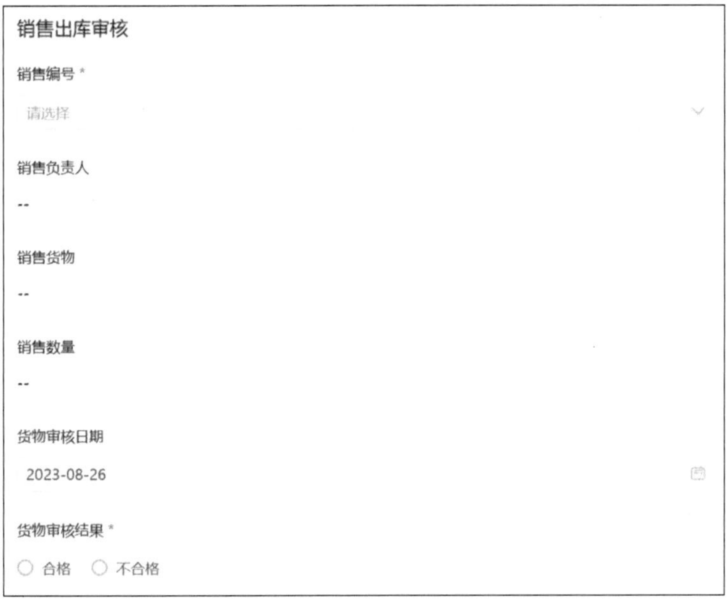

图 5-22　"销售出库审核"组件安排预览效果

2．表单流程设计

设置审批人为指定角色"销售"，如图 5-23 所示。

图 5-23　"销售出库审核"流程设计图

3．添加关联规则

通过"流程设计"的全局变量编辑节点提交规则：当规则类型为"关联操作"，审批节点为"结束节点"，审批动作为"同意"时添加公式"UPDATE(物品库存，EQ(物品库存.物品名称，销售货物)，""，物品库存.物品库存，物品库存.物品库存-VALUE(销售数量))"，如图 5-24 所示。

5.5.2　"销售发票登记"流程表单

首先将"销售编号"下拉单选组件、"销售物品"单行文本组件、"货物检验日期"日期组件、"发票登记员"单行文本组件、"发票代号"单行文本组件、"发票号码"单行文本组件、"开票日期"日期组件、"校验码"单行文本组件、"数值(小写)"数值组件、"发票上传"图片上传组件添加至表单内，如图 5-25 所示。

教材讲解
视频

实验讲解
视频

图 5-24 添加节点提交规则效果示意图

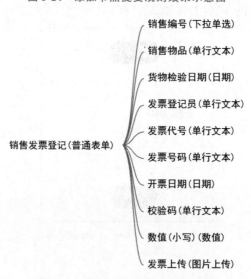

图 5-25 "销售发票登记"思维导图

　　设置该表单的特殊组件功能。首先将"销售编号"关联至"销售订单表"的"销售编号"。设置"销售物品"状态为"只读"并设置"数据联动"至"销售出库审核",并设置条件规则为"销售编号等于销售编号",使"销售物品"联动显示为"销售货物"。设置"货物检验日期"状态为"只读"并设置"数据联动"至"销售出库审核",并设置条件规则为"销售编号等于销售编号",使"销售物品"联动显示为"货物审核日期",并设置格式为"年-月-日"。将"发票登记员"设置默认值为公式"LOGINUSER()"。设置"开票日期"组件的格式为"年-月-日"。如图 5-26 所示进行"销售发票登记"组件设置。

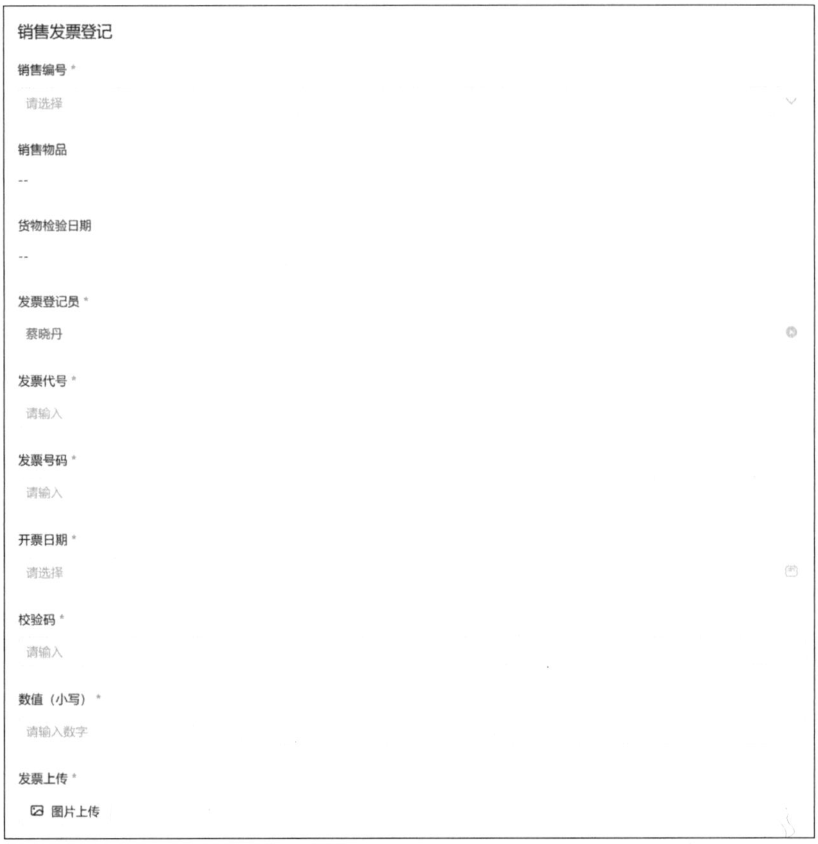

销售发票登记
销售编号 *
请选择
销售物品
--
货物检验日期
--
发票登记员 *
蔡晓丹
发票代号 *
请输入
发票号码 *
请输入
开票日期 *
请选择
校验码 *
请输入
数值（小写） *
请输入数字
发票上传 *
图片上传

图 5-26　“销售发票登记”组件设置

5.6　“仓库管理首页”自定义页面

教材讲解视频

实验讲解视频

单击新增自定义页面，选择“工作台模板-01”。进入编辑页面后根据所需内容删减容器数量至一个，然后复制新增形成上下双层分组容器。修改分组容器标题为“流程进度”和“仓库管理”。修改页面上已有文字和图片转变为本系统相关内容。并且在基础信息分组内添加跳转至管理页的功能按钮，如图 5-27 所示。将所有图片与文字设置好后，单击每个功能按钮的链接块，在右侧属性面板内选择链接类型为“内部页面”，然后选择与该功能相关的页面。由于表单在计算机中通常操作不便，此处通常选择生成表单的管理页作为“选择页面”。

流程进度
采购检验申请
销售出库审核
销售发票登记
仓库管理展示
仓库管理
采购检验申请管理
退货通知管理
销售出库审核管理
销售发票管理
物品库存管理

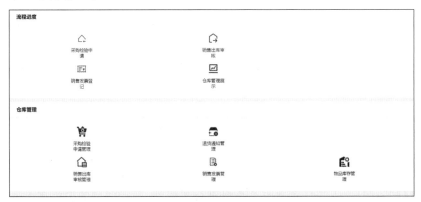

图 5-27　“仓库管理首页”自定义页面示意图

第 6 章

生产管理系统

生产管理(Production Management,PM)是计划、组织、协调、控制生产活动的综合管理活动。内容包括生产计划、生产组织以及生产控制。通过合理组织生产过程,有效利用生产资源,经济合理地进行生产活动,以达到预期的生产目标。为了让企业的生产管理更加高效、低耗、灵活、准时,生产管理系统在企业的 ERP 系统中是不可或缺的一环。

6.1 "生产管理系统"案例引入

案例——MES 与 F 汽车零部件公司生产管理改进(温海涛,于泓聿,2021)

F 汽车零部件公司于 2012 年 8 月 17 日成立,由原一汽轿车股份有限公司发动机厂和原一汽轿车股份有限公司长春齿轮厂合并而成。F 公司作为动力总成生产企业,下设有 3 个生产车间,5 个工厂,在产 7 个系列的动力总成,每一个系列的动力总成生产线均包括装配线以及机加线,发动机机加线包括缸体线、缸盖线、曲轴线、连杆线、凸轮轴线,变速箱机加线包括壳体线、轴线、齿轮线、热处理线。

一汽奔腾轿车有限公司和红旗工厂按月下发月度生产计划,每日下发要货看板,F 公司依据需求组织动力总成的发运。生产和物流部负责接收和组织整个车辆生产计划,生产管理团队负责制定并向各工厂下达生产计划,组织和控制生产过程,并在生产完成后交付整车动力总成;而物流管理团队则负责根据生产计划向供应商下达月度需求计划,监控到货情况,组织仓储,向生产线配送等。质量控制部门负责检查和评估进厂的零件,并当场纠正质量偏差。发动机一车间、发动机二车间和齿轮箱车间负责按照生产后勤部下达的月度生产计划和日计划组织生产。一般事务和人事科负责根据生产后勤发布的年度生产计划和各车间提交的人员需求,招聘和组织工作人员。产品管理部门负责为产品提供技术支持。技术和安全部门负责生产线的调试、设备的维护、工具的调整等。

面对生产的诸多问题,王主任自上而下与两位副主任和一线员工一起对问题进行了梳理、剖析,发现问题主要集中在以下 4 个方面。

(1) 生产计划调整频繁与生产线可动率低。

(2) 数据采集方式原始、效率低。

(3) 物流管理问题(库存周转率低、人工盘点精度差)。

(4) 质量管理"随机卡"太随机。

解决了这些问题后,王主任带领改革小组进行了咨询,确定问题的根源在于信息技术水平低下,原 ERP 系统在生产管理环节的适用性不足,于是对市场上现有的生产管理系统进行了考察,经过成本、性能分析和适用性评估,提出了企业信息化发展方案,并得到总公司的批准。根据国内汽车行业的发展趋势和一汽集团的总体规划和发展目标,一汽集团管理部门和一汽奔腾轿车有限公司决定进一步推进信息化建设,因此该计划顺利通过,公司决定在基础最好的GA 工厂实施 MES 系统,作为试点项目,设计并测试其功能模块。

GA 工厂生产 GA 发动机,装配线、缸体线、缸盖线、曲轴线的设备自动化程度高,具备设备集成及数据采集条件,ERP 系统、能源系统已经建立,可以与 MES 系统建立接口,本着精益化生产的宗旨,GA 工厂 MES 系统要在每条生产线上进行生产计划控制、设备状态监测、生产过程控制和设备数据自动控制。2019 年起,MES 系统正式在 GA 工厂试点运行,本着精益化生产的宗旨,在 GA 工厂良好的自动化基础上打造属于 F 公司自己特色的 MES 系统:系统包括生产计划及生产过程跟踪与控制、数据采集与监控、设备管理、质量管理、物流管理等模块。F 公司实施 MES 通过向行业和集团内对标,逐渐完善业务内容,最终涵盖了 7 大模块、55 个子模块。通过 MES 系统的使用对企业生产管理的改进有极大的促进作用,发挥了显著的提升效用。

(1)生产计划及生产过程的改进效果。

MES 系统实现了将生产计划转换为生产指令并自动传输、特殊生产指令的快速下达,即时准确地传递给工厂,并实时监控计划的执行情况,指导物料的准时供应,提高计划执行率;GA 发动机加线的可动率有了明显的提高,全年综合可动率 78.4%,较 2018 年提升了 7.4%,并在 2019 年 8 月后达成了 80% 的指标,大大提升了生产效率,保证了 GA 发动机按时交付。

(2)数据采集与监控和设备管理效果。

实现车间各条生产线具备条件的 PLC 联网通信功能;设备基础信息标准化;预防维修与点检业务的闭环管理;设备的实时监控;报修效率提升,更灵活、更快速、预警性更强、更闭环;避免信息孤岛,大幅度提升生产效率;丰富的统计分析和图表展示。

(3)物流管理模块运行后,降低成本效果显著。

零部件配送方式的改变,从计划指挥"管吃管填"到生产线拉动式配送的改变;彻底解决了溢出品的问题;夯实库存,减少停台。

(4)质量管理效果。

MES 系统实施后,可以通过 MES 系统进行过程质量数据的采集和录入,从而避免了人工记录和人工传输过程中的数据丢失,提高了数据采集的准确性,并实现了各工序的生产数据采集功能和零件跟踪功能,从而保证了生产管理中可靠的质量改进。通过 MES 系统大大提高了动力总成的过程质量管理水平,使动力总成的生产质量在生产过程中得到了控制,产品缺陷和质量问题不会从一个工序转移到另一个工序,也不会从工厂转移到整车厂甚至用户手中,有效地降低了动力总成的返修率和索赔率,动力总成的装调一次合格率提高了 8%,降低了动力总成的质量成品和返修成本。

从上述案例可知,通过实现生产管理的信息化,有利于从多维度提升生产指标,提高生产工作的效率。生产是一个创造的过程,是一个从无到有的过程,是人类从事创造社会财富的活动与过程,包括物质财富、精神财富的创造。生产从经济学角度来讲是指将投入转化为产出的活动,或是将生产要素进行组合以制造产品的活动。生产从管理学角度来讲是一切社会组织将它的输入转化为输出的过程。

生产管理是指通过对生产活动的全方位科学管理,是计划、组织、协调、控制生产的综合管理活动,企业需要通过对现有生产资源的合理利用,有计划、有组织地组织生产过程,以达成更加高质量、高效率的生产活动,从而实现组织预期生产目标。PDCA 循环是全面质量保证体系的基本运转方式和科学的工作程序,该理论由美国质量管理专家戴明提出,从而也被称为"戴明环",目前被广泛应用于管理的各个领域,在对生产进行管理时同样十分有效且恰当。PDCA 是英文单词 Plan(计划)、Do(执行)、Check(检查)、Action(处理)的首写字母,PDCA 就是按照这样 4 个阶段不停地周而复始运转进行管理工作。PDCA 管理循环四阶段示意图如图 6-1 所示。

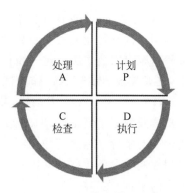

图 6-1 PDCA 管理循环四阶段示意图

(1) 计划阶段(Plan,P):生产计划的制定阶段,在计划制定时需考虑 5W1H(What、Why、Where、When、Who、How)因素,同时结合销售和订单情况,以及仓库数量来制定合理的生产计划。

(2) 执行阶段(Do,D):根据制定的生产计划开展生产活动。

(3) 检查阶段(Check,C):属于生产控制中的事中控制活动,在生产活动进行时检查执行情况,发现偏差。

(4) 处理阶段(Action,A):属于生产控制环节的事后控制阶段,对生产活动的开展结果进行总结与分析,处理存在的问题。

钉钉宜搭低代码开发的生产管理子系统由基本资料管理模块、生产管理模块、生产财务管理模块共同构建。子系统通过对于仓库、销售以及物料等基本情况的精准把控,帮助组织实现生产资源利用最大化,并通过对生产过程进行科学组织,完整记录从领料到最终产品入库全过程,最终对生产所涉及的成本与费用进行汇总,实现对于生产过程的有效管理,让组织生产管理更加高效、灵活,从而达到企业生产目标。

6.2 "生产管理系统"总概

教材讲解
视频

本书开发的生产管理系统由下发的"销售订单"开始,根据"销售订单"制定"生产任务单""生产领料单"进行产品生产,在产品生产结束后,由"产品入库单"实现产品入库。完成生产任务的一个闭环,达到高效、低耗的目的。

实验讲解
视频

本系统按功能分类设计了三大子模块,分别为"基本资料管理""生产管理"和"生产财务管理"。其中,"基本资料管理"模块又分为"物料"、BOM、"仓库"和"销售"4 个模块。图 6-2 为"生产管理系统"的思维导图。

6.3 "基本资料管理"子模块

教材讲解
视频

根据图 6-2 中"生产管理系统"思维导图,"基本资料管理"子模块包含"物料"、BOM、"仓库"和"销售"4 个子模块,有助于企业对基本资料的统一管理和及时更新,提高生产计划的准确性和物料调度的效率,同时也为销售过程提供支持和便利。

6.3.1 "物料"模块

实验讲解
视频

根据图 6-2 中"生产管理系统"思维导图,"物料分类"普通表单用于记录物料的分类信息;"物料录入"普通表单用于录入物料的详细信息。通过以上组成部分,有助于企业对物料进行细分和管理,提高物料的管理效率和生产质量。

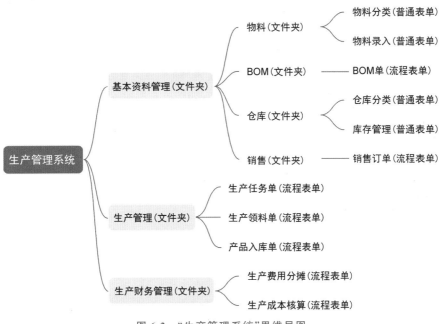

图 6-2　"生产管理系统"思维导图

1. "物料分类"普通表单

"物料分类"作为"物料"模块中的一个底表,是"物料录入"表单中的一个重要字段。考虑到企业在物料录入时有新增"物料分类"的需求,添加了"物料分类"表单。

如图 6-3 所示为"物料分类"普通表单的思维导图。根据思维导图在表单画布中依次添加"物料分类编号"单行文本组件、"物料类名"单行文本组件和"备注"单行文本组件。

图 6-3　"物料分类"普通表单思维导图

"物料分类编号"组件的状态设置为"只读",在该组件的默认值中选择"公式编辑",编辑公式为"CONCATENATE("WLFL-",TIMESTAMP(TODAY()))";"物料类名"组件的校验设置为"必填"。

设置完所有组件后,"物料分类"普通表单效果图如图 6-4 所示。

物料分类
物料分类编号
WLFL-1698848033424
物料类名 *
请输入
备注
请输入

图 6-4　"物料分类"普通表单效果图

2.“物料分类管理”数据管理页

宜搭自带的根据表单一键生成的数据管理页能够很好地展示已填入的数据，并支持对数据进行批量导入、导出、搜索、筛选、删除等操作。“物料分类”编辑界面如图 6-5 所示，单击右上角的“生成数据管理页”并设置管理页面的名称为“物料分类管理”，组别为“物料”，单击“确定”按钮后，即可生成“物料分类管理”数据管理页，如图 6-6 所示。

图 6-5 “物料分类”编辑界面示意图

图 6-6 “物料分类管理”数据管理页效果图

3.“物料录入”普通表单

“物料录入”普通表单为“物料”模块的最基础的表单，用于录入物料的相关信息以便于管理查看。

如图 6-7 所示为“物料录入”普通表单的思维导图。根据思维导图在表单画布中依次添加两个分组，分别为“基本资料”分组和“物流资料”分组。

其中，“基本资料”分组包括“物料编号”单行文本组件、“物料名称”单行文本组件、“计量单位”单行文本组件、“规格型号”单行文本组件、“物料属性”下拉单选组件、“物料类别”关联表单组件、“默认仓库”关联表单组件和“来源”单行文本组件。

“物流资料”分组包括“采购负责人”成员组件、“采购单价”数值组件和“销售单价”数值组件。

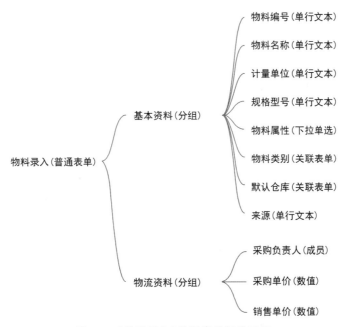

图 6-7 "物料录入"普通表单思维导图

　　"物料编号"组件的状态设置为"只读",在该组件的默认值中选择"公式编辑",编辑公式为
"CONCATENATE("WL-",TIMESTAMP(TODAY()))"。"物料名称""计量单位""规格型
号"和"来源"组件的校验设置为"必填"。"物料属性"下拉单选组件"选项类型"设置为"自定
义",并设置自定义选项为"外购""自制"和"组装件"。"物料类别"关联表单组件设置其"关联
属性"中的"关联表单"为"物料分类"表单,并在"显示设置"中选择主要信息为"物料类名",次
要信息为"物料分类编号"。"默认仓库"关联表单组件设置其"关联属性"中的"关联表单"为
"仓库"表单,并在"显示设置"中选择主要信息为"仓库名",次要信息为"仓库编号"。

　　设置完所有组件后,"物料录入"普通表单的"基本资料"分组和"物流资料"分组分别如
图 6-8 和图 6-9 所示。

基本资料

物料编号
WL-1663043769747

物料名称 *
请输入

计量单位 *
个

规格型号
请输入

物料属性 *
请选择

物料类别 *
⊕ 选择表单　请选择

默认仓库 *
⊕ 选择表单　请选择

来源
请输入

图 6-8 "基本资料"分组预览效果图

4. "物料管理"数据管理页

物料管理界面能够更好地对物料的相关信息进行管理编辑查看。在"物料录入"表单编辑

图 6-9 "物流资料"分组预览效果图

界面,单击右上角的"生成数据管理页"并设置管理页面的名称为"物料管理",组别为"物料",单击"确定"按钮后,即可生成"物料管理"数据管理页,如图 6-10 所示。

图 6-10 "物料管理"数据管理页效果图

教材讲解
视频

实验讲解
视频

6.3.2 BOM 模块

根据图 6-2 中"生产管理系统"思维导图,BOM 模块可以实现对 BOM 单的管理,帮助企业了解产品的组成结构,并有效地管理产品所需的零部件和材料。

1. "BOM 单"流程表单

"BOM 单"为一个流程表单,用于管理生成一件产品所需的用料及其对应的用量。

如图 6-11 所示为 BOM 流程表单的思维导图,根据思维导图在表单画布中依次添加"BOM 单编号"单行文本组件、"物料编号"关联表单组件、"物料名称"单行文本组件、"数量"数值组件、"物料属性"单行文本组件、"制单人"成员组件、"BOM 单"子表单组件、"材料成本单价"数值组件和"销售单价"数值组件。

根据思维导图在"BOM 单"子表单组件中依次添加"物料编号"关联表单组件、"物料名称"单行文本组件、"型号规格"单行文本组件、"物料属性"单行文本组件、"采购单价"数值组件、"用量"数值组件、"采购总额"数值组件、"损耗率(%)"数值组件和"默认仓库"单行文本组件。

1)表单设计

"BOM 单编号"组件的状态设置为"只读",在该组件的默认值中选择"公式编辑",编辑公式为"CONCATENATE("BOM-",TIMESTAMP(TODAY()))"。"物料编号""制单人"

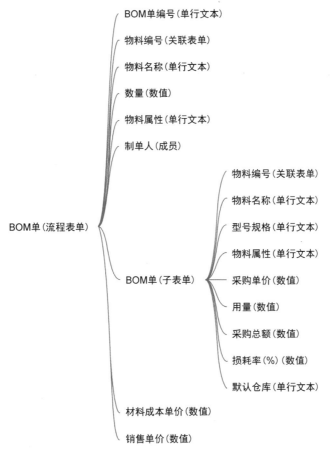

图 6-11 "BOM 单"流程表单思维导图

"BOM.物料名称"和"BOM.用量"组件的校验设置为"必填"。

"物料编号"关联表单组件设置其"关联属性"中的"关联表单"为"物料录入"表单,并在"显示设置"中选择主要信息为"物料编号",次要信息为"物料名称"。同时,在组件的关联属性打开"数据填充"功能,设置填充条件,关联表单字段"物料名称"的值填充到当前表单字段"物料名称",关联表单字段"物料属性"的值填充到当前表单字段"物料属性",关联表单字段"销售单价"的值填充到当前表单字段"销售单价"。

"数量"组件"默认值"属性设置为"自定义",默认值为"1";"制单人"组件"默认值"属性设置为"公式编辑",设置为显示当前登录人,公式编辑为"USER()"。

"BOM 单.物料编号"关联表单组件设置其"关联属性"中的"关联表单"为"物料录入"表单。并在"显示设置"中选择主要信息为"物料编号",次要信息为"物料名称"。同时,在组件的关联属性打开"数据填充"功能。设置数据填充条件,关联表单字段"物料属性"的值填充到当前表单字段"BOM 单.物料属性",关联表单字段"物料名称"的值填充到当前表单字段"BOM 单.物料名称",关联表单字段"采购单价"的值填充到当前表单字段"BOM 单.采购单价",关联表单字段"销售单价"的值填充到当前表单字段"BOM 单.销售单价",关联表单字段"规格型号"的值填充到当前表单字段"BOM 单.规格型号",关联表单字段"默认仓库.仓库名"的值填充到当前表单字段"BOM 单.默认仓库"。

"BOM 单.采购总额"组件"默认值"属性设置为"公式编辑",公式为"BOM 单.用量 *

BOM 单.采购单价"。"材料成本单价"组件"默认值"属性设置为"公式编辑",需要统计"BOM 单"子表单组件中所有物料的"采购总额",公式为"SUM(BOM 单.采购总额)"。设置"BOM 单编号""物料名称""物料属性""材料成本单价""销售单价""BOM.物料名称""BOM.型号规格""BOM.物料属性""BOM.采购单价""BOM.采购总额"和"BOM.默认仓库"组件的状态为"只读"。

设置完所有组件后,"BOM 单"流程表单效果图如图 6-12 所示。

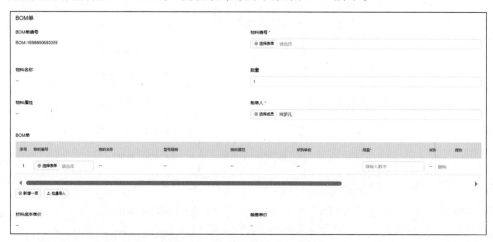

图 6-12 "BOM 单"流程表单效果图

2）流程设计

在表单的流程设计页面"创建新流程",审批人设置为"部门主管",选择部门主管为"发起人"的"第 1 级主管",在部门过滤中选择"跳过无主管的部门",多人审批方式选择"会签",单击"保存"按钮确定。"审批人"节点设置如图 6-13 所示。

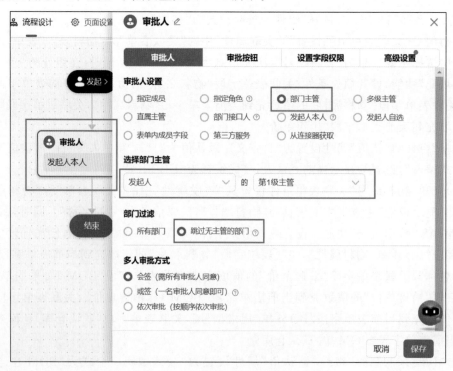

图 6-13 "审批人"节点设置示意图

2.“BOM 单管理”数据管理页

“BOM 单管理”界面能够更好地对生产一个产品所需的物料相关信息进行管理查看,是BOM 模块的重要组成部分。在“BOM 单”编辑界面,单击右上角的“生成数据管理页”并设置管理页面的名称为“BOM 单管理”,组别为“BOM”,单击“确定”按钮后,即可生成“BOM 单管理”数据管理页,如图 6-14 所示。

图 6-14　“BOM 单管理”数据管理页效果图

6.3.3　“仓库”模块

教材讲解
视频

实验讲解
视频

根据图 6-2 中“生产管理系统”思维导图,“仓库”模块中“仓库分类”普通表单用于记录仓库的分类信息,“库存管理”普通表单用于记录仓库内物品的库存情况,可以实现仓库物品的管理和追踪。

1.“仓库分类”普通表单

“仓库分类”普通表单作为“仓库”模块中的一个底表,是“库存管理”表单中的一个重要字段。考虑到企业在库存录入时有新增“仓库分类”的需求,添加了“仓库分类”表单。

如图 6-15 所示为“仓库分类”普通表单的思维导图,根据思维导图在表单画布中依次添加“仓库分类编号”单行文本组件、“仓库名”单行文本组件和“备注”单行文本组件。

图 6-15　“仓库分类”普通表单思维导图

“仓库分类编号”组件的状态设置为“只读”,在该组件的默认值中选择“公式编辑”,公式为“CONCATENATE("CK-",TIMESTAMP(TODAY()))”。“仓库名”组件的校验设置为“必填”。

设置完所有组件后,“仓库分类”普通表单效果图如图 6-16 所示。

2.“仓库分类管理”数据管理页

仓库分类管理界面能够更好地对仓库的分类的相关信息进行管理查看,在“仓库分类”表

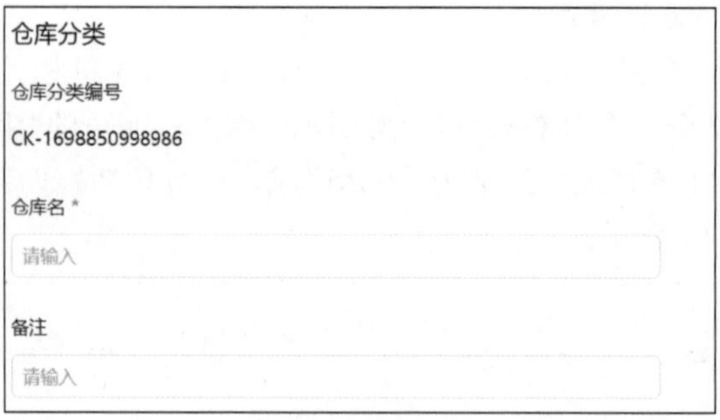

图 6-16　"仓库分类"普通表单效果图

单的编辑界面,单击右上角的"生成数据管理页"并设置管理页面的名称为"仓库分类管理",组别为"仓库",单击"确定"按钮后,即可生成"仓库分类管理"数据管理页,如图 6-17 所示。

图 6-17　"仓库分类管理"数据管理页效果图

3. "库存管理"普通表单

"库存管理"表单为一个普通表单,用于管理物料的库存。

如图 6-18 所示为"库存管理"普通表单的思维导图,根据思维导图在表单画布中依次添加"物料编号"关联表单组件、"物料名称"单行文本组件、"默认仓库"单行文本组件和"库存"数值组件。

图 6-18　"库存管理"普通表单思维导图

"物料编号"关联表单组件设置其"关联属性"中的"关联表单"为"物料录入"表单。并在"显示设置"中选择主要信息为"物料编号",次要信息为"物料名称"。同时,在组件的关联属性打开"数据填充"功能,设置填充条件,关联表单字段"物料名称"的值填充到当前表单字段"物料名称",关联表单字段"默认仓库.仓库名"的值填充到当前表单字段"默认仓库"。

设置"物料名称"和"默认仓库"组件的状态为"只读"。"库存"组件"默认值"属性设置为"自定义",默认值为"0"。"物料编号"组件的校验设置为"必填"。

设置完所有组件后,"库存管理"普通表单效果图如图 6-19 所示。

库存管理
物料编号 *
⊕ 选择表单
请选择
物料名称
--
默认仓库
--
库存
0
提交
暂存

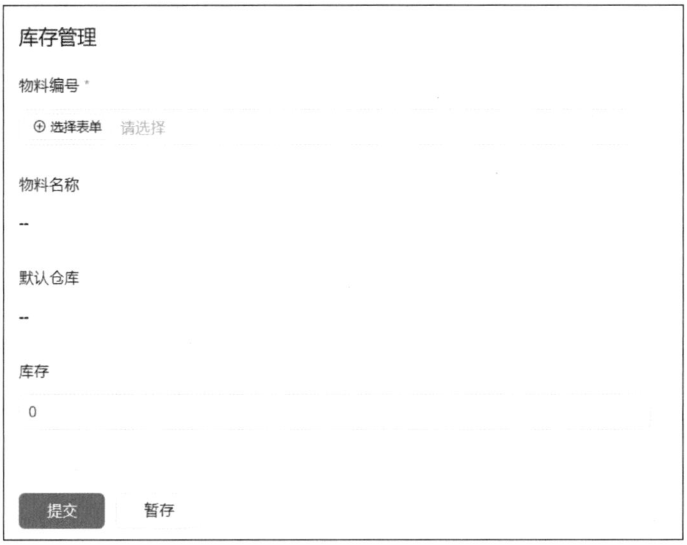

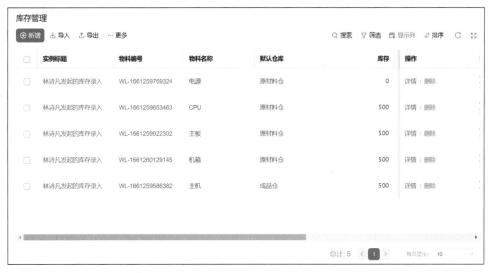

图 6-19　"库存管理"普通表单效果图

4. "库存管理"数据管理页

库存管理界面能够更好地对物料的库存等相关信息进行管理查看。在"库存管理"表单的编辑界面，单击右上角的"生成数据管理页"并设置管理页面的名称为"库存管理"，组别为"仓库"，单击"确定"按钮后，即可生成"库存管理"数据管理页面，如图 6-20 所示。

库存管理
⊕ 新增
导入
导出
··· 更多
搜索
筛选
显示列
排序
实例标题
物料编号
物料名称
默认仓库
库存
操作
林诗凡发起的库存录入
WL-1661259769324
电源
原材料仓
0
详情
删除
林诗凡发起的库存录入
WL-1661259853463
CPU
原材料仓
500
详情
删除
林诗凡发起的库存录入
WL-1661259922302
主板
原材料仓
500
详情
删除
林诗凡发起的库存录入
WL-1661260129145
机箱
原材料仓
500
详情
删除
林诗凡发起的库存录入
WL-1661259586382
主机
成品仓
500
详情
删除
总计: 5
1
每页显示:
10

图 6-20　"库存管理"数据管理页效果图

6.3.4　"销售"模块

教材讲解视频

根据图 6-2 中"生产管理系统"思维导图，"销售订单"流程表单用于记录销售订单的信息，有助于提高销售流程的效率和准确性，帮助企业更好地管理销售业务。

实验讲解视频

1. "销售订单"流程表单

"销售订单"是一个流程表单，用于录入管理销售订单的相关信息。

如图 6-21 所示为"销售订单"流程表单的思维导图，根据思维导图在表单画布中依次添加

"销售订单编号"单行文本组件、"客户名称"单行文本组件、"计划交货日期"日期组件、"产品编号"关联表单组件、"产品名称"单行文本组件、"型号规格"单行文本组件、"销售单价"数值组件、"销售数量"数值组件和"销售总额"数值组件。

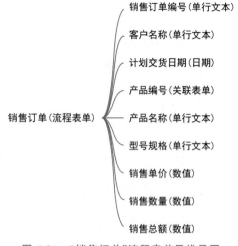

图 6-21   "销售订单"流程表单思维导图

1）表单设计

"销售订单编号"组件的状态设置为"只读"，在该组件的默认值中选择"公式编辑"，公式为"CONCATENATE（"XSDD-"，TIMESTAMP（TODAY()))）"。

"产品编号"关联表单组件设置其"关联属性"中的"关联表单"为"物料录入"表单。并在"显示设置"中选择主要信息为"物料编号"，次要信息为"物料名称"。同时，在组件的关联属性打开"数据填充"功能。设置填充条件，关联表单字段"物料名称"的值填充到当前表单字段"产品名称"，关联表单字段"型号规格"的值填充到当前表单字段"型号规格"，关联表单字段"销售单价"的值填充到当前表单字段"销售单价"。

设置"销售订单编号""产品名称""型号规格""销售单价"和"销售总额"组件的状态为"只读"。"客户名称""计划交货日期""产品编号"和"销售数量"组件的校验设置为"必填"。"销售总额"组件"默认值"属性设置为"公式编辑"，公式为"销售单价 * 销售数量"。

设置完所有组件后，"销售订单"流程表单效果图如图 6-22 所示。

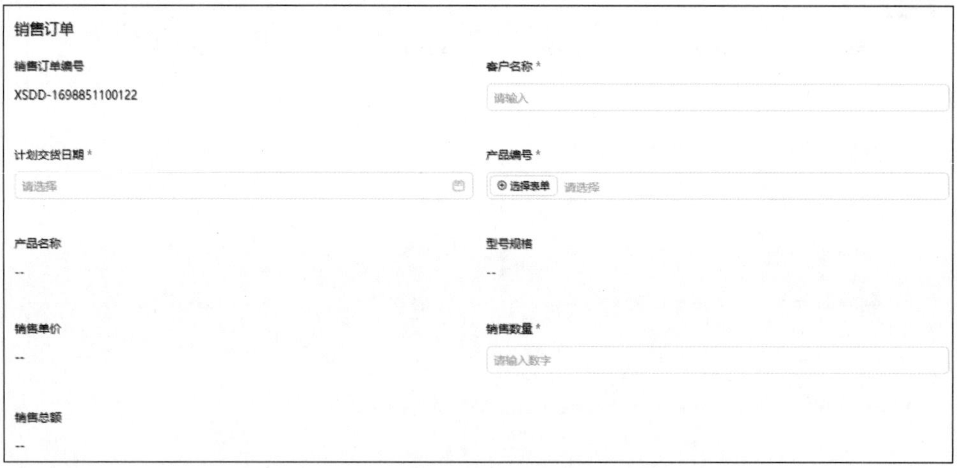

图 6-22   "销售订单"流程表单效果图

2）流程设计

在表单的流程设计页面"创建新流程"，审批人设置为"部门主管"，选择部门主管为"发起人"的"第 1 级主管"，在部门过滤中选择"跳过无主管的部门"，多人审批方式选择"会签"，单击"保存"按钮确定。"审批人"节点设置如图 6-23 所示。

2. "销售订单管理"数据管理页

销售订单管理界面能够更好地对销售订单的相关信息进行管理查看。在"销售订单"表单的编辑界面，单击右上角的"生成数据管理页"并设置管理页面的名称为"销售订单管理"，组别

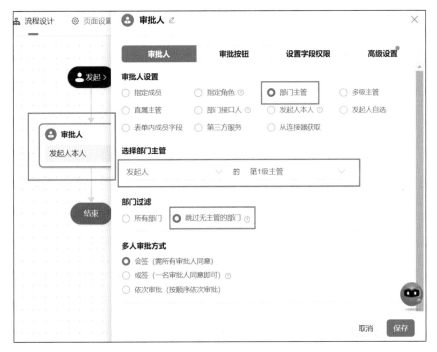

图 6-23　"审批人"节点设置示意图

为"销售",单击"确定"按钮后,即可生成"销售订单管理"数据管理页面,如图 6-24 所示。

图 6-24　"销售订单管理"数据管理页效果图

6.4　"生产管理"子模块

　　根据图 6-2 中"生产管理系统"思维导图,"生产任务单"流程表单用于记录生产任务单的信息;"生产领料单"流程表单用于记录生产领料单的信息;"产品入库单"流程表单用于记录产品入库单的信息。通过以上组成部分,"生产管理"子模块可以帮助企业高效地组织和跟踪生产过程,确保生产任务按计划执行,并准确记录物料的领取和产品的入库情况。

教材讲解
视频

实验讲解
视频

6.4.1 "生产任务单"流程表单

"生产任务单"为一个流程表单,用于录入产品生产任务的相关信息。

如图 6-25 所示为"生产任务单"流程表单的思维导图,根据思维导图在表单画布中依次添加三个分组组件,分别为"基本信息"分组组件、"生产任务"分组组件和"生产任务单"分组组件。

图 6-25　"生产任务单"流程表单思维导图

如图 6-26 所示为"基本信息"分组组件的思维导图,根据思维导图在"基本信息"分组组件中依次添加"主管"成员组件、"部门"部门组件、"业务员"成员组件、"制单人"成员组件、"销售订单号"关联表单组件、"日期"日期组件、"生产任务单编号"单行文本组件和"摘要"多行文本组件。

如图 6-27 所示为"生产任务"分组组件的思维导图,根据思维导图在"生产任务"分组组件中依次添加"产品编号"单行文本组件、"产品名称"单行文本组件、"型号规格"单行文本组件和"销售数量"数值组件。

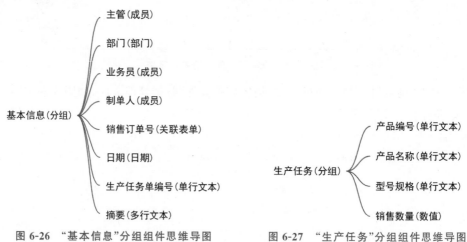

图 6-26　"基本信息"分组组件思维导图　　　图 6-27　"生产任务"分组组件思维导图

如图 6-28 所示为"生产任务单"分组组件的思维导图,根据思维导图在"生产任务单"分组组件中依次添加"产品名称"关联表单组件和"生产任务单"子表单组件。在"生产任务单"子表单组件中添加"物料编号"单行文本组件、"物料名称"单行文本组件、"型号规格"单行文本组件、"单个产品用量"数值组件、"默认仓库"单行文本组件和"标准用量"数值组件。

1. 表单设计

"制单人"组件的默认值中选择"公式编辑",公式为"USER()",默认为当前登录人。

"销售订单号"关联表单组件设置其"关联属性"中的"关联表单"为"销售订单"表单。在"显示设置"中选择主要信息为"销售订单编号",次要信息为"客户名称"。同时,在组件的关联属性打开"数据填充"功能。设置填充条件,关联表单字段"产品编号.物料编号"的值填充到当前表单字段"产品编号",关联表单字段"销售数量"的值填充到当前表单字段"销售数量",关联表单字段"产品名称"的值填充到当前表单字段"产品名称",关联表单字段"型号规格"的值填充到当前表单字段"型号规格"。

"日期"组件的默认值中选择"公式编辑",公式为"TIMESTAMP(NOW())"。"生产任务单编号"组件的状态设置为"只读",在该组件的默认值中选择"公式编辑",公式为

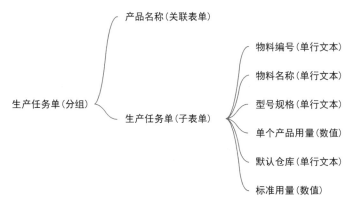

图 6-28　"生产任务单"分组组件思维导图

"CONCATENATE（"SCDD-"，TIMESTAMP（TODAY（）））"。设置"生产任务"分组中的"产品编号""产品名称""型号规格""销售数量""生产任务单.物料编号""生产任务单.物料名称""生产任务单.型号规格""生产任务单.默认仓库"和"生产任务单.标准用量"组件的状态为"只读"。

　　设置"生产任务单.单个产品用量"组件的"状态"为"隐藏"，并在该组件的高级标签的"数据提交"属性中设置为"始终提交"。"主管""部门""业务员""制单人""销售订单号""日期""产品名称""生产任务单.物料编号""生产任务单.物料名称""生产任务单.型号规格"和"生产任务单.默认仓库"组件的校验设置为"必填"。

　　设置"生产任务单"分组中的"产品名称"关联表单组件"关联属性"中的"关联表单"为"BOM 单"表单。并在"显示设置"中选择主要信息为"物料名称"，次要信息为"物料编号"。同时，在组件的关联属性打开"数据填充"功能。设置填充条件，关联表单字段"BOM 单.物料编号.物料编号"的值填充到当前表单字段"生产任务单.物料编号"，关联表单字段"BOM 单.物料名称"的值填充到当前表单字段"生产任务单.物料名称"，关联表单字段"BOM 单.用量"的值填充到当前表单字段"生产任务单.单个产品用量"，关联表单字段"BOM 单.型号规格"的值填充到当前表单字段"生产任务单.型号规格"，关联表单字段"BOM 单.默认仓库"的值填充到当前表单字段"生产任务单.默认仓库"。

　　"生产任务单.标准用量"组件"默认值"属性设置为"公式编辑"，公式为"生产任务单.单个产品用量×销售数量"。

　　设置完所有组件后，"生产任务单"流程表单的"基本信息"分组组件、"生产任务"分组组件和"生产任务单"分组组件效果图分别如图 6-29～图 6-31 所示。

图 6-29　"基本信息"分组组件预览效果图

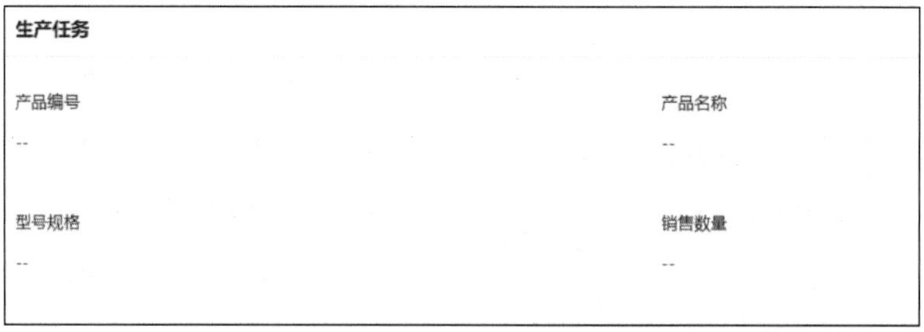

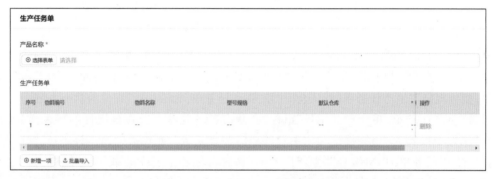

图 6-30　"生产任务"分组组件预览效果图

图 6-31　"生产任务单"分组组件预览效果图

2. 流程设计

在表单的流程设计页面"创建新流程",审批人设置为"部门主管",选择部门主管为"发起人"的"第 1 级主管",在部门过滤中选择"跳过无主管的部门",多人审批方式选择"会签",单击"保存"按钮确定。"审批人"节点设置如图 6-32 所示。

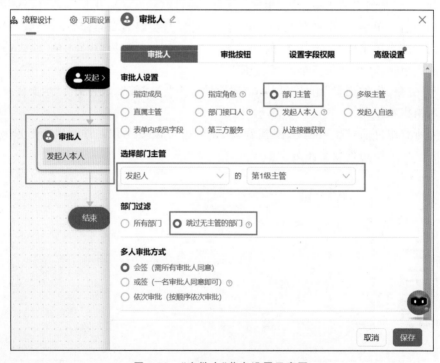

图 6-32　"审批人"节点设置示意图

6.4.2 "生产任务单管理"数据管理页

生产任务单管理界面能够更好地对当期生产任务的相关信息进行管理查看。在"生产任务单"表单的编辑界面,单击右上角的"生成数据管理页"并设置管理页面的名称为"生产任务单管理",组别为"生产管理",单击"确定"按钮后,即可生成"生产任务单管理"数据管理页面,如图 6-33 所示。

图 6-33 "生产任务单管理"数据管理页效果图

6.4.3 "生产领料单"流程表单

教材讲解
视频

实验讲解
视频

"生产领料单"为一个流程表单,用于录入产品生产任务中领取物料的相关信息。

如图 6-34 所示为"生产领料单"流程表单的思维导图,根据思维导图在表单画布中依次添加两个分组组件,分别为"基本资料"分组组件和"领料单"分组组件。

如图 6-35 所示为"基本资料"分组组件的思维导图,根据思维导图在"基本资料"分组组件中依次添加"领料部门"部门组件、"日期"日期组件、"生产领料单编号"单行文本组件、"生产任务编号"关联表单组件、"产品编号"单行文本组件、"产品名称"单行文本组件、"型号规格"单行文本组件、"投入产量"数值组件和"摘要"多行文本组件。

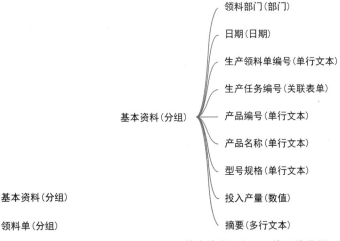

图 6-34 "生产领料单"流程表单思维导图   图 6-35 "基本资料"分组组件思维导图

如图 6-36 所示为"领料单"分组组件的思维导图,根据思维导图在"领料单"分组组件中依次添加"产品名称"关联表单组件和"领料单"子表单组件。在"领料单"子表单组件中添加"物料编号"单行文本组件、"物料名称"单行文本组件、"型号规格"单行文本组件、"发货仓库"单行文本组件、"申请数量"数值组件和"备注"单行文本组件。

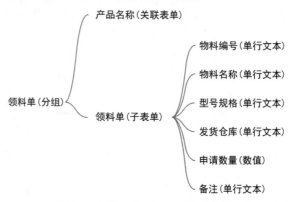

图 6-36 "领料单"分组组件思维导图

1. 表单设计

"日期"组件的默认值中选择"公式编辑",公式为"TIMESTAMP(NOW())"。"生产领料单编号"组件的状态设置为"只读",在该组件的默认值中选择"公式编辑",公式为"CONCATENATE("SCLL-",TIMESTAMP(TODAY()))"。

"生产任务编号"关联表单组件设置其"关联属性"中的"关联表单"为"生产任务单"表单。并在"显示设置"中选择主要信息为"生产任务单编号",次要信息为"产品名称"。同时,在组件的关联属性打开"数据填充"功能。设置填充条件,关联表单字段"产品名称"的值填充到当前表单字段"产品名称",关联表单字段"产品编号"的值填充到当前表单字段"产品编号",关联表单字段"型号规格"的值填充到当前表单字段"型号规格",关联表单字段"摘要"的值填充到当前表单字段"摘要",关联表单字段"销售数量"的值填充到当前表单字段"投入产量"。

"制单人"组件的默认值中选择"公式编辑",公式为"USER()",默认为当前登录人。设置"产品编号""产品名称""型号规格""投入产量""摘要""领料单.物料编号""领料单.物料名称""领料单.型号规格""领料单.发货仓库"和"领料单.申请数量"组件的状态为"只读"。

设置"领料单"分组中的"产品名称"关联表单组件"关联属性"中的"关联表单"为"生产任务单"表单。并在"显示设置"中选择主要信息为"产品名称",次要信息为"生产任务单编号"。同时,在组件的关联属性打开"数据填充"功能。设置填充条件,关联表单字段"生产任务单.物料名称"的值填充到当前表单字段"领料单.物料名称",关联表单字段"生产任务单.标准用量"的值填充到当前表单字段"领料单.申请数量",关联表单字段"生产任务单.物料编号"的值填充到当前表单字段"领料单.物料编号",关联表单字段"生产任务单.默认仓库"的值填充到当前表单字段"领料单.发货仓库",关联表单字段"生产任务单.型号规格"的值填充到当前表单字段"领料单.型号规格"。

设置"生产任务单.单个产品用量"组件的"状态"为"隐藏"并在该组件的高级标签的"数据提交"属性中设置为"始终提交"。"领料部门""日期""生产任务编号"组件和领料单分组中的"产品名称"组件的校验设置为"必填"。

设置完所有组件后,"生产领料单"流程表单的"基本资料"分组组件和"领料单"分组组件分别如图 6-37 和图 6-38 所示。

图 6-37　"基本资料"分组组件预览效果图

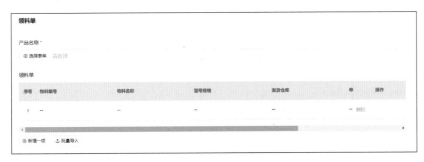

图 6-38　"领料单"分组组件预览效果图

2. 流程设计

在表单的流程设计页面"创建新流程",审批人设置为"部门主管",选择部门主管为"发起人"的"第 1 级主管",在部门过滤中选择"跳过无主管的部门",多人审批方式选择"会签",单击"保存"按钮确定,"审批人"节点设置如图 6-39 所示。

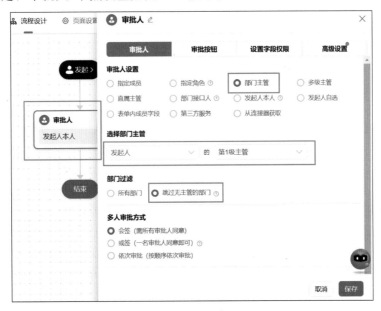

图 6-39　"审批人"节点设置示意图

6.4.4 "生产领料单管理"数据管理页

生产领料单管理页面能够更好地对生产领料的相关信息进行管理查看。在"生产领料单"表单的编辑界面,单击右上角的"生成数据管理页"并设置管理页面的名称为"生产领料单管理",组别为"生产管理",单击"确定"按钮后,即可生成"生产领料单管理"数据管理页面,如图 6-40 所示。

图 6-40 "生产领料单管理"数据管理页效果图

6.4.5 "产品入库单"流程表单

教材讲解
视频

实验讲解
视频

"产品入库单"为一个流程表单,用于录入生产结束后产品入库的相关信息。

如图 6-41 所示为"产品入库单"流程表单的思维导图,根据思维导图在表单画布中依次添加两个分组组件,分别为"基本信息"分组组件和"产品入库单"分组组件。在"基本信息"分组组件中添加"产品入库编号"单行文本组件、"日期"日期组件、"制单人"成员组件、"生产任务编号"关联表单组件、"摘要"单行文本组件和"产品名称"单行文本组件。在"产品入库单"分组组件中添加"物料编号"单行文本组件、"物料名称"单行文本组件、"型号规格"单行文本组件、"收货仓库"单行文本组件、"入库数量"数值组件、"总额"数值组件、"单价"数值组件和"备注"单行文本组件。

1. 表单设计

"产品入库编号"组件的状态设置为"只读",在该组件的默认值中选择"公式编辑",公式为"CONCATENATE("CIN-",TIMESTAMP(TODAY()))"。"日期"组件的默认值中选择"公式编辑",公式为"TIMESTAMP(NOW())"。"制单人"组件的默认值中选择"公式编辑",公式为"USER()",默认为当前登录人。

"生产任务编号"关联表单组件设置其"关联属性"中的"关联表单"为"生产任务单"表单。并在"显示设置"中选择主要信息为"生产任务单编号",次要信息为"产品名称"。同时,在组件的关联属性打开"数据填充"功能。设置填充条件,关联表单字段"产品名称"的值填充到当前表单字段"产品名称",关联表单字段"摘要"的值填充到当前表单字段"摘要",关联表单字段"产品编号"的值填充到当前表单字段"物料编号",关联表单字段"型号规格"的值填充到当前表单字段"型号规格",关联表单字段"产品名称"的值填充到当前表单字段"物料名称",关联表

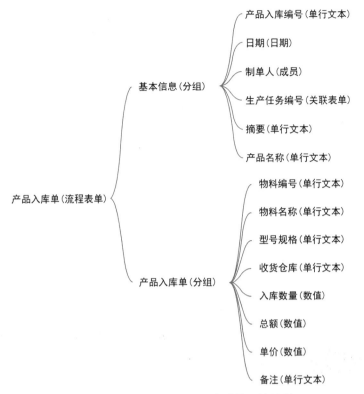

图 6-41　"产品入库单"流程表单的思维导图

单字段"销售数量"的值填充到当前表单字段"总额"。

　　设置"基本信息"分组中的"产品入库编号""摘要""产品名称""产品入库单"组件以及"产品入库单"分组中的"物料编号""物料名称""型号规格""收货仓库""入库数量""总额"和"单价"组件的状态为"只读"。

　　设置完所有组件后，"产品入库单"流程表单的"基本信息"分组组件和"产品入库单"分组组件分别如图 6-42 和图 6-43 所示。

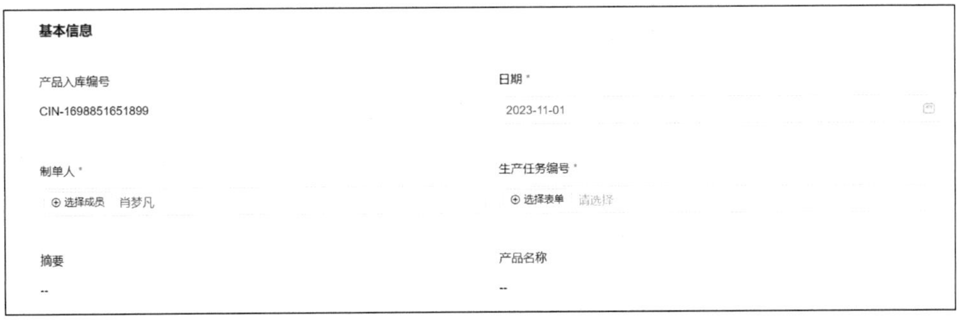

基本信息

产品入库编号	日期 *
CIN-1698851651899	2023-11-01

制单人 *	生产任务编号 *
⊕ 选择成员　肖梦凡	⊕ 选择表单　请选择

摘要	产品名称
--	--

图 6-42　"基本信息"分组组件预览效果图

2. 流程设计

　　在表单的流程设计页面"创建新流程"，审批人设置为"部门主管"，选择部门主管为"发起人"的"第 1 级主管"，在部门过滤中选择"跳过无主管的部门"，多人审批方式选择"会签"，单击"保存"按钮确定。"审批人"节点设置如图 6-44 所示。

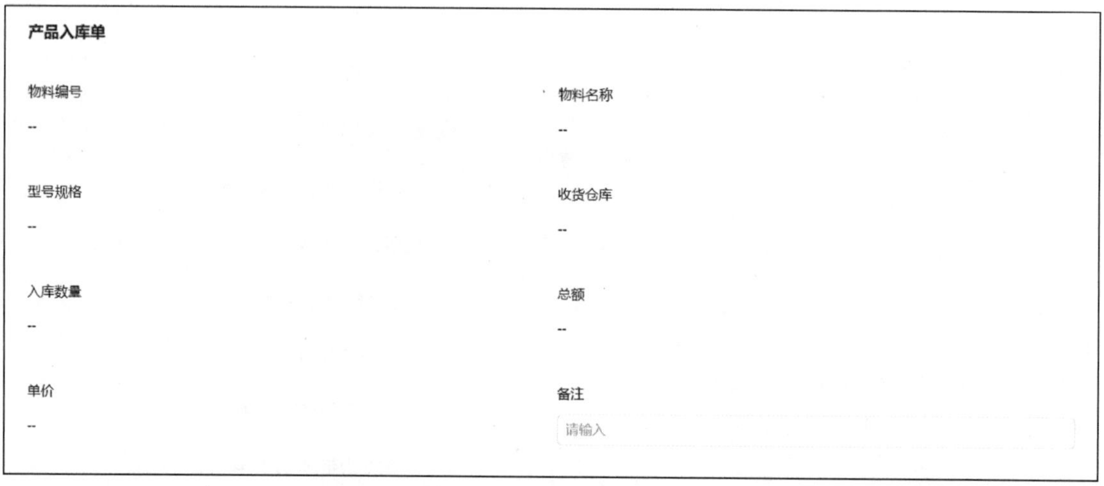

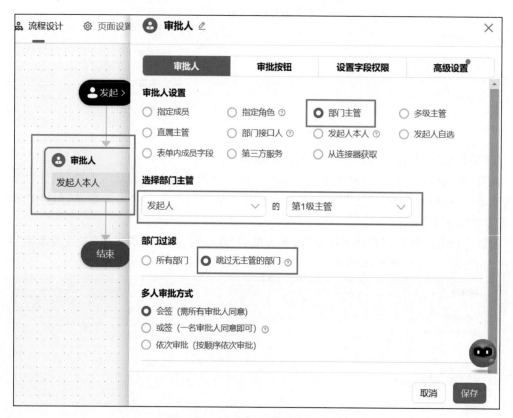

图 6-43　"产品入库单"分组组件预览效果图

图 6-44　"审批人"节点设置示意图

6.4.6　"产品入库单管理"数据管理页

产品入库单管理页面能够更好地对产品入库的相关信息进行管理查看。在"产品入库单"表单的编辑界面,单击右上角的"生成数据管理页"并设置管理页面的名称为"产品入库单管理",组别为"生产管理",单击"确定"按钮后,即可生成"产品入库单管理"数据管理页面,如图 6-45 所示。

图 6-45 "产品入库单管理"数据管理页效果图

6.5 "生产财务管理"子模块

根据图 6-2 中"生产管理系统"思维导图,"生产费用分摊"流程表单用于记录生产过程中产生的费用;"生产成本核算"流程表单用于进行生产成本的核算。通过以上组成部分,"生产财务管理"子模块可以帮助企业进行精确的财务管理,优化生产资源的利用,提高财务决策的准确性。

6.5.1 "生产费用分摊"流程表单

"生产费用分摊"为一个流程表单,用于将生产过程中所产生的费用按生产数分摊。

如图 6-46 所示为"生产费用分摊"流程表单的思维导图,根据思维导图在表单画布中依次添加两个分组组件,分别为"基本信息"分组组件和"生产费用分摊单"分组组件。

图 6-46 "生产费用分摊"流程表单思维导图

如图 6-47 所示为"基本信息"分组组件的思维导图,根据思维导图在"基本信息"分组组件中依次添加"部门"部门组件、"制单人"成员组件、"日期"日期组件、"生产费用分摊编号"单行文本组件、"直接人工合计"数值组件、"辅助材料合计"数值组件、"制造费用合计"数值组件、"折旧费用合计"数值组件、"水电费用合计"数值组件和"其他费用合计"数值组件。

如图 6-48 所示为"生产费用分摊单"分组组件的思维导图,根据思维导图在"生产费用分摊单"分组组件中依次添加"产品入库单号"关联表单组件、"产品编号"单行文本组件、"产品名称"单行文本组件、"规格型号"单行文本组件、"产品数量"数值组件、"直接人工"数值组件、"辅助材料"数值组件、"制造费用"数值组件、"折旧费用"数值组件、"水电费"数值组件和"其他费用"数值组件。

教材讲解
视频

实验讲解
视频

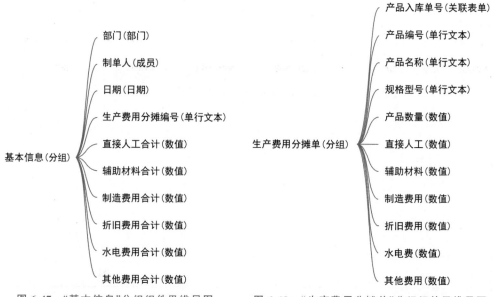

图 6-47　"基本信息"分组组件思维导图　　图 6-48　"生产费用分摊单"分组组件思维导图

1. 表单设计

"制单人"组件的默认值中选择"公式编辑"，公式为"USER()"，默认为当前登录人。"日期"组件的默认值中选择"公式编辑"，公式为"TIMESTAMP(NOW())"。"生产费用分摊编号"组件的状态设置为"只读"，在该组件的默认值中选择"公式编辑"，公式为"CONCATENATE("FYFT-",TIMESTAMP(TODAY()))"。

"产品入库单号"关联表单组件设置其"关联属性"中的"关联表单"为"产品入库"表单。并在"显示设置"中选择主要信息为"产品入库编号"，次要信息为"产品名称"。同时，在组件的关联属性打开"数据填充"功能。设置填充条件，关联表单字段"物料编号"的值填充到当前表单字段"产品编号"，关联表单字段"物料名称"的值填充到当前表单字段"产品名称"，关联表单字段"入库数量"的值填充到当前表单字段"产品数量"，关联表单字段"型号规格"的值填充到当前表单字段"规格型号"。

设置"基本信息"分组中的"生产费用分摊编号"和"生产费用分摊单"分组中的"产品编号""产品名称""规格型号""产品数量""直接人工""辅助材料""制造费用""折旧费用""水电费"和"其他费用"组件的状态为"只读"。"部门""制单人""日期""产品入库单号"组件的校验设置为"必填"。

"直接人工"组件"默认值"属性设置为"公式编辑"，公式为"直接人工合计"/"产品数量"。"辅助材料"组件"默认值"属性设置为"公式编辑"，公式为"辅助材料合计/产品数量"。"制造费用"组件"默认值"属性设置为"公式编辑"，公式为"制造费用合计/产品数量"。"水电费"组件"默认值"属性设置为"公式编辑"，公式为"水电费合计/产品数量"。"其他费用"组件"默认值"属性设置为"公式编辑"，公式为"其他费用合计/产品数量"。

设置完所有组件后，"生产费用分摊"流程表单的"基本信息"分组组件和"生产费用分摊单"分组组件分别如图 6-49 和图 6-50 所示。

2. 流程设计

在表单的流程设计页面"创建新流程"，审批人设置为"部门主管"，选择部门主管为"发起人"的"第 1 级主管"，在部门过滤中选择"跳过无主管的部门"，多人审批方式选择"会签"，单击"保存"按钮确定，"审批人"节点设置如图 6-51 所示。

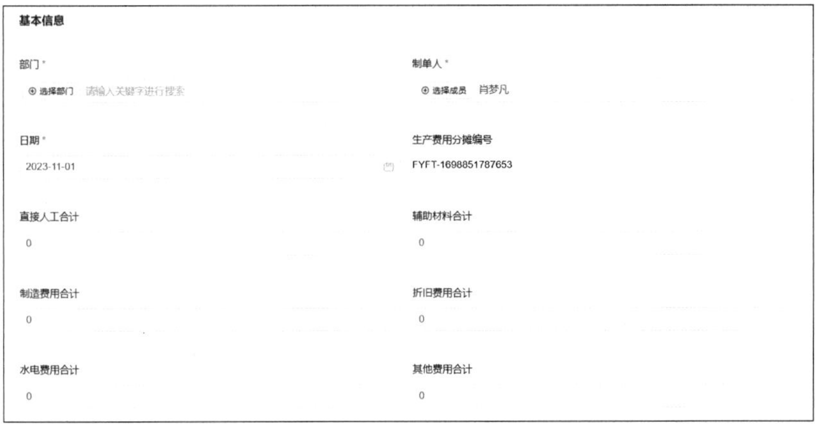

基本信息

部门 *　　　　　　　　　　　　　　　　制单人 *

⊙ 选择部门　请输入关键字进行搜索　　　　　⊙ 选择成员　肖梦凡

日期 *　　　　　　　　　　　　　　　　生产费用分摊编号

2023-11-01　　　　　　　　　　　　　　FYFT-1698851787653

直接人工合计　　　　　　　　　　　　　辅助材料合计

0　　　　　　　　　　　　　　　　　　　0

制造费用合计　　　　　　　　　　　　　折旧费用合计

0　　　　　　　　　　　　　　　　　　　0

水电费用合计　　　　　　　　　　　　　其他费用合计

0　　　　　　　　　　　　　　　　　　　0

图 6-49　"基本信息"分组组件预览效果图

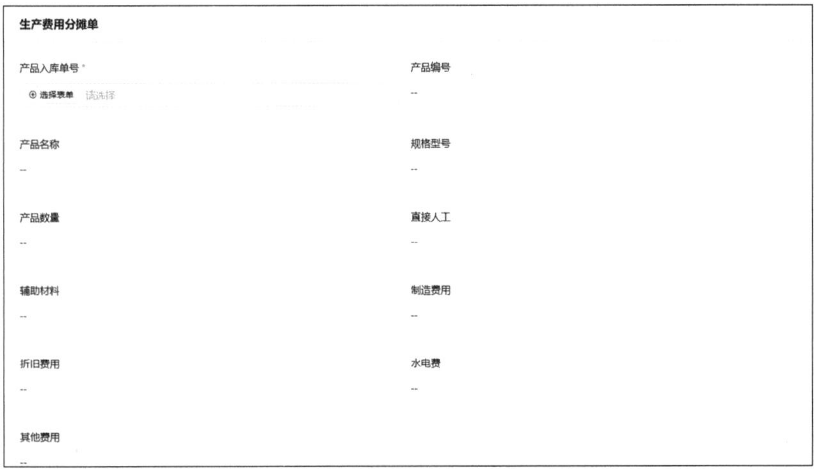

生产费用分摊单

产品入库单号 *　　　　　　　　　　　　产品编号

⊙ 选择表单　请选择　　　　　　　　　　--

产品名称　　　　　　　　　　　　　　　规格型号

--　　　　　　　　　　　　　　　　　　--

产品数量　　　　　　　　　　　　　　　直接人工

--　　　　　　　　　　　　　　　　　　--

辅助材料　　　　　　　　　　　　　　　制造费用

--　　　　　　　　　　　　　　　　　　--

折旧费用　　　　　　　　　　　　　　　水电费

--　　　　　　　　　　　　　　　　　　--

其他费用

--

图 6-50　"生产费用分摊单"分组组件预览效果图

图 6-51　"审批人"节点设置示意图

6.5.2 "生产费用分摊管理"数据管理页

生产费用分摊管理界面能够更好地对生产费用分摊的相关信息进行管理查看。在"生产费用分摊"表单的编辑界面，单击右上角的"生成数据管理页"并设置管理页面的名称为"生产费用分摊管理"，组别为"生产财务管理"，单击"确定"按钮后，即可生成"生产费用分摊管理"数据管理页面，如图6-52所示。

图6-52 "生产费用分摊管理"数据管理页效果图

教材讲解
视频

6.5.3 "生产成本核算"流程表单

"生产成本核算"是一个流程表单，用于将生产费用进行核算。

如图6-53所示为"生产成本核算"流程表单的思维导图，根据思维导图在表单画布中依次添加两个分组组件，分别为"基本信息"分组组件和"生产费用核算单"分组组件。

如图6-54所示为"基本信息"分组组件的思维导图，根据思维导图在"基本信息"分组组件中依次添加"日期"日期组件和"制单人"成员组件。

实验讲解
视频

图6-53 "生产成本核算"流程表单思维导图　　图6-54 "基本信息"分组组件思维导图

如图6-55所示为"生产费用核算单"分组组件的思维导图，根据思维导图在"生产费用核算单"分组组件中依次添加"费用分摊编号"关联表单组件、"产品编号"单行文本组件、"产品名称"单行文本组件、"规格型号"单行文本组件、"产品数量"数值组件、"直接人工"数值组件、"辅助材料"数值组件、"制造费用"数值组件、"折旧费用"数值组件、"水电费"数值组件、"其他费用"数值组件、"材料成本"数值组件和"成本核算"数值组件。

1. 表单设计

"日期"组件的默认值中选择"公式编辑"，公式为"TIMESTAMP(NOW())"。"制单人"组件的默认值中选择"公式编辑"，公式为"USER()"，默认为当前登录人。

"费用分摊编号"关联表单组件设置其"关联属性"中的"关联表单"为"生产费用分摊单"表单。并在"显示设置"中选择主要信息为"生产费用分摊编号"，次要信息为"产品名称"。同时，

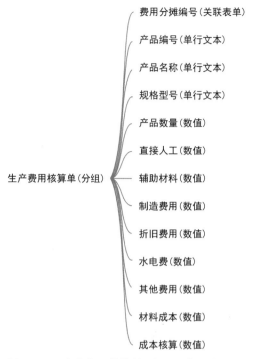

生产费用核算单(分组)
- 费用分摊编号(关联表单)
- 产品编号(单行文本)
- 产品名称(单行文本)
- 规格型号(单行文本)
- 产品数量(数值)
- 直接人工(数值)
- 辅助材料(数值)
- 制造费用(数值)
- 折旧费用(数值)
- 水电费(数值)
- 其他费用(数值)
- 材料成本(数值)
- 成本核算(数值)

图 6-55　"生产费用核算单"分组组件思维导图

在组件的关联属性打开"数据填充"功能。设置填充条件,关联表单字段"产品编号"的值填充到当前表单字段"产品编号",关联表单字段"产品名称"的值填充到当前表单字段"产品名称",关联表单字段"产品数量"的值填充到当前表单字段"产品数量",关联表单字段"型号规格"的值填充到当前表单字段"规格型号",关联表单字段"直接人工"的值填充到当前表单字段"直接人工",关联表单字段"辅助材料"的值填充到当前表单字段"辅助材料",关联表单字段"折旧费用"的值填充到当前表单字段"折旧费用",关联表单字段"水电费"的值填充到当前表单字段"水电费",关联表单字段"其他费用"的值填充到当前表单字段"其他费用",关联表单字段"制造费用"的值填充到当前表单字段"制造费用"。

设置"材料成本"组件内的默认值属性为"数据联动",设置数据关联表为"BOM 单",条件规则为:当"产品"名称等于"物料名称","材料成本"联动显示为"材料成本单价"的对应值。设置"产品编号""产品名称""规格型号""产品数量""直接人工""辅助材料""制造费用""折旧费用""水电费""其他费用""材料成本"和"成本核算"组件的状态为"只读"。"费用分摊编号""制单人""日期"组件的校验设置为"必填"。"生产成本核算"组件"默认值"属性设置为"公式编辑",公式为"SUM(直接人工,辅助材料,制造费用,折旧费用,水电费,其他费用,材料成本)"。

设置完所有组件后,"生产成本核算"流程表单的"基本信息"分组组件和"生产费用核算单"分组组件分别如图 6-56 和图 6-57 所示。

基本信息

日期 *	制单人 *
2022-09-15	选择人员　林诗凡

图 6-56　"基本信息"分组组件预览效果图

图 6-57 "生产费用核算单"分组组件预览效果图

2. 流程设计

在表单的流程设计页面"创建新流程",审批人设置为"部门主管",选择部门主管为"发起人"的"第 1 级主管",在部门过滤中选择"跳过无主管的部门",多人审批方式选择"会签",单击"保存"按钮确定。"审批人"节点设置如图 6-58 所示。

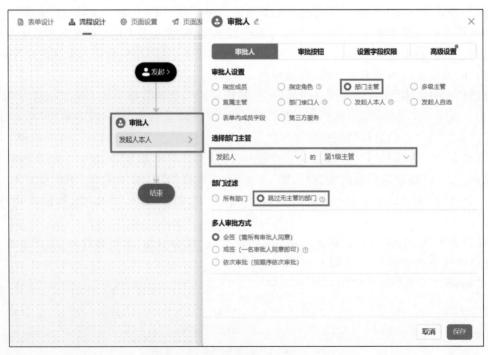

图 6-58 "审批人"节点设置示意图

6.5.4 "生产成本核算管理"数据管理页

生产成本核算管理界面能够更好地对生产成本核算的相关信息进行管理查看。在"生产成本核算"编辑界面,单击右上角的"生成数据管理页"并设置管理页面的名称为"生产成本核算管理"和组别为"生产财务管理",单击"确定"按钮后,即可生成"生产成本核算管理"数据管理页面,如图 6-59 所示。

图 6-59　"生产成本核算管理"数据管理页效果图

6.6 "生产管理系统首页"自定义界面

单击新增自定义页面,选择"工作台模板-01"。如图 6-60 所示,进入编辑页面后,将页面上的大标题改为系统名称"生产管理系统"。在布局方面,将"生产管理系统"分为三个模块,分别为"基本资料管理"模块、"生产管理"模块和"生产财务管理"模块。根据三个模块设置了三个容器,并将各个表单填写在对应的模块容器中。

教材讲解
视频

实验讲解
视频

图 6-60　"生产管理系统首页"自定义界面效果图

第 7 章

总账管理系统

平台上的每一笔交易,都会无形中给财务人员带来巨大的对账压力和成本。总账管理系统能够针对不同的对账主体和对账场景,提供轻松、省心的账务展示、核对和差错处理。确保数据逻辑清晰和账务数据准确,让平台高效完成内部对账、商户对账和渠道对账,降低财务成本。

7.1 "总账管理系统"案例引入

案例——财务报表中的"海水"与"火焰"——康得新的存贷双高问题(吕怀立,李东阳,于晓宇,等,2019)

2001 年 8 月 21 日,康得新复合材料集团股份有限公司(简称"康得新")在江苏省张家港市注册成立,董事长钟玉怀抱着"振兴中国高分子材料行业"的宏伟愿望,决意将康得新打造成为"先进高分子材料平台"。

公司成立之初,康得新就在预涂膜领域开始生产,预涂膜也是第一个大批量生产的产品,经过 10 年的不断发展,康得新在 2010 年成为预涂膜领域的主导企业。2010 年 7 月 16 日,康得新作为全球最大的预涂膜生产商在深圳证券交易所正式上市(股票代码 002450)。当时,康得新成为新材料行业资金规模最大的公司之一,手握巨额资金的康得新信心满满,继续在全球范围内进行产业布局,力争打造一个"全球高分子材料产业帝国"。

2011 年 10 月 9 日,康得新投资 72.3 亿元人民币成立张家港康得新光电材料有限公司,主要从事光学薄膜材料的研究、开发、制造和销售。2013 年 10 月 20 日,康得新斥资 45 亿元用于建设年产高达两亿平方米的光学膜生产线。截至 2018 年年底,康得新已成为全球最大的光学薄膜生产基地,拥有近 150 家国内外客户认证,并向全球 40 多家制造商稳定供货。

为了应对日益增长的需求,康得新在先进高分子材料的基础上进行了产业拓展,将战略版图引入智能显示领域,其中最重要也是最令康得新感到骄傲的,就是它的"裸眼 3D"技术:经过 5 年的研发,康得新整合了菲利普等 800 多项专利技术,在显示端、内容端、应用端三端齐发,最终使其裸眼 3D 技术成功领跑于全球市场。2016 年 1 月,康得新因在裸眼 3D 技术方面取得的突出成就,获得了 CES2016"最佳创新技术奖"。

光学膜和裸眼 3D 的成功给康得新带来了信心和底气,2014 年 11 月 6 日,康得新正式宣布涉足高分子材料行业最顶尖的技术产业——"碳纤维"。在对中安信和康得复材两家子公司投资 80 亿元后,康得集团又分别设立了慕尼黑碳纤维研究中心与雷丁汽车海外研发中心,为了提高碳纤维部件的设计能力,2017 年 9 月,康得集团、康得新和荣成市共同启动了"碳谷计划"，该项目分 5 期建设，总投资 500 亿元，共开发 40 种高性能碳纤维结构。到 2025 年，高性能碳纤维的年产量预计将超过 6.6 万吨，年收入超过 1000 亿元。

2010—2018 年，康得新的发展速度飞快，净利润从 2.7 亿元一跃升到 25 亿元，市值也从上市之初的 52 亿元，一路猛增到 2017 年 11 月 22 日的近 1000 亿元。2017 年，康得新成功上榜福布斯"全球最具创新力百强企业"，成为榜上有名的全球唯一一家高分子材料企业和唯一一家中国企业。同时，还获得了"年度最具持续投资价值上市公司"等诸多荣誉，西南证券、财通证券等大型券商纷纷出示"买入"评级，康得新一时之间风光无限，股价更是一路上扬。

康得新是典型的"白马股"，在 A 股市场有良好的声誉，但在 2019 年 1 月 15 日，康得新突然违约，坐拥 150 亿元货币资金，无法按计划偿还 10 亿元的债务。2019 年 1 月 23 日，康得新以"ST"身份在深交所上市，股价从 27 元/股跌至 10 元/股以下。2019 年 2 月 1 日，康得新的股价跌至历史最低点，即每股 4 元人民币以下，随后康得新千亿市值急剧下降到 200 亿人民币以下，康得新的信用评级被下调，股价跌至最低，存贷双高，并收到各种诉讼，之前辉煌的行业领导者地位一落千丈。

其实，康得新的"崩盘"是有迹可循的。从 2017 年项目签约到 2018 年 12 月 31 日，康得新联合荣成市政府推出"碳谷计划"多次发布公告显示项目进展缓慢；康得集团投资的两家企业中安信和康得复材都没有拿出新的业务发展，没有想象中的乐观；康得新 2016 年注册的康得新碳纤维复合材料有限公司也没有开始正式运营。早在 2018 年 5 月 10 日，证监会就对康得新的资金管理提出了问询函，询问康得新在资金远超经营所需的情况下为何还继续借钱；同年 10 月 28 日，深交所对康得新提出质疑，认为其"股东违规操作，私下统一行动"，没收康得集团控制人、第一大股东钟玉名义持有的约 7564 万元资产；2019 年 1 月 22 日，证监会再次对康得新提出质疑，认为公司账面记录的大笔资金未按时支付是否与财务造假有关。

同时翻读康得新的财务报告可以发现：康得新在拥有巨额账面货币资金的同时，还背负着高达 107 亿元的有息负债，存在"存贷双高"的问题。

康得新不断地在新兴材料领域谋篇布局，进行了一系列大手笔的投资，然而海量投资所需资金远超康得新的自身资金流转能力，康得新只得通过借债来周转。康得新发行的债券大多是为期半年到一年期的短期融资券，但其许多投资项目需要三年甚至是多年的投资回收期。使用短期融资债券等进行长达三年甚至五年的项目资金支持并不是长久之计。

康得新使用借债融资的方式为自己筹得了大量的资金，使其账面货币资金常年维持在较高水平，在 2015—2017 年，货币资金分别达到 100.87 亿元、153.89 亿元、185.04 亿元之多。康得新货币资金占总资产的比例高达 55%，占流动资产的比例达 74%。但与之伴随的是康得新也背负着高额债务，有息负债水平常年维持较高水平，2017 年年末公司持有的有息负债高达 110.05 亿元，占总负债的比例高达 67.79%，占流动负债的比例为 93.79%，属于典型的存贷双高型企业。且在 2016—2018 年三年间，康得新多次披露大股东非经营性占用资金的行为。在短时间内连续被大股东收购，是整个集团陷入流动性危机的明显迹象。鉴于巨大的投资和巨额的债务，康得新也出现了存贷双高的现象。最后，由于康得新母公司及其子公司的关联交易和最大股东的私人收购，点燃了一场债务"大火"。

从"预涂膜"，到"光学膜"，再到"裸眼 3D"和"碳纤维"，自上市以来，康得新持续进行高精尖科技发展，已成为全球高分子复合材料产业链中的重要一员。高额的货币资金给了康得新这一研发先锋、行业龙头应有的"纸上富贵"，然而在战略实施与现金管理中，康得新却出现了自身投资预算不足、母子公司关联交易、大股东资金占用等决策失误，高现金水平伴随着有息负债的增加,康得新的现金储备的"海水"未能扑灭债务的"火焰"。

由上述案例可知,存在"存贷双高"问题会导致企业出现严重的资金流转危机。存贷双高是指报表上的存款和借款余额都维持在比较高的水平,这样的企业资金使用效率比较低。一般来说,在多元化经营的大集团的合并报告中,因为不同的业务板块的营利能力、资金周转周期不同,一些子公司现金流比较充裕,另一些子公司需要通过借款来维持现金流,容易在合并报告中出现存贷双高的情况。为了解决这样的问题,集团的大公司下面设置一些财务公司,通过财务公司加强资金流集中管理,通过集团内的资金调拨来提高资金的使用率,减少存贷双高的情况。当财务报表出现存贷双高,除了提高资金的使用效率之外,还要考虑存贷双高背后的商业合理性问题,要防止存贷双高背后出现的资金占用舞弊的可能性。

可以反映存款与贷款情况的合并财务报表是指由母公司编制的,将母子公司形成的企业集团作为一个会计主体,综合反映企业集团整体财务状况、经营成果和现金流量的报表。在企业数字化转型成为主流趋势的今天,合并报表已经可以通过数字化管理系统汇总系统内的总账信息后自动形成。总账即为总分类账,是根据总分类科目开设账户,用于分类登记单位的全部经济业务事项,提供资产、负债、所有者权益、费用、成本、收入等总括核算的资料。不同于明细账的明细记录,总账是直接一笔汇总,是用于记录并统计经济业务的,根据各个会计科目的内容设置成总分类账,再由总分类账的数据汇总成财务报表用来登记全部经济业务,进行总分类核算。总账所提供的核算资料,是编制会计报表的主要依据,任何单位都必须设置总账。

总账管理用于会计凭证的编制、复核、记账以形成各类会计账表,以及进行辅助核算、编制现金流量报表和合并报表。总账管理是会计信息系统的基础和核心,是整个会计信息系统最基本和最重要的内容,总账管理主要有凭证填制、凭证复核及记账、月末损益结转、辅助核算、形成各类会计账表、编制现金流量表、编制合并报表等步骤。

总账管理系统在整个电算化会计信息系统中处于核心位置,通过凭证的录入,实现了繁杂的纸质账目向电子账目的转变,使得不同的对账主体可随时随地通过平台完成对账工作,带来极大的便利。同时,借助平台使得账目展示更为清晰、准确,大大减轻人员工作负担,借助平台实现总账管理的减本增效。总账管理系统包括基本信息管理模块、凭证录入管理模块、凭证过账管理模块、往来核销管理模块、财务期末结账管理模块这5个部分。业务数据在生成凭证以后,全部归集到总账管理系统进行处理,总账管理系统也可以进行日常的收付款、报销等业务的凭证制单工作,其他财务和业务子系统有关资金的数据最终要归集到总账管理系统中以生成完整的会计账簿。

具体的总账管理流程如下:依据原始单据编制会计凭证,或选择业务系统已生效的单据生成会计凭证后,对会计凭证进行复核和记账,完成凭证处理工作;将当期损益结转至对应的科目并进行辅助核算,包括往来核算、项目核算;会计凭证生效后,即可自动生成总账、科目明细账、科目余额表、往来科目余额表,以及资产负债表、损益表等通用财务报表;通过对会计凭证进行现金流量项目归集、录入抵消分录、调整分录,即可形成现金流量表、合并报表。

7.2 "总账管理系统"总概

教材讲解
视频

实验讲解
视频

本系统由五大模块组成,"基本信息管理"是基础设置,为其他模块提供必要的数据支持。"凭证录入管理"和"凭证过账管理"紧密相连,前者负责凭证的录入和修改,后者确保凭证的正确性和完整性。"往来核销管理"和"财务期末结账管理"是对账和结账的关键环节,确保财务数据的准确性。5个模块共同确保总账管理的高效准确。图7-1为"总账管理系统"思维导图。

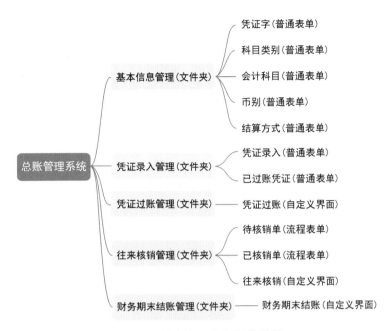

图 7-1 "总账管理系统"思维导图

7.3 "基本信息管理"子模块

教材讲解
视频

基本信息管理是财务管理系统中的重要模块,用于管理和维护公司的总账基本信息。通过总账基本信息管理模块,能够对公司的总账数据进行有效管理和维护,确保财务数据的准确性和可靠性。同时,可以方便地生成需要的财务报告,提供给管理层和其他利益相关者进行决策和分析。"基本信息管理"子模块主要进行"凭证字""科目类别""会计科目""币别"和"结算方式"的数据录入,为后续的凭证录入、过账、核销和结算等操作提供了基础。基本信息管理的思维导图如图 7-2 所示。

实验讲解
视频

图 7-2 "基本信息管理"子模块思维导图

创建一个分组,将其命名为"基本信息",分组创建效果如图 7-3 所示。

图 7-3 "基本信息"分组创建示意图

7.3.1 "凭证字"普通表单

"凭证字"作为"凭证录入"中的一个底表，是"凭证录入"表单中的一个重要字段。考虑到企业在凭证录入时有新增"凭证字"的需求，添加了"凭证字"表单。

如图 7-4 所示为"凭证字"普通表单思维导图，根据思维导图在表单画布中依次添加"编号"单行文本组件、"凭证字"单行文本组件和"备注"单行文本组件。

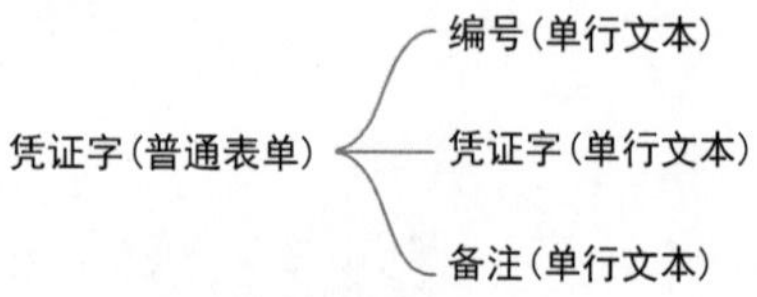

"编号"组件的状态设置为"只读"，在该组件的默认值中选择"公式编辑"，公式为 CONCATENATE("PNZ-",TIMESTAMP(TODAY()))。"凭证字"组件的校验设置为"必填"。

图 7-4　"凭证字"普通表单思维导图

设置完所有组件后，"凭证字"普通表单效果图如图 7-5 所示。

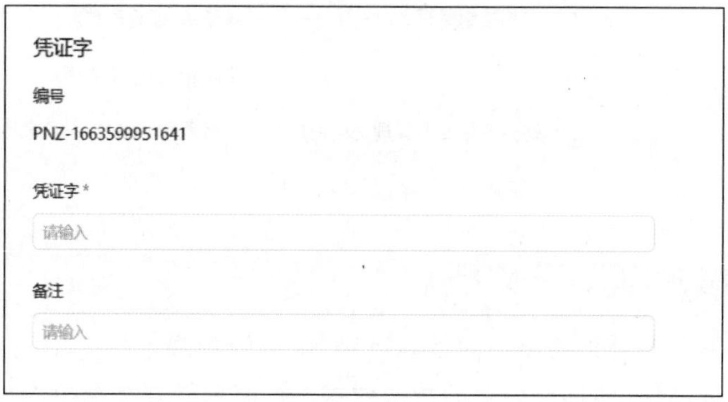

图 7-5　"凭证字"普通表单效果图

7.3.2 "凭证字管理"数据管理页

凭证字管理界面能够更好地对凭证字的相关信息进行管理编辑查看。在"凭证字"表单的编辑界面，单击右上角的"生成数据管理页"并设置管理页面的名称为"凭证字管理"，组别为"基本信息管理"，单击"确定"按钮后，即可生成"凭证字管理"数据管理页，如图 7-6 所示。

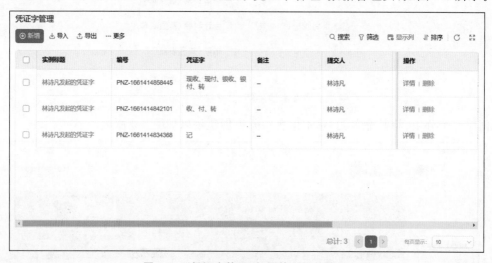

图 7-6　"凭证字管理"数据管理页效果图

7.3.3 “科目类别”普通表单

“科目类别”作为“会计科目”中的一个底表，是“会计科目”表单中的一个重要字段。考虑到企业在会计科目录入时有新增“科目类别”的需求，添加了“科目类别”表单。

如图 7-7 所示为“科目类别”普通表单思维导图，根据思维导图在表单画布中依次添加“编号”单行文本组件、“科目类别”单行文本组件和“备注”单行文本组件。

编号(单行文本)
科目类别(普通表单)
科目类别(单行文本)
备注(单行文本)

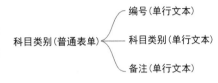

图 7-7 “科目类别”普通表单思维导图

“编号”组件的状态设置为“只读”，在该组件的默认值中选择“公式编辑”，公式为 CONCATENATE("KMLB-",TIMESTAMP(TODAY()))。“科目类别”组件的校验设置为“必填”。

设置完所有组件后，“科目类别”普通表单效果图如图 7-8 所示。

科目类别
编号
KMLB-1663600319611
科目类别 *
请输入
备注
请输入

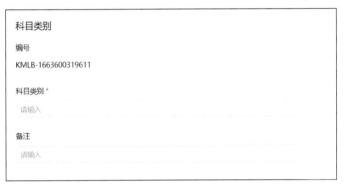

图 7-8 “科目类别”普通表单效果图

7.3.4 “科目类别管理”数据管理页

科目类别管理界面能够更好地对科目类别的相关信息进行管理编辑查看。在“科目类别”表单的编辑界面，单击右上角的“生成数据管理页”并设置管理页面的名称为“科目类别管理”，组别为“基本信息管理”，单击“确定”按钮后，即可生成“科目类别管理”数据管理页，如图 7-9 所示。

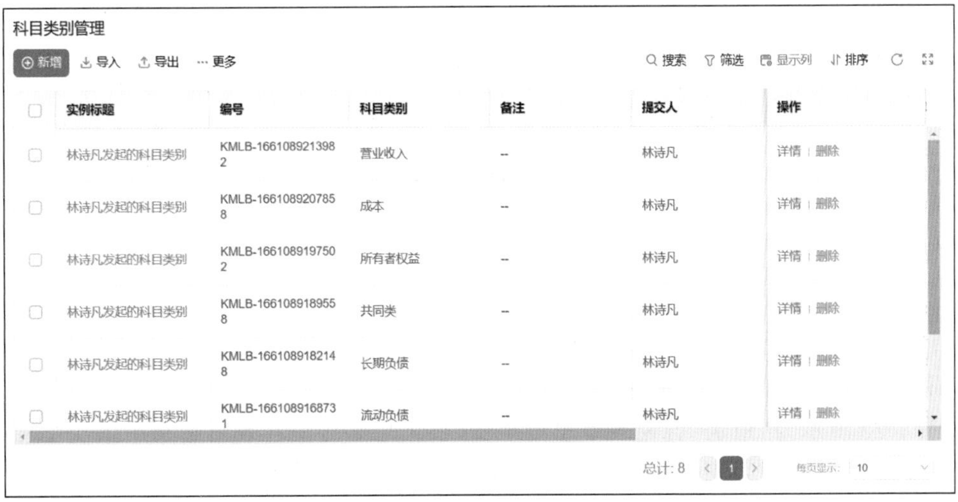

科目类别管理
新增
导入
导出
··· 更多
搜索
筛选
显示列
排序
实例标题
编号
科目类别
备注
提交人
操作
林诗凡发起的科目类别
KMLB-1661089213982
营业收入
--
林诗凡
详情 | 删除
林诗凡发起的科目类别
KMLB-1661089207858
成本
--
林诗凡
详情 | 删除
林诗凡发起的科目类别
KMLB-1661089197502
所有者权益
--
林诗凡
详情 | 删除
林诗凡发起的科目类别
KMLB-1661089189558
共同类
--
林诗凡
详情 | 删除
林诗凡发起的科目类别
KMLB-1661089182148
长期负债
--
林诗凡
详情 | 删除
林诗凡发起的科目类别
KMLB-1661089168731
流动负债
--
林诗凡
详情 | 删除
总计: 8
1
每页显示:
10

图 7-9 “科目类别管理”数据管理页效果图

7.3.5 "会计科目"普通表单

"会计科目"作为"凭证录入"中的一个底表，是"凭证录入"表单中的一个重要字段。考虑到企业在凭证录入时有新增"会计科目"的需求，添加了"会计科目"表单。

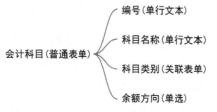

图 7-10 "会计科目"普通表单思维导图

如图 7-10 所示为"会计科目"普通表单思维导图，根据思维导图在表单画布中依次添加"编号"单行文本组件、"科目名称"单行文本组件、"科目类别"关联表单组件和"余额方向"单选组件。

"编号"组件的状态设置为"只读"，在该组件的默认值中选择"公式编辑"，公式为"CONCATENATE（"KM-"，TIMESTAMP（TODAY（）））"。"科目名称""余额方向"组件的校验设置为"必填"。"科目类别"关联表单组件设置其"关联属性"中的"关联表单"为"科目类别"表单。并在"显示设置"中选择主要信息为"科目类别"，次要信息为"编号"。"余额方向"组件的自定义选项设置为"借"和"贷"两项。

设置完所有组件后，"会计科目"普通表单效果图如图 7-11 所示。

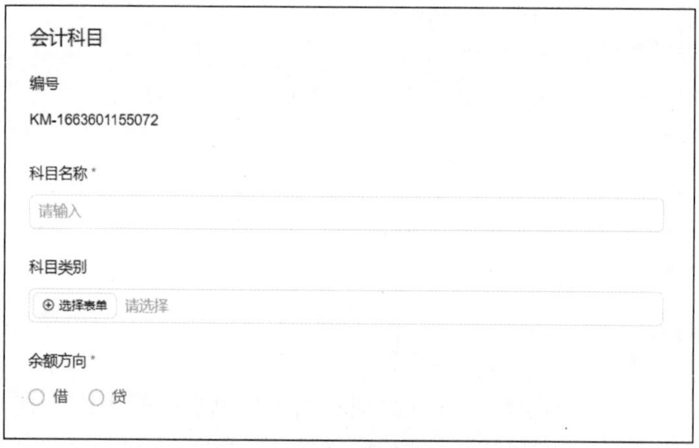

会计科目

编号

KM-1663601155072

科目名称 *

请输入

科目类别

⊕ 选择表单 请选择

余额方向 *

○ 借 ○ 贷

图 7-11 "会计科目"普通表单效果图

7.3.6 "会计科目管理"数据管理页

会计科目管理界面能够更好地对会计科目的相关信息进行管理编辑查看。在"会计科目"表单的编辑界面，单击右上角的"生成数据管理页"并设置管理页面的名称为"会计科目管理"，组别为"基本信息管理"，单击"确定"按钮后，即可生成"会计科目管理"数据管理页，如图 7-12 所示。

7.3.7 "币别"普通表单

"币别"作为"凭证录入"中的一个底表，是"凭证录入"表单中的一个重要字段。考虑到企业在凭证录入时有新增"币别"的需求，添加了"币别"表单。

如图 7-13 所示为"币别"普通表单思维导图，根据思维导图在表单画布中依次添加"币别代码"单行文本组件和"币别名称"单行文本组件。

"币别代码"和"币别名称"组件的校验设置为"必填"。

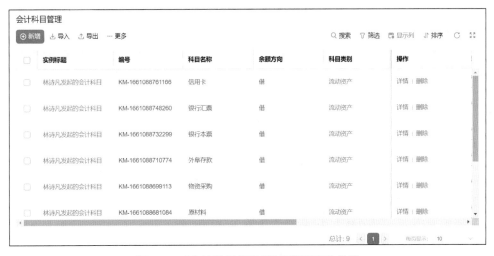

图 7-12　"会计科目管理"数据管理页效果图

设置完所有组件后,"币别"普通表单效果图如图 7-14 所示。

图 7-13　"币别"普通表单思维导图　　　　　　图 7-14　"币别"普通表单效果图

7.3.8　"币别管理"数据管理页

币别管理界面能够更好地对会计科目的相关信息进行管理编辑查看。在"币别"表单的编辑界面,单击右上角的"生成数据管理页"并设置管理页面的名称为"币别管理",组别为"基本信息管理",单击"确定"按钮后,即可生成"币别管理"数据管理页,如图 7-15 所示。

图 7-15　"币别管理"数据管理页效果图

7.3.9 "结算方式"普通表单

"结算方式"作为"凭证录入"中的一个底表,是"凭证录入"表单中的一个重要字段。考虑到企业在凭证录入时有新增"结算方式"的需求,添加了"结算方式"表单。

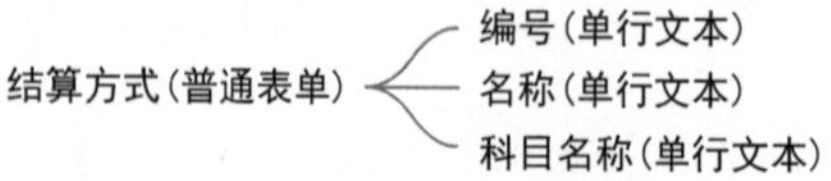

结算方式(普通表单) —— 编号(单行文本)
              —— 名称(单行文本)
              —— 科目名称(单行文本)

图 7-16 "结算方式"普通表单思维导图

如图 7-16 所示为"结算方式"普通表单思维导图,根据思维导图在表单画布中依次添加"编号"单行文本组件、"科目名称"单行文本组件和"名称"单行文本组件。

"编号"组件的状态设置为"只读",在该组件的默认值中选择"公式编辑",公式为"CONCATENATE ("JF-", TIMESTAMP(TODAY()))"。"名称"组件的校验设置为"必填"。

设置完所有组件后,"结算方式"普通表单效果如图 7-17 所示。

图 7-17 "结算方式"普通表单效果图

7.3.10 "结算方式管理"数据管理页

结算方式管理界面能够更好地对结算方式的相关信息进行管理编辑查看。在"结算方式"表单的编辑界面,单击右上角的"生成数据管理页"并设置管理页面的名称为"结算方式管理",组别为"基本信息管理",单击"确定"按钮后,即可生成"结算方式管理"数据管理页,如图 7-18 所示。

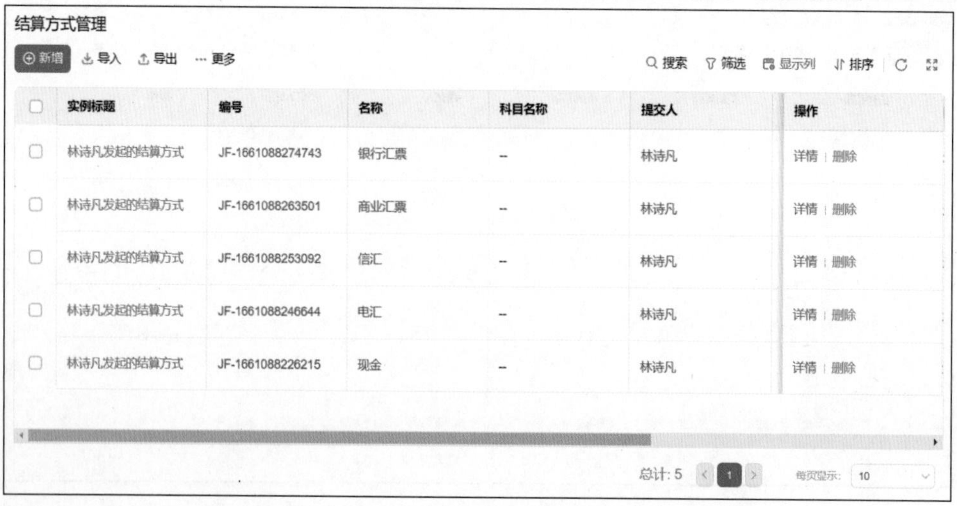

图 7-18 "结算方式管理"数据管理页效果图

7.4 "凭证录入管理"子模块

该模块中,一旦凭证数据被成功录入,系统就会将这些凭证标记为"已过账凭证"。这一状态的变化代表凭证经过了必要的审核和确认流程,可以被正式纳入账务处理中。"凭证录入管理"的思维导图如图 7-19 所示。

凭证录入管理(文件夹) ⟨ 凭证录入(普通表单) / 已过账凭证(普通表单)

图 7-19 "凭证录入管理"子模块思维导图

创建一个分组,将其命名为"凭证录入",分组创建效果如图 7-20 所示。

图 7-20 "凭证录入"分组创建效果

7.4.1 "凭证录入"普通表单

"凭证录入"表单为"凭证录入管理"子模块的最基础的表单,用于记录管理凭证的相关信息。

如图 7-21 所示为"凭证录入"普通表单思维导图,根据思维导图在表单画布中依次添加"日期"日期组件、"会计期间"单行文本组件、"凭证字号"单行文本组件、"摘要"下拉单选组件、"科目编号"关联表单组件、"科目名称"单行文本组件、"币别"关联表单组件、"结算方式"关联表单组件、"借方"数值组件、"贷方"数值组件、"制单人"成员组件、"经办"单行文本组件和"批注"单行文本组件。

"日期"组件的默认值中选择"公式编辑",公式为"TIMESTAMP(NOW())"。"摘要"组件的自定义选项设置为"采购发票凭证记录""采购入库""产品入库""销售出库""生产领料""其他出入库""仓库调拨""销售收入"和"费用分摊"9 项。

"科目编号"关联表单组件设置其"关联属性"中的"关联表单"为"会计科目"表单。并在"显示设置"中选择主要信息为"编号",次要信息为"科目名称",设置填充条件,关联表单字段"科目名称"的值填充到当前表单字段"科目名称"。"币别"关联表单组件设置其"关联属

教材讲解
视频

实验讲解
视频

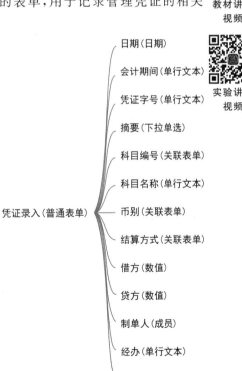

日期(日期)

会计期间(单行文本)

凭证字号(单行文本)

摘要(下拉单选)

科目编号(关联表单)

科目名称(单行文本)

凭证录入(普通表单) ── 币别(关联表单)

结算方式(关联表单)

借方(数值)

贷方(数值)

制单人(成员)

经办(单行文本)

批注(单行文本)

图 7-21 "凭证录入"普通表单思维导图

性"中的"关联表单"为"币别"表单。并在"显示设置"中选择主要信息为"币别名称",次要信息为"币别代码"。"结算方式"关联表单组件设置其"关联属性"中的"关联表单"为"结算方式"表单。并在"显示设置"中选择主要信息为"名称",次要信息为"编号"。

设置"借方"和"贷方"数值组件的小数位数为"2"。"制单人"组件的默认值中选择"公式编辑",公式为"USER()",默认为当前登录人。

设置完所有组件后,"凭证录入"普通表单效果图如图 7-22 所示。

图 7-22 "凭证录入"普通表单效果图

7.4.2 "凭证录入管理"数据管理页

凭证录入管理界面能够更好地对凭证的相关信息进行管理编辑查看。在"凭证录入"表单的编辑界面,单击右上角的"生成数据管理页"并设置管理页面的名称为"凭证录入管理",组别为"凭证录入管理",单击"确定"按钮后,即可生成"凭证录入管理"数据管理页,如图 7-23 所示。

图 7-23 "凭证录入管理"数据管理页效果图

7.4.3 "已过账凭证"普通表单

已过账凭证用于录入已过账凭证的相关资料,其字段组件与"凭证录入"表单保持一致,无须重复编写。在系统的菜单栏,如图 7-24 所示,将鼠标移至"凭证录入"表单的"设置"图标上,单击"复制"选项。如图 7-25 所示,修改页面名称为"已过账凭证",选择分组为"凭证录入",即可完成已过账凭证表单的开发。

图 7-24　"复制表单"操作示意图(一)

图 7-25　"复制表单"操作示意图(二)

"已过账凭证"普通表单效果图如图 7-26 所示。

图 7-26　"已过账凭证"普通表单效果图

7.4.4　"已过账凭证管理"数据管理页

已过账凭证管理界面能够更好地对已过账凭证的相关信息进行管理编辑查看。在"已过账凭证"表单的编辑界面,单击右上角的"生成数据管理页"并设置管理页面的名称为"已过账凭证管理"和组别为"凭证录入管理",单击"确定"按钮后,即可生成"已过账凭证管理"数据管理页,如图 7-27 所示。

图 7-27 "已过账凭证管理"数据管理页效果图

教材讲解
视频

实验讲解
视频

7.5 "凭证过账管理"子模块

"凭证过账管理"通过自定义界面实现凭证过账处理,可以清晰地看到待过账和已过账凭证。"凭证过账管理"思维导图如图 7-28 所示。

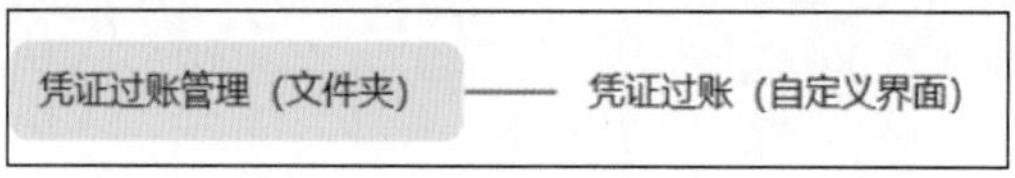

图 7-28 "凭证过账管理"子模块思维导图

创建一个分组,将其命名为"凭证过账",分组创建效果图如图 7-29 所示。

图 7-29 "凭证过账"分组创建效果图

"凭证过账"自定义界面用于过账人员将录入的凭证进行审查过账,该界面会将凭证录入人员录入的凭证展示在"待过账"表格中,过账人员审核完一条凭证,就可以单击"待过账"表格左侧的"单行选择器",这时"待过账"表格中的这条凭证就会自动录入到"已过账"表格中并在"待过账"表格中进行删除。

1. 组件设计

如图 7-30 所示为"凭证过账"自定义界面思维导图,自定义界面包括"首页-Banner 版头-01"区块模板组件、"待过账"分组组件和"已过账"分组组件,每个分组组件中各有一个表格组件,用于展示"凭证录入"表单和"已过账凭证"表单中的数据。

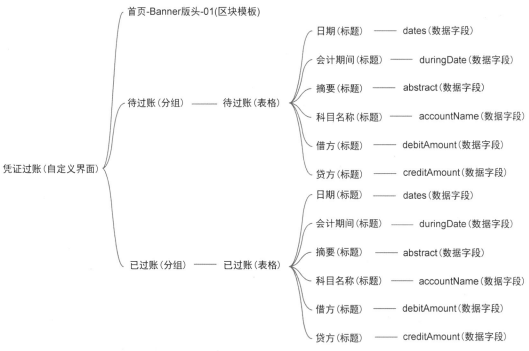

图 7-30　"凭证过账"自定义界面思维导图

2. 版头设计

在"总账管理子系统"编辑界面新增"自定义界面",单击"从空白创建"。在自定义界面的左侧菜单栏选择"区块模板",在区块模板区的标签中选中"版头"标签,选择第一个版头模板"首屏-Banner 版头-01",如图 7-31 所示。

图 7-31　选择版头模块

删除版头区块模板中不需要的部分,将版头上的大标题改为"凭证过账",并在版头"区块模块"的样式栏中单击"源码编辑",更改 min-height 的值为 200px,并设置样式栏的"高"属性值为 200px,如图 7-32 所示。

图 7-32　修改版头样式

操作完所有步骤后,"首屏-Banner 版头-01"版头如图 7-33 所示。

图 7-33　"首屏-Banner 版头-01"版头预览效果图

3. "待过账"分组

将一个"分组"组件选入画布中,设置分组组件的"分组标题"为"待过账",并在"待过账"分组中添加"表格"组件;设置表格数据列,在标题列依次填入"日期""会计期间""摘要""科目名称""借方""贷方"标题;在数据字段列依次填入"dates""duringDate""abstract""accountName""debitAmount""creditAmount"数据字段,如图 7-34 所示。

图 7-34　设置表格数据列

如图 7-35 所示,在自定义界面的左侧菜单栏选择"数据源",在数据源区单击"添加"按钮,选择"新建远程 API",设置远程 API 名称为"getDates",请求地址设置为"/dingtalk/web/APP_SAEC5E23Y68FJPCXI5ED/v1/form/searchFormDatas.json"。

其中,"APP_SAEC5E23Y68FJPCXI5ED"为本应用的"应用编码",读者在设置时需要替换为正在操作的应用的"应用编码",如图 7-36 所示,可在系统的编辑态导航栏中选择"应用设置",在右侧的菜单栏中选择"部署运维",可在部署运维界面找到本应用的"应用编码"。

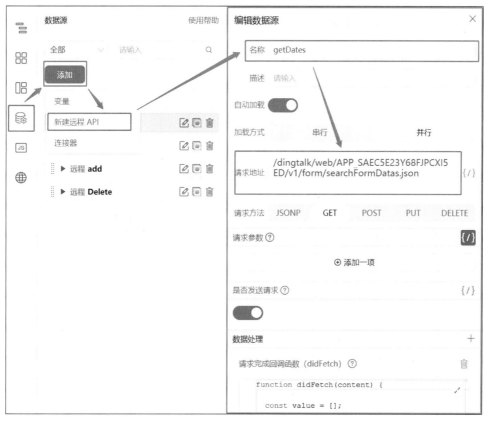

图 7-35　"添加数据源"操作示意图

图 7-36　"应用编码"示意图

接下来回到编辑数据源界面，如图 7-37 所示，单击"请求参数"栏右侧的小图标"使用变量"。

弹出"变量绑定"对话框，如图 7-38 所示，在"变量"框中写入如下代码。

```
1. {
2. formUuid:"FORM − AKA66FB1AWY41E4VENBXJA231LM82E3J9NW9L4P1",
3. currentPage:1,
4. pageSize:5
5. }
```

其中，"FORM-MFA66S91JQ63B33LD0XWC74XI7613DYJV927LE"为"待过账"表格中需要调用的"凭证录入"表单的"页面编码"，指定表单的"页面编码"同样在本应用的"运维部

图 7-37　数据源变量绑定操作(一)

图 7-38　数据源变量绑定操作(二)

署"界面可以找到,读者在设置时需要替换为正在操作的应用对应表单的"页面编码"。

　　回到数据源编辑界面,如图 7-39 所示,单击"数据处理"栏右侧的加号小图标,选择"请求完成回调函数(didFetch)",在下面的代码框中写入如下代码。

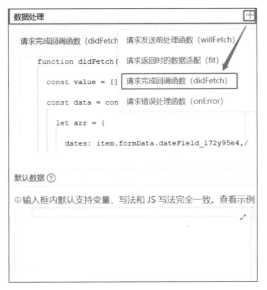

图 7-39　"设置数据源数据处理"操作示意图

```
 1. functiondidFetch(content){
 2. constvalue=[];
 3. constdata=content.data.map((item)=>{
 4. letarr={
 5.   dates:item.formData.dateField_172y95e4,      //将对应表单的单模块标识填入其中
 6.   duringDate:item.formData.textField_172y95e5,  //将对应表单的单模块标识填入其中
 7.   abstract:item.formData.selectField_172y95e8,  //将对应表单的单模块标识填入其中
 8.   accountName:item.formData.textField_172y95ea, //将对应表单的单模块标识填入其中
 9.   debitAmount:item.formData.numberField_172y95eg,//将对应表单的单模块标识填入其中
10.   creditAmount:item.formData.numberField_172y95eh,
11.   instid:item.formInstId
12.  }
13.  value.push(arr);
14.  console.log(arr);
15. })
16. letresult={
17.  "data":value,
18.  "currentPage":content.currentPage,
19.  "totalCount":content.totalCount
20. }
21. returnresult;                               //重要,需返回 content
22. }
```

arr 对象中,右侧的属性为在表格"数据列"中设置的"数据字段",左侧为对应表单中对应字段的唯一标识。以"dates:item.formData.dateField_172y95e4"为例,其中,"dates"为在表格数据列中设置的标题名为"日期"的数据字段,"dateField_172y95e4"为"凭证录入"表单中"日期"组件的唯一标识。

在"待过账"表格右侧的数据源中单击右侧的"变量绑定"小图标,如图 7-40 所示,在弹出的"变量绑定"框中选择前面设置好的数据源 state.getDates,并设置表格主键为 instid。

这样,就可以在"待过账"表格中展示出"凭证录入"表单中的数据,如图 7-41 所示。

图 7-40 表格绑定数据源

图 7-41 "待过账"分组预览效果图

4. "已过账"分组

"已过账"分组的操作步骤与"待过账"分组的操作步骤一致,这里交由读者自行完成。"已过账"表格中展示的是"已过账凭证"表单中的数据,如图 7-42 所示。

图 7-42 "已过账"分组预览效果图

5. "过账"操作

前面提到本系统的"过账"操作是通过单击"待过账"表格中某一条凭证最前面的"单行选择器"使得该凭证数据在"待过账"表格中消失,并在"已过账"表格中出现。

准备工作,新建"add"远程 API,用于在表单中插入数据,如图 7-43 所示,关闭"自动加载",设置请求地址为"/dingtalk/web/APP_SAEC5E23Y68FJPCXI5ED/v1/form/saveFormData.json";注意更改其中的"应用编码",设置请求方式为 Post。新建"Delete"远程 API,用于在表单中删除数据,关闭"自动加载",设置请求地址为"/dingtalk/web/APP_SAEC5E23Y68FJPCXI5ED/v1/form/deleteFormData.json";注意更改其中的"应用编码",设置请求方式为"Post"。

图 7-43 添加数据源

单击"待过账"表格右侧的行选择器,开启"显示"模式,选择类型为"单行",如图 7-44 所示,在下面的"单行选择回调"中绑定动作,在 onSelect 函数中编写如下代码。

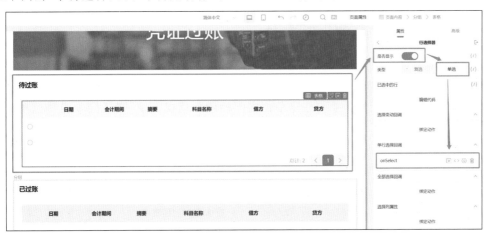

图 7-44 设置单行选调

```
1. exportfunctiononSelect(selected,rowData,selectedRows){
2. console.log(selected,rowData,selectedRows);
3. if(selected){
4. constdata1 = {
5. //右侧为"已过账凭证"表单中对应组件的唯一标识
6. dateField_l72y95e4:rowData.dates,
7. textField_l72y95e5:rowData.duringDate,
8. selectField_l72y95e8:rowData.abstract,
9. textField_l72y95ea:rowData.accountName,
10. numberField_l72y95eg:rowData.debitAmount,
11. numberField_l72y95eh:rowData.creditAmount,
```

```
12. }
13. constparam = {
14. //"已过账凭证"表单的"页面编码"
15. formUuid:"FORM－AKA66FB1AWY41E4VENBXJA231LM82E3J9NW9L4P1",
16. //本应用的"应用编码"
17. appType:"APP_SAEC5E23Y68FJPCXI5ED",
18. formDataJson:JSON.stringify(data1)
19. }
20. //add 为新增表单数据的远程 API
21. this.dataSourceMap["add"].load(param);
22. setTimeout(() = >{
23. //getDates2 为"已过账"表格中绑定的数据源
24. this.dataSourceMap['getDates2'].load();
25. },1000);
26. constid = rowData.instid;
27. constparam2 = {
28. formInstId:id,
29. }
30. //Delete 为删除表单数据的远程 API
31. this.dataSourceMap['Delete'].load(param2);
32. setTimeout(() = >{
33. this.dataSourceMap['getDates'].load();
34. },1000);
35. }
36. }
```

7.6 "往来核销管理"子模块

往来核销管理子模块是一个财务管理系统中的重要组成部分,主要用于管理和核销企业与客户、供应商或其他往来单位之间的债务和债权关系。通过往来核销管理子模块,财务人员可以更加方便和准确地管理企业与往来单位之间的债务债权关系,实现应收应付款项的核销处理和记录。"待核销单"是需要进行核销处理的单据,代表未完结的往来业务。"已核销单"是已经完成核销的单据,表示该往来业务已完结。"往来核销"则是处理往来业务的核销操作,将"待核销单"转换为"已核销单",确保应收账款与应付账款之间的正确匹配和冲销。往来核销管理的思维导图如图 7-45 所示。

图 7-45 "往来核销管理"子模块思维导图

创建一个分组,将其命名为"往来核销",分组创建效果如图 7-46 所示。

7.6.1 "待核销单"流程表单

"待核销单"为一个流程表单,用于录入待核销账单的相关信息。

如图 7-47 所示为"待核销单"流程表单的思维导图,根据思维导图在表单画布中依次添加"客户"单行文本组件、"业务编号"单行文本组件、"业务日期"日期组件、"凭证字"下拉单选组件、"摘要"下拉单选组件、"总金额"数值组件、"未核销金额"数值组件、"本次核销金额"数值组

图 7-46 "往来核销"分组创建示意图

件和"核销员"成员组件。

1. 表单设计

"凭证字"下拉单选组件的"选项类型"属性设置为"关联其他表单数据",在"关联表单数据"属性设置关联表单为"凭证字",设置显示字段为"凭证字"。"摘要"组件的自定义选项设置为"采购发票凭证记录""采购入库""产品入库""销售出库""生产领料""其他出入库""仓库调拨""销售收入""费用分摊"9项。设置"总金额""未核销金额"和"本次核销金额"数值组件的小数位数为 2 位。"客户""业务日期""凭证字""摘要""总金额""未核销金额""本次核销金额"和"核销员"组件的校验设置为"必填"。"核销员"组件的默认值中选择"公式编辑",公式为"USER()",默认为当前登录人。

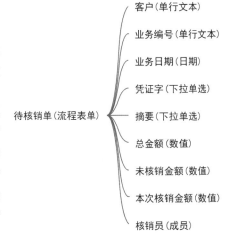

图 7-47 "待核销单"流程表单思维导图

设置完所有组件后,"待核销单"流程表单如图 7-48 所示。

图 7-48 "待核销单"流程表单效果图

2. 流程设计

在表单的流程设计页面"创建新流程",审批人设置为"部门主管",选择部门主管为"发起人"的"第 1 级主管",在部门过滤中选择"跳过无主管的部门",多人审批方式选择"会签",单击

"保存"按钮确定,"审批人"节点设置如图 7-49 所示。

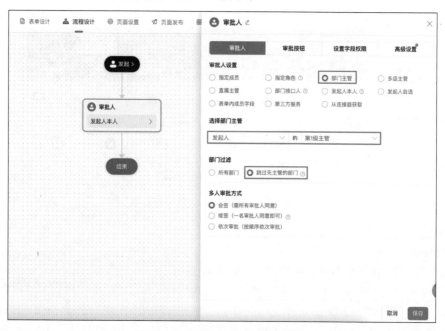

图 7-49　"审批人"节点设置示意图

7.6.2　"待核销单管理"数据管理页

待核销单管理界面能够更好地对待核销单的相关信息进行管理编辑查看。在"待核销单"表单的编辑界面,单击右上角的"生成数据管理页"并设置管理页面的名称为"待核销单管理"和组别为"往来核销管理",单击"确定"按钮后,即可生成"待核销单管理"数据管理页,如图 7-50 所示。

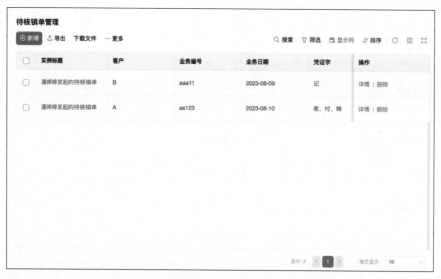

教材讲解
视频

实验讲解
视频

图 7-50　"待核销单管理"数据管理页效果图

7.6.3　"已核销单"流程表单

已核销单用于记录管理已核销单的相关资料,其字段组件与待核销单保持一致,无须重复编写。在系统的菜单栏,将鼠标移至"待核销单"表单的"设置"图标上,单击"复制",修改页面名称为"已核销单",选择分组为"往来核销",即可完成已过账凭证表单的开发,"已核销单"流程表单效果如图 7-51 所示。

图 7-51 "已核销单"流程表单效果图

7.6.4 "已核销单管理"数据管理页

已核销单管理界面能够更好地对已核销单的相关信息进行管理编辑查看。在"已核销单"表单的编辑界面,单击右上角的"生成数据管理页"并设置管理页面的名称为"已核销单管理"和组别为"往来核销管理",单击"确定"按钮后,即可生成"已核销单管理"数据管理页,如图 7-52 所示。

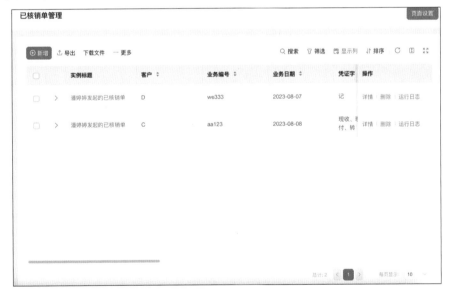

图 7-52 "已核销单管理"数据管理页效果图

7.6.5 "往来核销"自定义界面

"往来核销"自定义界面用于核销人员将待核销单进行审查核销,该界面会将"待核销单"中的数据展示在"待核销"表格中,核销人员核销完一笔金额,可以单击表格中的"核销"按钮,此时,"待核销"表格中的数据会根据核销的金额发生变化。当待核销金额为 0 时,就可以单击

教材讲解
视频

实验讲解
视频

"待核销"表格左侧的"单行选择器",这时"待核销"表格中的这条数据就会自动录入到"已核销"表格中并在"待核销"表格中进行删除。

1. 组件设计

如图 7-53 所示为"往来核销"自定义界面的思维导图,自定义界面包括"首页-Banner 版头-01"区块模板组件、"修改内容"对话框组件、"待核销"分组组件和"已核销"分组组件。每个分组组件中各有一个表格组件,用于展示"待核销单"表单和"已核销单"表单中的数据。

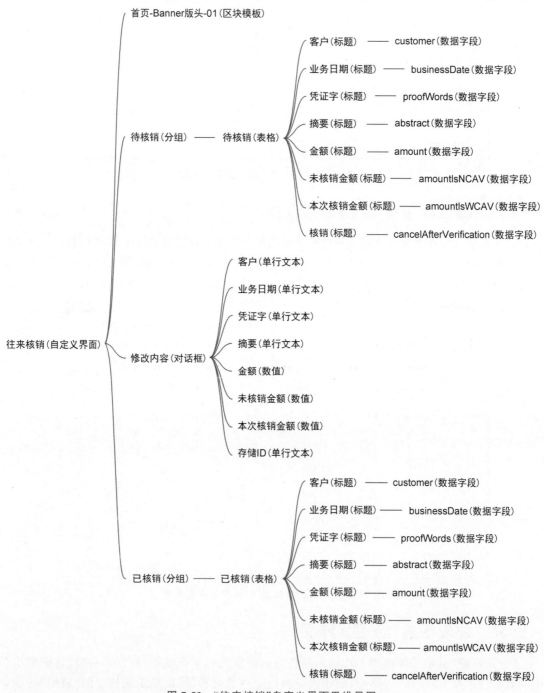

图 7-53 "往来核销"自定义界面思维导图

2. 版头设计

在"总账管理子系统"编辑界面新增"自定义界面",单击"从空白创建"。在自定义界面的左侧菜单栏选择"区块模板",在区块模板区的标签中选中"版头"标签,选择第一个版头模板"首屏-Banner 版头-01"。

删除版头区块模板中不需要的部分,将版头上的大标题改为"往来核销",并在版头"区块模板"的样式栏中单击"源码编辑",更改 min-height 的值为 200px,并设置样式栏的"高"属性值为 200px。

操作完所有步骤后,"首屏-Banner 版头-01"版头如图 7-54 所示。

图 7-54　"首屏-Banner 版头-01"版头示意图

3. "待核销"分组

将一个"分组"组件选入画布中,设置分组组件的"分组标题"为"待核销",并在"待过账"分组中添加一个"表格"组件。设置表格数据列,在标题列依次填入"客户""业务日期""凭证字""摘要""金额""未核销金额""本次核销金额""核销"标题。在数据字段里依次填入"customer""businessDate""proofWords""abstract""amount""amountIsNCAV""amountIsWCAV""cancelAfterVerification"数据字段。

编辑"数据字段"的相关属性,customer 字段的数据类型设置为"文本",businessDate 字段的数据类型设置为"时间",proofWords 字段的数据类型设置为"文本",abstract 字段的数据类型设置为"文本",amount 字段的数据类型设置为"金额",amountIsNCAV 字段的数据类型设置为"金额",amountIsWCAV 字段的数据类型设置为"金额",cancelAfterVerification 字段的数据类型设置为"自定义"。

特别地,为了实现能够单击"核销"按钮后,对"待核销金额"进行核销,添加了cancelAfterVerification 自定义类型的数据字段。在 cancelAfterVerification 字段的编辑界面的"内容定制渲染"的绑定动作函数 renderCellButton 中写入如下代码。

```
1.  exportfunctionrenderCellButton(value,index,rowData){
2.  console.log(rowData);
3.  //事件处理函数
4.  consthexiao = () =>{
5.  constamountIsNCAV = rowData.amountIsNCAV;
6.  constamountIsWCAV = rowData.amountIsWCAV;
7.  constdifference = amountIsNCAV − amountIsWCAV;
8.  //校验
9.  if(difference < 0){
10. this.utils.toast({
11. title:'本次核销金额大于待核销金额,无法核销!请检查数据是否输入错误并进行修改!',
    //'success','warning','error','notice','help','loading'
12. type:'error',
13. size:'large',
14. });
15. }else{
```

```
16.  //核销操作,amountIsNCAV - amountIsWCAV,将差值赋值给 amountIsNCAV,将 amountIsWCAV 值赋值
     //为 0
17.  //一个更新表单数据的操作
18.  //弹窗提醒是否要核销
19.  this.utils.dialog({
20.  method:'confirm',//'alert','confirm','show'
21.  title:'确认核销',
22.  content:`核销后无法撤销,请确认核销金额是否为 ${rowData.amountIsWCAV},是否确认核销?`,
     //如需换行可传入 HTML/JSX 来实现
23.  onOk:() =>{
24.  //调用 API 更新数据,并渲染表单
25.  this.dataSourceMap.update.load({
26.  formInstId:rowData.instid,
27.  updateFormDataJson:JSON.stringify({
28.  "numberField_l7d8hxgv":difference,
29.  "numberField_l7d8hxgu":0
30.  })
31.  }).then(() =>{
32.  this.utils.toast({
33.  title:'核销成功',//'success','warning','error','notice','help','loading'
34.  type:'success',
35.  size:'large',
36.  });
37.  });
38.  setTimeout(() =>{
39.  this.dataSourceMap['getDatas'].load();
40.  },500)
41.  },
42.  onCancel:() =>{},
43.  });
44.  }
45.  }
46.  return < div >< Buttontype = "secondary"content = "核销"onClick = {hexiao}></Button >
47.  </div >;
48.  }
```

在自定义界面的左侧菜单栏选择"数据源",在数据源区单击"添加"按钮,选择"新建远程 API",设置远程 API 名称为"getDates",请求地址设置为"/dingtalk/web/APP_ SAEC5E23Y68FJPCXI5ED/v1/form/searchFormDatas.json"。

回到数据源编辑界面,单击请求参数栏右侧的小图标"使用变量"。弹出"变量绑定"对话框,在"变量"框中写入如下代码。

```
1.  {
2.  formUuid:`FORM - AKA66FB1AWY41E4VENBXJA231LM82E3J9NW9LBP1`
3.  }
```

其中,"FORM-AKA66FB1AWY41E4VENBXJA231LM82E3J9NW9LBP1"为"待核销"表格中需要调用的"待核销单"表单的"页面编码"。

回到数据源编辑界面,单击"数据处理"栏右侧的加号小图标,选择"请求完成回调函数(didFetch)",在下面的代码框中写入如下代码。

```
1.  functiondidFetch(content){
2.  constvalue = [];
3.  constdata = content.data.map((item) =>{
4.  letarr = {
5.  customer:item.formData.textField_l7d8hxg0,
6.  businessDate:item.formData.dateField_l7d8hxgq,
7.  proofWords:item.formData.selectField_l7d8hxgr,
8.  abstract:item.formData.selectField_l7d8hxgs,
9.  amount:item.formData.numberField_l7d8hxgt,
10.  amountIsNCAV:item.formData.numberField_l7d8hxgv,
11.  amountIsWCAV:item.formData.numberField_l7d8hxgu,
12.  instid:item.formInstId
13.  }
14.  value.push(arr);
15.  })
16.  letresult = {
17.  "data":value,
18.  "currentPage":content.currentPage,
19.  "totalCount":content.totalCount
20.  }
21.  returnresult;
22.  }
```

arr 对象中,右侧的属性为在表格"数据列"中设置的"数据字段",左侧为对应表单中对应字段的唯一标识。以"customer:item.formData.textField_l7d8hxg0"为例,其中,"customer"为在表格数据列中设置的标题名为"客户"的数据字段,"textField_l7d8hxg0"为"待核销单"表单中"客户"组件的唯一标识。

在"待核销"表格右侧的数据源中单击右侧的"变量绑定"小图标,在弹出的"变量绑定框"中选择前面设置好的数据源 state.getDates,并设置表格主键为 instid。

4. "修改内容"对话框

在画布中添加"修改内容"对话框,根据图 7-53
在对话框中依次添加"客户"单行文本组件、"业务日
期"单行文本组件、"凭证字"单行文本组件、"摘要"
单行文本组件、"金额"数值组件、"未核销金额"数值
组件、"本次核销金额"数值组件和"存储 ID"单行文
本组件。

设置"客户""业务日期""凭证字""摘要""金额"
和"未核销金额"组件的状态为"只读"。设置"存储
ID"的状态为"隐藏",并在高级属性中设置"始终
提交"。

设置所有组件后,"修改内容"对话框如图 7-55
所示。

图 7-55　"修改内容"对话框

编写"修改内容"对话框动作函数(单击确认函
数)onOk()如下。

```
1.  exportfunctiononOk(){
2.  //确定后更新表单示例数据,并重新渲染表格数据
```

```
3.  //请求参数
4.  constupdateparams = {
5.  formInstId:this. $ ('textField_l7d9kf7c').getValue(),
6.  updateFormDataJson:JSON.stringify({
7.  "numberField_l7d8hxgu":this. $ ('numberField_l7d9kf7b').getValue(),
8.  })
9.  }
10. //this.dataSourceMap.xxx.load()手动调用指定的远程 API
11. console.log(updateparams);
12. this.dataSourceMap.update.load(updateparams);
13. this. $ ('dialog_l7d9kf72').hide();
14. //setTimeout(处理事件,延迟事件),等待 500 毫秒后,重新渲染表格数据
15. setTimeout(() = >{
16. this.dataSourceMap['getDatas'].load();
17. },500)
18. }
```

在"待核销"表格的操作列新增一项"编辑"操作,编写回调函数 onTableEditClick()如下。

```
1.  exportfunctiononTableEditClick(rowData){
2.  //单击展现对话框以即将该行数据赋值给对话框元素
3.  this. $ ('dialog_l7d9kf72').show(() = >{
4.  this. $ ('textField_l7d9kf75').setValue(rowData.customer);
5.  this. $ ('dateField_l7d9kf78').setValue(rowData.businessDate);
6.  this. $ ('textField_l7d9kf76').setValue(rowData.proofWords);
7.  this. $ ('textField_l7d9kf77').setValue(rowData.abstract);
8.  this. $ ('numberField_l7d9kf79').setValue(rowData.amount);
9.  this. $ ('numberField_l7d9kf7a').setValue(rowData.amountIsNCAV);
10. this. $ ('numberField_l7d9kf7b').setValue(rowData.amountIsWCAV);
11. this. $ ('textField_l7d9kf7c').setValue(rowData.instid);
12. });
13. console.log(rowData);
14. }
```

这样,就可以在"待核销"表格中展示出"待核销单"表单中的数据并实现核销的功能,如图 7-56 所示。

待核销								
	客户	业务日期	凭证字	摘要	金额	未核销金额	本次核销金额	核销	操作
○	D	2022-08-14	收、付、转	采购入库	230.00	230.00	67,867.00	核销	编辑
○	A	2022-08-05	记	销售出库	2,300.00	2,300.00	100.00	核销	编辑

总计:2 ‹ 1 ›

图 7-56 "待核销"分组组件示意图

5. "已核销"分组

"已核销"分组的操作步骤与"待核销"分组的操作步骤一致,这里交由读者自行完成。"已核销"表格中展示的是"已核销单"表单中的数据,如图 7-57 所示。

6. "核销"操作

前面提到本系统的"过账"操作是通过单击"待过账"表格中某一凭证前面的"单行选择器"

已核销

客户	业务日期	凭证字	摘要	金额	未核销金额	本次核销金额
C	2022-08-13	收、付、转	采购入库	340.00	0.00	0.00
B	2022-08-13	收、付、转	采购入库	200.00	0.00	0.00

总计 2　< **1** >

图 7-57　"已核销"分组示意图

使得该凭证数据在"待过账"表格中消失，并在"已过账"表格中出现，核销操作也是如此。

准备工作，新建"add"远程 API，用于在表单中插入数据，如图 7-43 所示，关闭"自动加载"，设置请求地址为"/dingtalk/web/APP_SAEC5E23Y68FJPCXI5ED/v1/form/saveFormData.json"；注意更改其中的"应用编码"，设置请求方式为"Post"。新建"Delete"远程 API，用于在表单中删除数据，关闭"自动加载"，设置请求地址为"/dingtalk/web/APP_SAEC5E23Y68FJPCXI5ED/v1/form/deleteFormData.json"；注意更改其中的"应用编码"，设置请求方式为"Post"。

单击"待核销"表格右侧的行选择器，开启"显示"模式，选择类型为"单行"，在下面的单行选择回调中绑定动作，在 onSelect()函数中编写如下代码。

```
1.  /**
2.   * 选择(或取消选择)数据之后的回调
3.   * @param selected Boolean 是否选中
4.   * @param rowData Object 当前操作行
5.   * @param selectedRows Array 选中的行数据
6.   */
7.  export function onSelect(selected, rowData, selectedRows) {
8.    //将被选择的行数据在原表单中删除后，在新表单中增加
9.    if (selected) {
10.     //判断是否核销完全
11.     this.utils.dialog({
12.       method: 'confirm', // 'alert', 'confirm', 'show'
13.       title: '核销确认',
14.       content: `目前的未核销金额为 ${rowData.amountIsNCAV},请确认本单是否完全核销?`,
    //如需换行可传入 HTML/JSX 来实现
15.       onOk: () => {
16.         //先新增再删除，否则数据无法新增
17.         this.dataSourceMap.add.load({
18.           formUuid: "FORM-YZ9664D1OXA3KNA4FG4F2CYZD24C3TVKO8D7LS",
19.           appType: "APP_QN97K40HZ5GYO5JRCEIJ",
20.           formDataJson: JSON.stringify({
21.             "textField_l7d8hxg0": rowData.customer,
22.             "dateField_l7d8hxgq": rowData.businessDate,
23.             "selectField_l7d8hxgr": rowData.proofWords,
24.             "selectField_l7d8hxgs": rowData.abstract,
25.             "numberField_l7d8hxgt": rowData.amount,
26.             "numberField_l7d8hxgv": rowData.amountIsNCAV,
27.             "numberField_l7d8hxgu": rowData.amountIsWCAV,
28.           })
29.         });
```

```
30.              //调用删除 API
31.              this.dataSourceMap.erase.load({
32.                formInstId: rowData.instid
33.              })
34.              setTimeout(() => {
35.                this.dataSourceMap['getDatas'].load();
36.                this.dataSourceMap['getDatas2'].load();
37.              }, 1000)
38.            },
39.        onCancel: () => {},
40.      });
41.    }
42.    console.log(selected, rowData, selectedRows);
43. }
```

7.7 "财务期末结账管理"子模块

"财务期末结账管理"子模块是财务管理系统中的一个重要组成部分,用于完成财务期末结账的相关工作。通过财务期末结账管理子模块,财务人员可以更加方便和准确地完成财务期末结账的相关工作,确保财务数据的准确性和完整性。同时,它也支持财务报表的生成,帮助企业了解自己的财务状况和经营表现,并为决策提供参考。"财务期末结账管理"。模块的思维导图如图 7-58 所示。

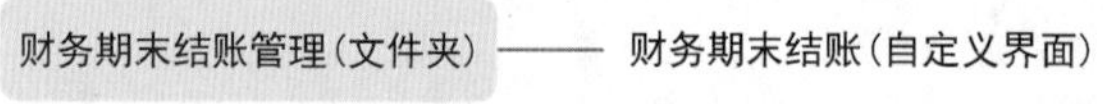

财务期末结账管理(文件夹) ——— 财务期末结账(自定义界面)

图 7-58 "财务期末结账管理"子模块思维导图

创建一个分组,将其命名为"财务期末结账管理",分组创建效果如图 7-59 所示。

图 7-59 "财务期末结账管理"分组创建示意图

"财务期末结账"自定义界面用于结账人员对"已过账凭证"和"已核销单"进行审查,该界面会将"已过账凭证"表单中的数据展示在"已过账"表格中,"已核销单"表单中的数据展示在"已核销"表格中。

1. 组件设计

如图 7-60 所示为"财务期末结账"自定义界面思维导图,自定义界面包括"首页-Banner 版头-01"区块模板组件、"已过账"分组组件、"已核销"分组组件,每个分组组件中各有一个表格组件,用于展示"已过账凭证"表单和"已核销单"表单中的数据。

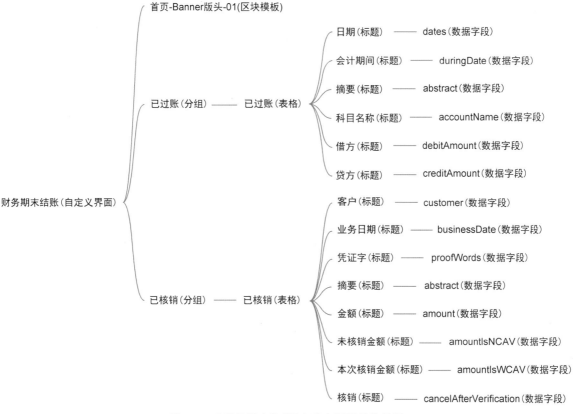

图 7-60　"财务期末结账"自定义界面思维导图

2. 版头设计

在"总账管理子系统"编辑界面新增"自定义界面",单击"从空白创建"。在自定义界面的左侧菜单栏选择"区块模板",在区块模板区的标签中选中"版头"标签,选择第一个版头模板"首屏-Banner 版头-01"。

删除版头区块模板中不需要的部分,将版头上的大标题改为"财务期末结账",并在版头"区块模板"的样式栏中单击"源码编辑",更改 min-height 的值为 200px,并设置样式栏的"高"属性值为 200px。

操作完所有步骤后,"首屏-Banner 版头-01"版头如图 7-61 所示。

图 7-61　"首屏-Banner 版头-01"版头预览效果图

3. “已过账”分组

“已过账”分组的操作步骤与“凭证过账”自定义界面中“待过账”分组的操作步骤一致，这里交由读者自行完成。“已过账”表格中展示的是“已过账凭证”表单中的数据，如图 7-62 所示。

已过账

日期	会计期间	摘要	科目名称	借方	贷方	操作
2022-08-25	2022年第3期	采购发票凭证记录	银行本票		1075000	删除

总计: 1 < 1 >

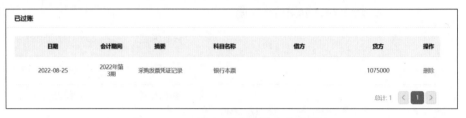

图 7-62 “已过账”分组组件预览效果图

4. “已核销”分组

“已核销”分组的操作步骤与“往来核销”自定义界面中“待核销”分组的操作步骤一致，这里交由读者自行完成。“已核销”表格中展示的是“已核销单”表单中的数据，如图 7-63 所示。

已核销

客户	业务日期	凭证字	摘要	金额	未核销金额	本次核销金额	操作
C	2022-08-13	收、付、转	采购入库	340	0	0	删除
B	2022-08-13	收、付、转	采购入库	200	0	0	删除

总计: 2 < 1 >

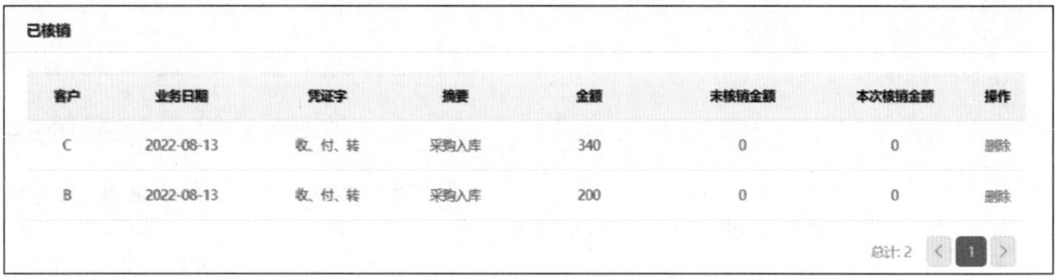

图 7-63 “已核销”分组组件预览效果图

7.8 “总账管理系统首页”自定义界面

教材讲解视频

实验讲解视频

单击新增自定义页面，选择“工作台模板-01”。如图 7-64 所示，进入编辑页面后，将页面上的大标题改为系统名称“总账管理子系统”。在布局方面，将“总账管理系统”分为两大模块，将所有非“基础资料”模块都归入“财务管理”模块，设置了另一个容器，并按照图 7-1 将各个表单填写在对应的模块容器中。

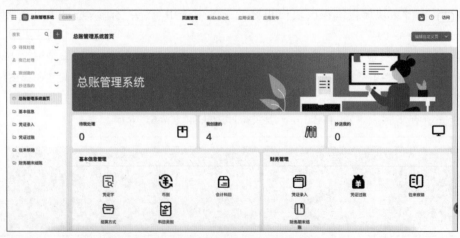

图 7-64 “总账管理系统首页”自定义界面效果图

第 8 章

出纳管理系统

本章将搭建一个出纳管理系统,用于处理企业的现金、票据、银行存款等现金等价物,记录现金的来源与支出,以便规范地管理出纳人员的工作,提供了日记账、对账、盘点、余额调整、票据处理等操作,同时提供了分析报表。

8.1 "出纳管理系统"案例引入

案例——从财务核算和内部控制揭开中小企业出纳被骗之谜——以 A 公司为例(王晓杰,2021)

2019 年 3 月 7 日,A 公司出纳徐楠收到公司张总的短信:请向该供应商账户汇款 19.8 万元。看到张总的短信后,本想拨打张总的电话,但张总的短信回称不方便电话,徐楠没有意识到这是一场骗局,对短信内容没有怀疑,另外,张总经常以这种方式下达付款指令,便再无多疑。第二天,徐楠向张总报告了这笔汇款,并意识到自己被诈骗了。出纳徐楠被骗后,公司管理层召开紧急会议,要求所有部门开始自查,自查持续了 6 个多月,但始终未能成功找出问题的根源,导致高层管理人员对财务人员表现出极度不信任,甚至副总也直接参与公司资金的收付,会计部门档案由副总直接管理,新任命的财务人员并不参与收付,只是名义上参与。2019 年 9 月,公司聘请了 M 会计师事务所对公司进行审计,以应对财务风险,加强公司的治理,防患于未然。接下来对部分存在重大问题的核算情况进行介绍。

1. 资产核算现状

货币资金核算情况。A 公司设置了现金日记账和银行存款日记账,抽查其现金部分收支业务,发现 A 公司的"库存现金"科目记录中存在下述情况:企业将银行存款直接转账汇入副总的个人银行卡中,账务处理体现为银行存款减少,库存现金增加。月末,实际现金余额与会计余额之间的差额被转入副总的个人预支账户,但副总的预支账户没有自己的借款和审批程序。对该副总的银行卡交易记录的审查表明,他的个人收入和支出与公司资金混在一起,没有区分公共和私人资金。此外,A 公司的财务人员负责保管财务专用章、法人代表章和发票;A 公司货币资金的支付,只要总经理同意,出纳员即可支付。

应收账款核算情况。审计小组人员对各项应收账款进行了追溯检查,并统计了账龄,发现三年以上的应收账款占比高达 50%;为了证实应收账款是否存在,审计人员根据明细账,选择较大金额的客户发出 20 笔询证函对应收账款进行函证,但回函数甚微,便决定检查其销售合同及发运单,销售合同由销售部门管理,但只有一部分销售合同,合同没有编号,大部分销售业务没有销售合同,抽查原始凭证时没有商品发运单,相关部门没有客户的信用档案,赊销没有审批人签字,但A公司销售人员告知,总经理口头同意即可销售。应收账款催收由销售人员进行,财务部门很少与客户对账。A公司对应收账款没有计提坏账准备。

其他应收款核算情况。A公司设置了明细账对其他应收款进行核算。异常项目挂账占期末其他应收款总额的99.14%。从账龄上看,三年以上账龄的明细账户占98%。高管欠款占比高达74%,其中,总经理借款余额385万元,副总经理借款余额1270万元;总经理本人不清楚自己借款的缘由,经查账簿,发现系将投资款转出挂账所致;在对副总经理2011年12月至2019年8月31日长达9年的借款清查中,发现多笔借、还款业务没有借款单及其他相关原始凭证,并且长期没有报销。

存货核算情况。A公司对存货项目只设置了原材料、库存商品总账,没有设置相关数量金额明细账,仓管部门没有实物台账,仓管员由电商人员兼任,但其工作只有管理仓库钥匙。有些记账凭证后附采购发票和付款凭据但无验收入库单,有些记账凭证直接增加原材料和应付账款,没有附任何原始凭证,既无采购发票也无验收单。采购人员称请购材料时没有专门人员审核,口头请示领导同意即可。企业已经三年多没有进行清查盘点,账面数与实际数无法核对。

2. 负债核算现状

应付账款核算情况。抽查部分贷方余额的债权人账户,记账凭证后附仅有供应商发票,没有验收入库单,对于账户期末红字余额的明细账户,逐一核实,由于历年累积,会计人员不能解释其原因。

应交税费核算情况。会计报表显示应交税费为负数,账面为借方余额,企业的进项税款大于销项税款形成的余额。通过对明细账的抽查发现,上缴各项税费没有计算依据。A公司是一般纳税人企业,有些可以抵扣进项税的增值税专用发票,核算时却直接全额计入了管理费用账户,没有做任何抵扣处理。

3. 所有者权益核算现状

未分配利润核算情况。A公司设置了利润分配总账和未分配利润明细账进行核算。报表数与总账一致,经调查A公司自成立以来没有进行过利润分配。

盈余公积核算情况。A公司的会计报表中没有反映出盈余公积,会计账目中也没有相关账户进行核算。按照公司法的要求,企业年末应对实现的净利润进行分配,按照净利润的10%提取法定盈余公积,净利润的5%提取公益金,这两项公积金A公司都没有提取。

A公司的会计基础薄弱,会计人员工作马虎,账目不符合法律要求;但对公司财务状况的检查表明,A公司的内部控制存在严重缺陷,表现为管理层对内部控制重视不够,采购和销售没有必要的审计控制,缺乏风险评估机制,只有总经理批准现金支付,资产管理不确定,等等。A公司在现金管理、采购管理、销售管理和资产管理方面存在的缺陷,导致财务报表的编制和披露严重失真,不能保证资金安全,导致现金持有者被误导,造成损失。

　　由案例可以得出,当企业没有良好的财务核算与内部控制制度时,极易导致企业出现资金被挪用、侵占、抽逃或遭受欺诈等问题。因此,企业应当根据《企业会计准则》和《企业会计制度》中的相关规定,建立良好的财务管理制度,在符合各规定的前提条件下进行会计业务,加强企业内部控制,并对出纳人员要进行良好的培训,使其根据《企业会计准则》和《企业会计制度》开展业务流程,进行出纳业务时不应跳过任何流程。现如今,会计电算化与企业数字化转型相辅相成,出纳人员应当对其每笔资金都能在数字化管理系统中有所记录与反映。

　　出纳主要负责库存现金和银行存款的管理。负责出纳的人员的主要工作是货币资金核算、往来核算与工资结算。出纳的主要工作职责如表 8-1 所示。

表 8-1　出纳的主要工作职责

工作内容	货币资金核算	(1) 办理现金收付,严格按规定收付款项 (2) 办理银行结算,规范使用支票,严格控制签发空白支票 (3) 登记日记账,保证日清月结。根据已经办理完毕的收付款凭证,逐笔顺序登记现金日记账和银行存款日记账,并结出余额 (4) 保管库存现金,保管有价证券。对于现金和各种有价证券,要确保其安全和完整无缺 (5) 保管有关印章,登记注销支票 (6) 复核收入凭证,办理销售结算
	往来结算	(1) 办理往来结算,建立清算制度 (2) 核算其他往来款项,防止坏账损失
	工资结算	(1) 执行工资计划,监督工资使用 (2) 审核工资单据,发放工资奖金 (3) 负责工资核算,提供工资数据。按照工资总额的组成和工资的领取对象,进行明细核算。根据管理部门的要求,编制有关工资总额报表

　　出纳管理的主要工作包括库存现金日记账、银行存款日记账和资金日报表的管理,支票管理,进行银行对账并输出银行存款余额调节表。通过出纳管理有助于及时地了解掌握某期间或某时间范围的现金收支记录和银行存款收支情况,并做到日清月结,随时查询、打印有关出纳报表。

　　出纳管理子系统由现金日记账模块、现金盘点单、现金对账模块、银行存款日记账模块、银行对账单、银行存款对账模块以及出纳结账模块这 7 个模块共同组件而成,其包括对现金、银行存款等现金等价物的出入账管理,进行现金日记账、现金盘点、对账等处理工作,并在最终提供分析报表,以优化出纳人员的工作。

8.2　"出纳管理系统"总概

　　本系统将分成 7 个分组模块,结合普通表单、流程表单、报表、自定义页面进行开发,思维导图如图 8-1 所示。首先创建一个空白应用,将应用名称设置为"出纳管理系统"。

教材讲解
视频

实验讲解
视频

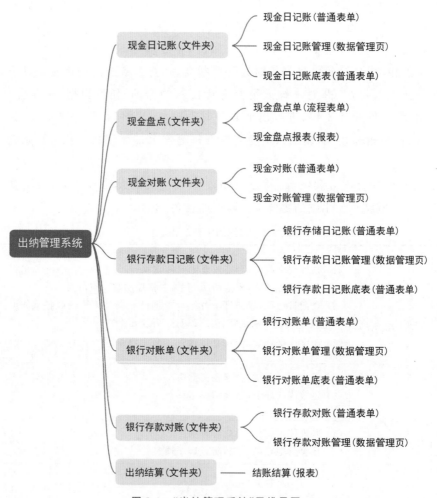

图 8-1 "出纳管理系统"思维导图

8.3 "现金日记账"子模块

现金日记账子模块是出纳管理系统中的一个重要组成部分,主要用于记录和管理现金的收支情况,通过现金日记账子模块,出纳人员可以实时记录、管理和监控现金的流动,确保现金的安全性和准确性,为企业的财务管理提供支持和便利。根据图 8-1 中"出纳管理系统"思维导图,现金日记账子模块提供一个集中管理和记录现金流动的平台,更好地管理和分析现金流动,确保现金的准确记录。该子模块思维导图如图 8-2 所示。

图 8-2 "现金日记账"子模块思维导图

创建一个分组,将其命名为"现金日记账",分组创建效果如图 8-3 所示。

8.3.1 "现金日记账底表"普通表单

"现金日记账底表"普通表单用于更新"现金日记账"普通表单中的"当前余额"。创建一个

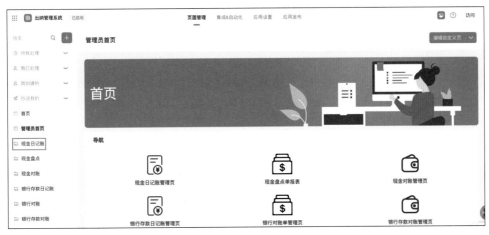

图 8-3　"现金日记账"分组创建示意图

普通表单,命名为"现金日记账底表",主要字段如图 8-4 所示。在画布中,添加一个"关联"单行文本组件,将默认值设置为"现金日记账";添加一个"余额"数值组件,表单搭建完成后单击右上角的"保存"按钮,表单效果如图 8-5 所示。

现金日记账底表(普通表单) ——— 关联(单行文本)

余额(数值)

图 8-4　"现金日记账底表"普通表单思维导图

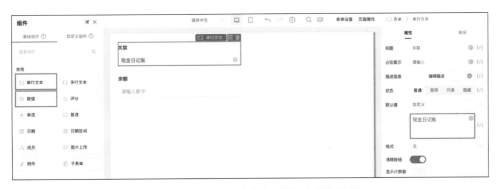

图 8-5　"现金日记账底表"普通表单效果图

8.3.2　"现金日记账"普通表单

"现金日记账"普通表单用于收集现金日记账相关信息。创建一个普通表单,命名为"现金日记账",该表单中组件名称和类型如图 8-6 所示。

教材讲解
视频

1. 表单设计

在画布中添加 4 个单行文本组件分别为"关联""凭证编号""摘要""对方科目",将"关联"组件的默认值设置为"现金日记账",状态属性设置为"隐藏",高级属性的数据提交设置为"始终提交"。添加一个"业务日期"日期组件,在默认值中选择"公式编辑",输入公式"TIMESTAMP(TODAY())",该组件可自动获取当天日期。添加两个单选组件分别为"凭证类别"和"收付性质",在自定义选项中分别批量编辑为"记账凭证、付款凭证、转账凭证"和"销售到款、采购付款",一行一个选项。添加一个"币种"下拉单选组件,在自定义选项中分别批量

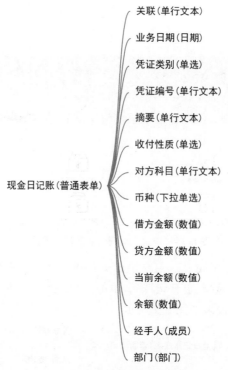

图 8-6 "现金日记账"普通表单思维导图

编辑币种,如人民币、美元等。添加 4 个数值组件,分别命名为"借方金额""贷方金额""当前余额""余额",其中,"当前余额"组件状态属性设置为"隐藏",高级属性的数据提交设置为"始终提交",将默认值设置为"数据联动",设置数据关联表为"现金日记账底表",条件规则为"关联等于关联",当前余额联动显示为余额,如图 8-7 和图 8-8 所示。在"余额"组件默认值中选择"公式编辑",输入公式"当前余额-借方金额+贷方金额"。添加一个"经手人"成员组件,默认值中选择"公式编辑",输入公式"USER()",该组件可自动获取当前登录人。添加一个"部门"部门组件,默认值中选择"公式编辑",输入公式"DEPTNAME(经手人)"。表单效果图如图 8-9所示。

图 8-7 "当前余额"组件属性设置示意图

2. 表单设置

由于每次提交"现金日记账"表单,余额就要发生相应的变化,因此需要对表单设置进行业务关联规则的设置。表单设置的表单事件中,在公式执行中添加业务关联规则,将标题命名为

图 8-8 "当前余额"组件数据联动设置示意图

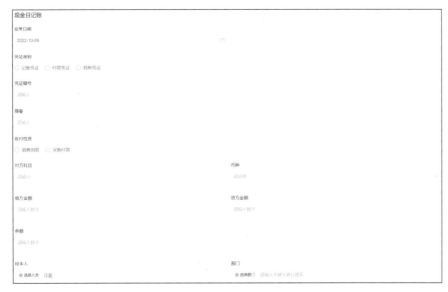

图 8-9 "现金日记账"普通表单效果图

"余额更新",在单据提交中输入公式"UPSERT(现金日记账底表,EQ(现金日记账底表.关联,关联),现金日记账底表.余额,余额)",如图 8-10 所示。

图 8-10 "现金日记账"表单业务关联规则设置示意图

8.3.3 "现金日记账管理"数据管理页

在创建完"现金日记账"普通表单后,通过对"现金日记账"普通表单生成数据管理页,并将该数据管理页命名为"现金日记账管理",可以对信息进行新增、修改、删除、导入、导出、搜索、筛选等操作,便于管理员对表单信息进行管理。"现金日记账管理"数据管理页效果如图 8-11 所示。

图 8-11 "现金日记账管理"数据管理页效果

实验讲解
视频

8.4 "现金盘点"子模块

"现金盘点"子模块是出纳管理系统中的一个重要组成部分,主要用于进行现金资产的实物盘点和清点,通过"现金盘点"子模块,出纳人员可以定期进行现金资产的盘点和核对,确保现金的准确性和完整性。这有助于防范现金盗窃和错误操作,提高财务管理的可靠性和透明度。根据图 8-1 中"出纳管理系统"思维导图,该子模块有助于提高现金管理的效率和准确性,并确保现金资金的安全和合规。该子模块的思维导图如图 8-12 所示。

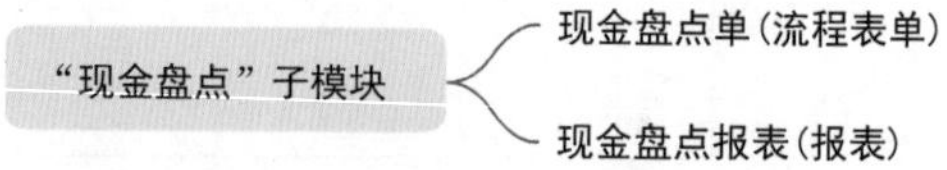

"现金盘点"子模块 ——— 现金盘点单(流程表单)
——— 现金盘点报表(报表)

图 8-12 "现金盘点"子模块思维导图

创建一个分组,将其命名为"现金盘点",分组创建效果如图 8-13 所示。

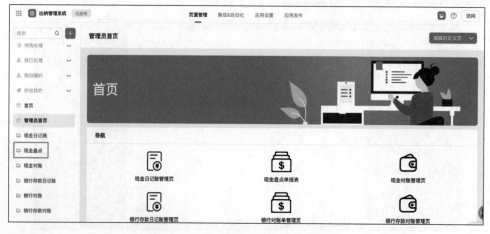

图 8-13 "现金盘点"分组创建示意图

8.4.1　"现金盘点单"流程表单

　　"现金盘点单"流程表单用于核对库存现金和账存现金是否相同。创建一个流程表单,命名为"现金盘点单"。该表单中组件名称和类型如图 8-14 所示。

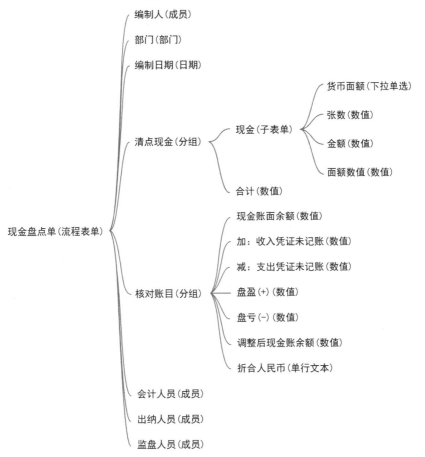

图 8-14　"现金盘点单"流程表单思维导图

1. 表单设计

　　在画布中,添加一个"编制人"成员组件,在默认值中选择"公式编辑",输入公式"USER()",该组件可自动获取当前登录人。添加一个"部门"部门组件,默认值中选择"公式编辑",输入公式"DEPTNAME(编制人)"。添加一个"编制日期"日期组件,在默认值中选择"公式编辑",输入公式"TIMESTAMP(TODAY())",该组件可自动获取当天日期。添加一个"清点现金"分组。添加一个"合计"数值组件。添加一个"核对账目"分组。添加三个成员组件,分别命名为"会计人员""出纳人员""监盘人员"。

　　其中,在"清点现金"分组中,添加一个"货币面额"下拉单选组件,在自定义选项中分别批量编辑为"100、50、20、10、5、1、0.5、0.1",一行一个选项。添加三个数值组件,分别命名为"张数""金额"和"面额数值",将"面额数值"数值组件状态属性设置为"隐藏",高级属性的数据提交设置为"始终提交",将默认值设置为"公式编辑",输入公式"现金.货币面值",将文本类型的货币面值转换成数值类型,便于计算金额。

在"核对账目"分组中，添加 6 个数值组件，分别命名为"现金账面余额""加：收入凭证未记账""减：支出凭证未记账""盘盈（＋）""盘亏（－）"和"调整后现金账余额"。"盘盈（＋）"组件默认值中选择"公式编辑"，输入公式"加：收入凭证未记账"。"盘亏（－）"组件默认值中选择"公式编辑"，输入公式"减：支出凭证未记账"。"调整后现金账余额"组件默认值中选择"公式编辑"，输入公式"现金账面余额＋加：收入凭证未记账－减：支出凭证未记账"。添加一个"折合人民币"单行文本组件，在默认值中选择"公式编辑"，输入公式"RMBFORMAT（调整后现金账余额）"，将数值格式转换为人民币格式显示。最终预览效果图如图 8-15 所示。

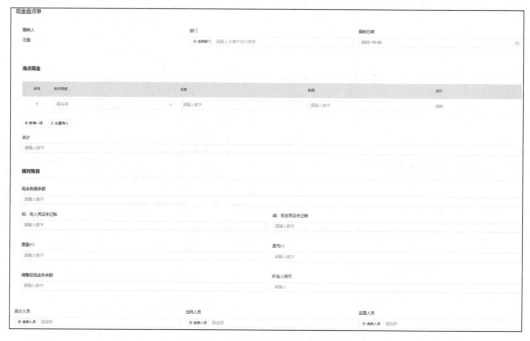

图 8-15 "现金盘点单"表单效果图

2. 流程设计

在"现金盘点单"提交后，需要有会计人员、出纳人员和监盘人员进行审核，因此需要对流程进行设计。创建新流程，在"发起"后添加一个审批人，审批人设置为"表单内成员字段"，选择"会计人员"和"出纳人员"，多人审批方式选择"会签"，即需所有审批人同意；审批按钮中启用"同意"和"拒绝"。设置字段权限全选后选择"只读"，审批人只能读，不能进行修改。接着再添加一个审批人，审批人设置为"表单内成员字段"，选择"监盘人员"。审批按钮中启用"同意"和"拒绝"。设置字段权限全选后选择"只读"。流程设计完毕后单击"保存"和"发布流程"按钮，效果如图 8-16 所示。

3. 高级设置

为方便出纳更快捷方便地盘点现金，清点现金子表单要实现金额自动计算，这就需要对其进行高级设置。每一项中金额为"货币面额"和"张数"的乘积，再将每一项的金额相加即可得到金额合计。

首先选中"清点现金"子表单，在右侧高级属性中的"动作设置"新建动作 OnChange，响应动作为"页面 JS"，如图 8-17 所示。接着单击左侧菜单栏中的页面 JS，在 OnChange（）函数中编写 JS 代码，并填入相应组件的唯一标识，如图 8-18 所示。JS 代码如下：

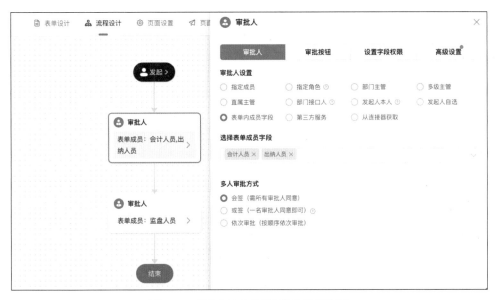

图 8-16　"现金盘点单"流程设计示意图

```
1.  export function onChange({value, extra}){
2.  let total = 0;
3.  let sum = 0;
4.  const sonform = this.$("tableField_l6xqiyd6").getValue();
5.  console.log(sonform);
6.  sonform.forEach(item =>{
7.  sum = item.selectField_l6xqiydp * item.numberField_l6xqiydq;
8.  item.numberField_l6xqiydr = sum;
9.  total += sum;
10. })
11. this.$("numberField_l6xslm23").setValue(total);
12. this.$("numberField_l7226r7j").setValue(total);
13. }
```

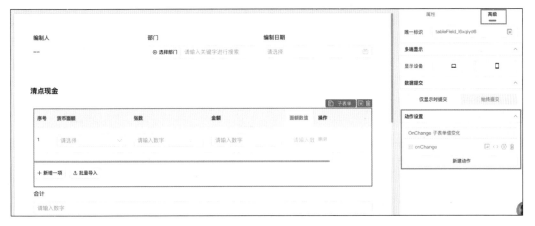

图 8-17　"现金盘点单"清点现金子表单设置示意图

图 8-18 "现金盘点单"页面 JS 设置示意图

教材讲解
视频

8.4.2 现金盘点报表

"现金盘点报表"可以直观地展示出"现金盘点单"流程表单所收集的信息和审批状态,报表效果如图 8-19 所示。

图 8-19 "现金盘点报表"效果图

在顶部筛选器中添加两个下拉筛选,分别命名为"日期"和"流程状态"。将"日期"下拉筛选的数据集选择为"现金盘点单",查询字段和显示字段设置为编制日期的"日"字段。将"流程状态"下拉筛选的数据集选择为"现金盘点单",查询字段和显示字段设置为"流程状态"字段。

在下方页面内容中添加一个基础表格,数据集选择为"现金盘点单",将编制日期的"日期""现金账面余额""加:收入凭证未记账""减:支出凭证未记账""折合人民币""编制人""流程状态"和"审批意见"拖入表格列中,如图 8-20 所示。

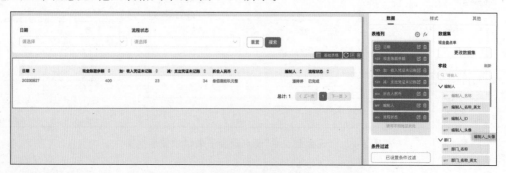

图 8-20 "现金盘点报表"基础表格设计示意图

教材讲解
视频

实验讲解
视频

8.5 "现金对账"子模块

现金对账子模块是出纳管理系统中的一个重要组成部分,主要用于进行现金账户的对账和核对。通过现金对账子模块,出纳人员可以更加方便和准确地进行现金账户的对账和核对工作。这有助于及时发现和纠正账目差异,保障资金流动的准确性和安全性。根据图 8-1 中"出纳管理系统"思维导图,"现金对账"子模块有助于确保现金账户余额的准确性,提高财务管理的可靠性。该子模块的思维导图如图 8-21 所示。

图 8-21 "现金对账"子模块思维导图

创建一个分组,将其命名为"现金对账",分组创建效果如图 8-22 所示。

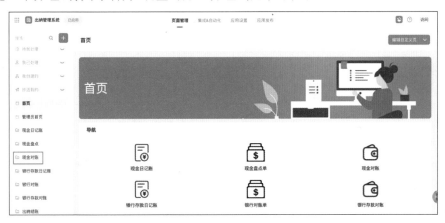

图 8-22 "现金对账"分组创建示意图

8.5.1 "现金对账"普通表单

"现金对账"普通表单用于核对检查现金账单数据是否相符。创建一个普通表单,命名为"现金对账"。该表单中组件名称和类型如图 8-23 所示。

在画布中,添加一个"对账人员"成员组件,在默认值中选择"公式编辑",输入公式"USER()",该组件可自动获取当前登录人。添加一个"对账日期"日期组件,在默认值中选择"公式编辑",输入公式"TIMESTAMP(TODAY())",该组件可自动获取当天日期。添加三个单选组件,分别命名为"是否结账""是否对账""对账结果","是否结账"与"是否对账"自定义选项批量编辑为"是、否","对账结果"自定义选项批量编辑为"正确、错误"。一行一个选项。表单效果如图 8-24 所示。

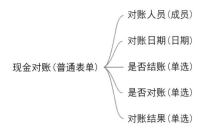

图 8-23 "现金对账"普通表单思维导图

8.5.2 "现金对账管理"数据管理页

在创建完"现金对账"普通表单后,通过对"现金对账"普通表单生成数据管理页,并将该数据管理页命名为"现金对账管理",可以对信息进行新增、修改、删除、导入、导出、搜索、筛选等

图 8-24　"现金对账"普通表单效果图

操作,便于管理员对表单信息进行管理,如图 8-25 所示。

图 8-25　"现金对账管理"数据管理页效果图

实验讲解
视频

8.6　"银行存款日记账"子模块

　　银行存款日记账子模块是出纳管理系统中的一个重要组成部分,主要用于记录和管理与银行存款相关的收入和支出。通过银行存款日记账子模块,出纳人员可以实时记录、管理和监控银行存款的流动,确保存款账户的安全性和准确性。这有助于提高资金管理的效率和准确性,并为企业的财务决策提供支持。根据图 8-1 中"出纳管理系统"思维导图,银行存款日记账子模块提供了一个集中管理和记录银行存款信息的平台,这有助于更好地管理和分析银行存款,并提供财务报表编制和分析所需的数据。该子模块的思维导图如图 8-26 所示。

　　创建一个分组,将其命名为"银行存款日记账",分组创建效果如图 8-27 所示。

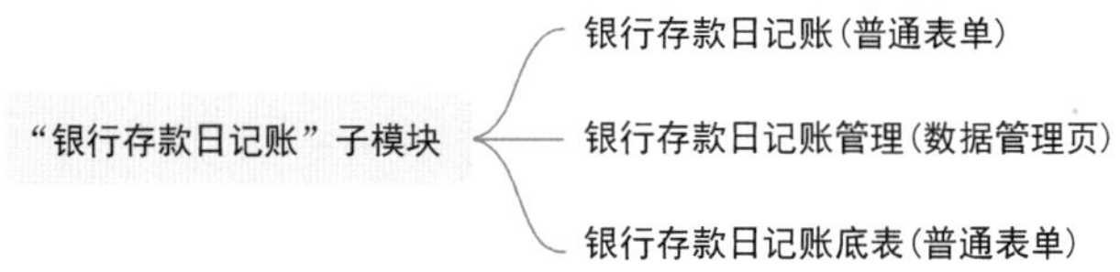

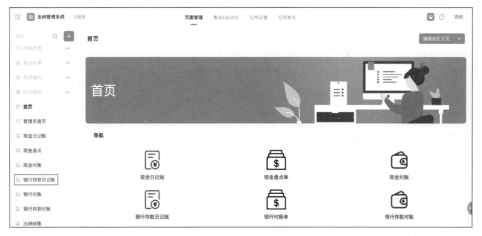

图 8-26　"银行存款日记账"子模块思维导图

图 8-27　"银行存款日记账"分组创建示意图

8.6.1　"银行存款日记账底表"普通表单

教材讲解视频

"银行存款日记账底表"普通表单用于更新"银行存款日记账"普通表单中的"当前余额"。创建一个普通表单，命名为"银行存款日记账底表"，主要字段如图 8-28 所示。在画布中，添加一个"关联"单行文本组件，将默认值设置为"银行存款日记账"；添加一个"余额"数值组件，如图 8-29 所示。

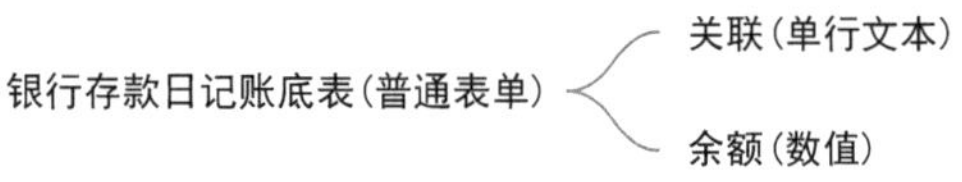

图 8-28　"银行存款日记账底表"普通表单思维导图

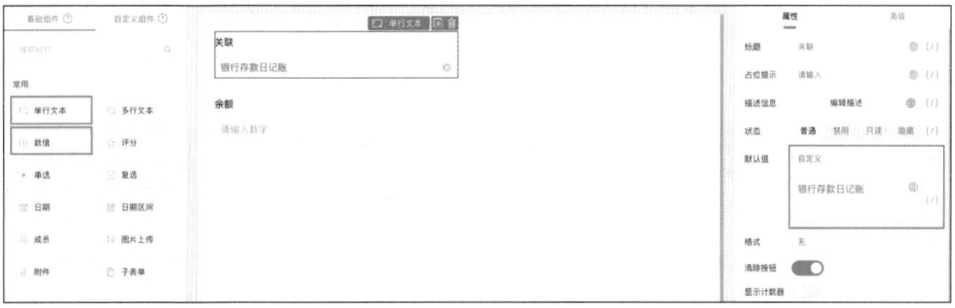

图 8-29　"银行存款日记账"普通表单效果图

8.6.2　"银行存款日记账"普通表单

教材讲解视频

"银行存款日记账"普通表单用于收集银行存款日记账相关信息。创建一个普通表单，命名为"银行存款日记账"，该表单中组件名称和类型如图 8-30 所示。

1．表单设计

在画布中添加 4 个单行文本组件分别为"关联""凭证编号""摘要"和"对方科目"，将"关联"组件的默认值设置为"银行存款日记账"，状态属性设置为"隐藏"，高级属性的数据提交设置为"始终提交"。添加一个"业务日期"日期组件，在默认值中选择"公式编辑"，输入公式"TIMESTAMP（TODAY（））"，该组件可自动获取当天日期。添加两个单选组件分别为"凭证类别"和"收付性质"，在自定义选项中分别批量编辑为"记账凭证、付款凭证、转账凭证"和"销售到款、采购付款"，一行一个选项，添加一个"币种"下拉单选组件，在自定义选项中分别批量编辑币种，如人民币、美元等。添加 4 个数值组件，分别命名为"借方金额""贷方金额""当前余额"和"余额"，其中，"当前余额"组件状态属性设置为"隐藏"，高级属性的数据提交设置为"始终提交"，将默认值设置为"数据联动"，如图 8-31 所示，设置数据关联表为"现金日记账底表"，条件规则为"关联等于关联，当前余额联动显示为余额的对应值"，如

```
关联（单行文本）
业务日期（日期）
凭证类别（单选）
凭证编号（单行文本）
摘要（单行文本）
收付性质（单选）
银行存款日记账（普通表单）——对方科目（单行文本）
币种（下拉单选）
借方金额（数值）
贷方金额（数值）
当前余额（数值）
余额（数值）
经手人（成员）
部门（部门）
```

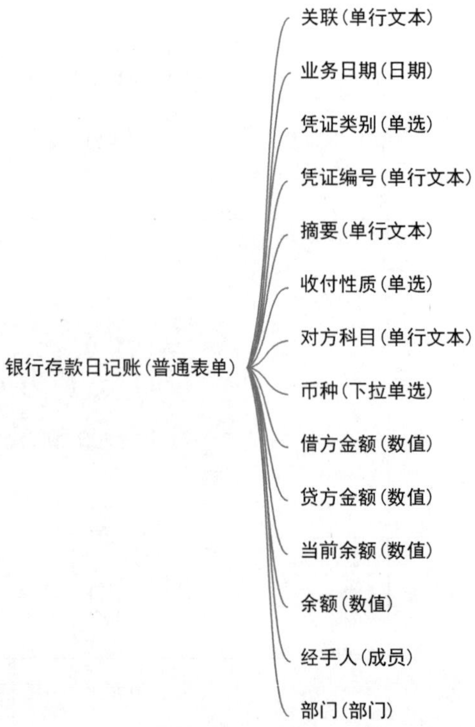

图 8-30 "银行存款日记账"普通表单思维导图

图 8-32 所示。添加一个"经手人"成员组件，默认值中选择"公式编辑"，输入公式"USER（）"，该组件可自动获取当前登录人。添加一个"部门"部门组件，默认值中选择"公式编辑"，输入公式"DEPTNAME(经手人)"。表单效果图如图 8-33 所示。

图 8-31 "当前余额"组件属性设置示意图

图 8-32 "当前余额"组件数据联动设置示意图

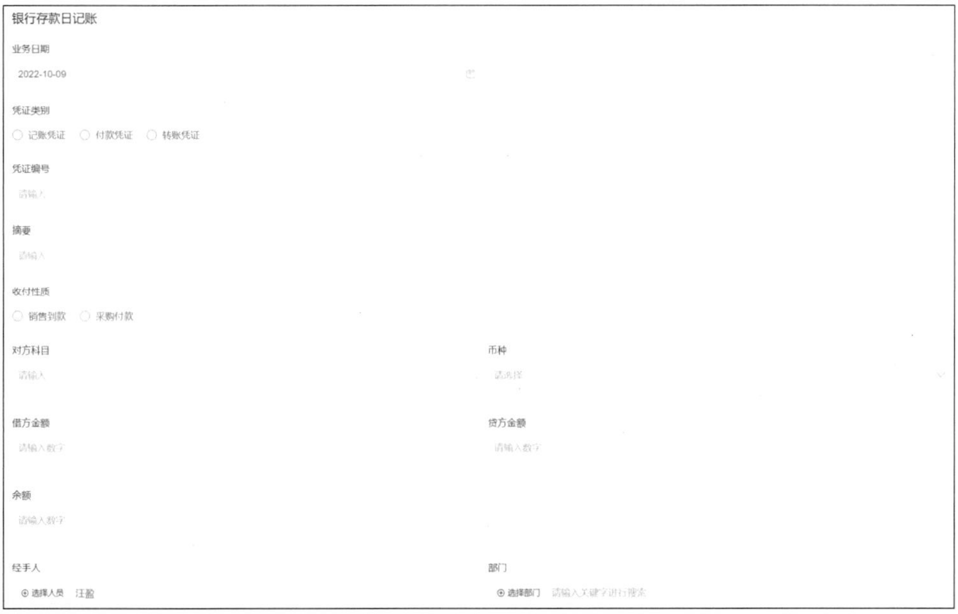

图 8-33　"银行存款日记账"普通表单效果图

2. 表单设置

由于每次提交"银行存款日记账"表单,余额就要发生相应的变化,因此需要对表单设置进行业务关联规则的设置。表单设置的表单事件中,在公式执行中添加业务关联规则,将标题命名为"余额更新",在单据提交中输入公式"UPSERT(银行存款日记账底表,EQ(银行存款日记账底表.关联,关联),银行存款日记账底表.余额,余额)",如图 8-34 所示。

图 8-34　"银行存款日记账"表单业务关联规则设置示意图

8.6.3　"银行存款日记账管理"数据管理页

在创建完"银行存款日记账"普通表单后,通过对"银行存款日记账"普通表单生成数据管理页,并将该数据管理页命名为"银行存款日记账管理",可以对信息进行新增、修改、删除、导入、导出、搜索、筛选等操作,便于管理员对表单信息进行管理。"银行存款日记账管理"数据管理效果图如图 8-35 所示。

图 8-35　"银行存款日记账管理"数据管理效果图

8.7　"银行对账单"子模块

银行对账单子模块是出纳管理系统中的一个重要组成部分,主要用于进行企业账户与银行账户之间的对账和核对。通过银行对账单子模块,出纳人员可以更加方便和准确地进行企业账户和银行账户的对账和核对工作,这有助于及时发现和纠正账目差异,保障资金流动的准确性和安全性。同时,可以提高财务管理的效率和准确性。根据图 8-1 中"出纳管理系统"思维导图,银行对账单子模块提供一个集中管理和核对银行账户余额的平台,可以帮助企业保持良好的资金管理和风险控制。该子模块的思维导图如图 8-36 所示。

图 8-36　"银行对账单"子模块思维导图

创建一个分组,将其命名为"银行对账单",分组创建效果如图 8-37 所示。

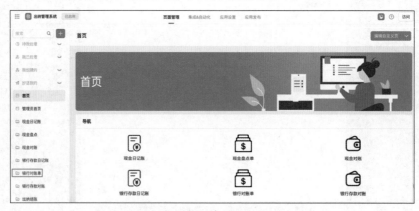

图 8-37　"银行对账单"分组创建示意图

8.7.1　"银行对账单"普通表单

"银行对账单"普通表单用于录入银行对账单,以进行对账。创建一个普通表单,命名为"银行对账单"。该表单中组件名称和类型如图 8-38 所示。

1. 表单设计

在画布中,添加一个"科目"下拉单选组件,在选项类型中选择"关联其他表单数据",设置

关联表单为"银行对账单底表",字段为"科目",如图 8-39
所示。添加一个"日期"日期组件,在默认值中选择"公
式编辑",输入公式"TIMESTAMP(TODAY())",该
组件可自动获取当天日期。添加两个单行文本组件分
别为"摘要"和"票据号"。添加一个单选组件"付款方
式",在自定义选项中分别批量编辑为"现金支票、转账
支票、电汇",一行一个选项。添加 4 个数值组件,分别
命名为"借方金额""贷方金额""当前余额"和"余额",
其中,"当前余额"组件状态属性设置为"隐藏",高级属
性的数据提交设置为"始终提交",将默认值设置为"数
据联动",设置数据关联表为"银行对账单底表",条件
规则为"关联等于关联,当前余额联动显示为余额"。
在"余额"组件默认值中选择"公式编辑",输入公式"当
前余额－借方金额＋贷方金额"。表单效果图如图 8-40 所示。

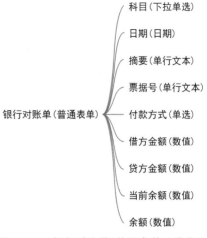

图 8-38 "银行对账单"普通表单思维导图

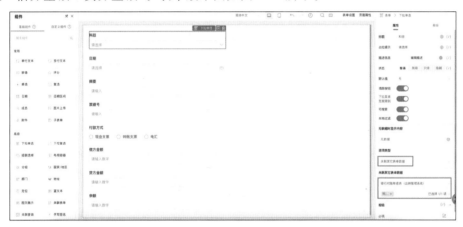

图 8-39 "科目"组件关联其他表单数据设置示意图

图 8-40 "银行对账单"普通表单效果图

2. 表单设置

由于每次提交"银行对账单"表单，余额就要发生相应的变化，因此需要对表单设置进行业务关联规则的设置。表单设置的表单事件中，在公式执行中添加业务关联规则，将标题命名为"余额更新"，在单据提交中输入公式 UPSERT（银行对账单底表，EQ（银行对账单底表.科目，科目），""，银行对账单底表.余额，余额），如图 8-41 所示。

图 8-41 "银行对账单"表单业务关联规则设置示意图

8.7.2 "银行对账单管理"数据管理页

在创建完"银行对账单"普通表单后，通过对"银行对账单"普通表单生成数据管理页，并将该数据管理页命名为"银行对账单管理"，可以对信息进行新增、修改、删除、导入、导出、搜索、筛选等操作，便于管理员对表单信息进行管理。"银行对账单管理"数据管理页效果图如图 8-42 所示。

图 8-42 "银行对账单管理"数据管理页效果图

教材讲解
视频

实验讲解
视频

8.8 "银行存款对账"子模块

银行存款对账子模块是出纳管理系统中的一个重要组成部分，主要用于对比和核对企业的银行存款记录和银行流水账户。通过银行存款对账子模块，出纳人员可以更加方便和准确地进行银行存款记录和银行流水账户的对账和核对工作。这有助于及时发现和纠正账目差异,确保企业的资金存取记录的准确性和安全性。同时,可以提高财务管理的效率和准确性。根据图 8-1 中"出纳管理系统"思维导图,银行存款对账子模块提供了一个集中管理和核对银行存款信息的平台。该子模块的思维导图如图 8-43 所示。

图 8-43　"银行存款对账"子模块思维导图

创建一个分组,将其命名为"银行存款对账",分组创建效果如图 8-44 所示。

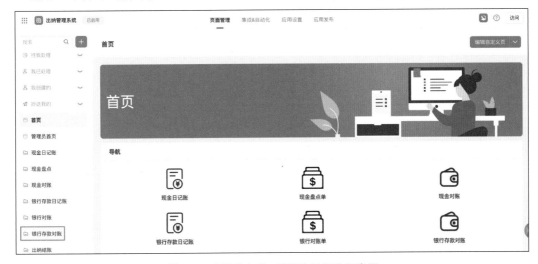

图 8-44　"银行存款对账"分组创建示意图

8.8.1　"银行存款对账"普通表单

"银行存款对账"普通表单用于核对检查现金账单数据是否相符。创建一个普通表单,命名为"银行存款对账"。该表单中组件名称和类型如图 8-45 所示。

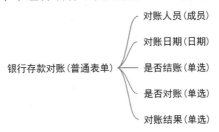

图 8-45　"银行存款对账"普通表单思维导图

在画布中,添加一个"对账人员"成员组件,在默认值中选择"公式编辑",输入公式"USER()",该组件可自动获取当前登录人。添加一个"对账日期"日期组件,在默认值中选择"公式编辑",输入公式"TIMESTAMP(TODAY())",该组件可自动获取当天日期。添加三个单选组件,分别命名为"是否结账""是否对账"和"对账结果","是否结账"与"是否对账"自定义选项批量编辑为"是、否","对账结果"自定义选项批量编辑为"正确、错误"。一行一个选项。表单效果如图 8-46 所示。

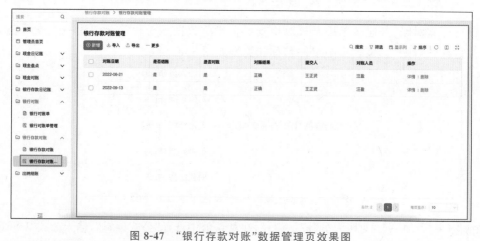

图 8-46 "银行存款对账"普通表单效果

8.8.2 "银行存款对账管理"数据管理页

在创建完"银行存款对账"普通表单后,通过对"银行存款对账"普通表单生成数据管理页,并将该数据管理页命名为"银行存款对账管理",可以对信息进行新增、修改、删除、导入、导出、搜索、筛选等操作,便于管理员对表单信息进行管理,如图 8-47 所示。

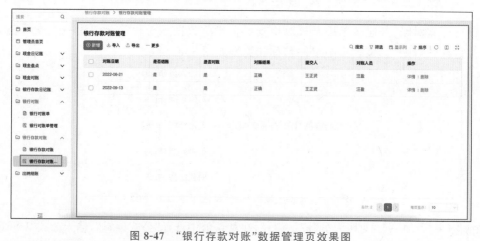

图 8-47 "银行存款对账"数据管理页效果图

教材讲解视频

实验讲解视频

8.9 "出纳结算"子模块

出纳结算子模块是出纳管理系统中的一个重要组成部分,主要用于处理企业或组织的现金和银行账户的结算事务。出纳结算子模块使得出纳人员能够更加方便和准确地处理企业现金和银行账户的结算事务,确保资金的准确流动和正确记录。同时,它有助于提高财务管理的效率和准确性，确保企业或组织的财务安全。根据图 8-1 中"出纳管理系统"思维导图，该子模块内包含"出纳结算"报表。创建一个分组，将其命名为"出纳结算"，分组创建效果如图 8-48 所示。

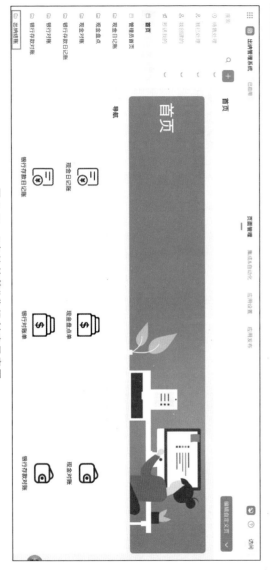

图 8-48 "出纳结算"分组创建示意图

"出纳结算"报表可以直观地展示出纳管理系统所收集的信息和结算情况，报表效果如图 8-49 所示。

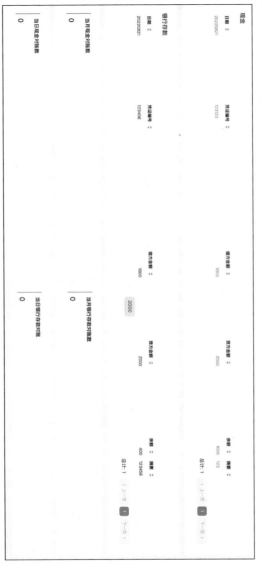

图 8-49 "出纳结算"报表"效果图

在页面内容中添加一个基础表格，数据集选择为"现金日记账"，将编制日期的"日"字段信息编号"、"借方金额"、"贷方金额"、"余额"和"摘要"拖入表格列中，并将"日"字段的字段信息别名设置为"日期"，如图 8-50 所示。

在页面内容中添加一个基础表格，数据集选择为"银行存款日记账"，将编制日期的"日"字段信息"凭证编号"、"借方金额"、"贷方金额"、"余额"和"摘要"拖入表格列中，并将"日"字段的字段信息别名设置为"日期"，如图 8-51 所示。

在页面内容中添加 4 个基础指标卡，"当月现金对账数"指标卡的数据集选择"现金对账"，

图 8-50 "现金报表"基础表格设计示意图

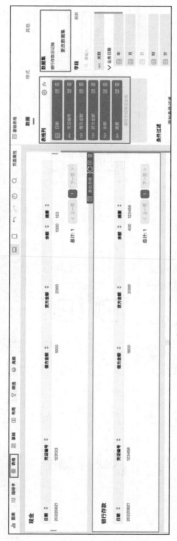

图 8-51 "银行存款报表"基础表格设计示意图

从字段栏中选择"对账日期"的"月"拖入指标栏中，设置其字段信息别名为"当月银行存款对账数"，如图 8-52 所示。"当日现金指标栏"中选择"现金对账"，从字段栏中选择"当日现金对账数"。"当月指标栏"的"月"拖入指标栏中，设置其字段信息别名为"对账日期"的"日"拖入指标栏中，设置其字段的数据集信息别名为"当月现金对账数"。数据集信息别名为"银行存款对账"，从字段栏中选择"对账"，从字段栏中选择"对账日期"的"日"拖入指标栏中，设置其字段信息别名为"当日银行存款对账数"。

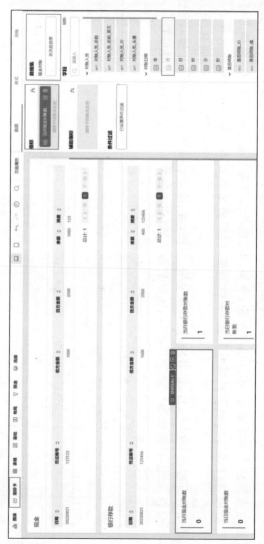

图 8-52 "当月现金对账数"基础指标设置示意图

图 8-53　"当月银行存款对账数"基础指标设置示意图

8.10　自定义页面

教材讲解
视频

实验讲解
视频

　　为了使使用者更方便地使用系统,需要部署系统首页。新建一个自定义页面,在界面中选择"工作台模板-01"单击使用,如图 8-54 所示。将页头文本设置为"首页",将下方的所有组件删除。从组件库中选择一个分组,拖入画布中,命名为"导航"。通过"布局容器""链接块""容器"等组件,插入图片和文字,在链接设置中,链接类型选择"内部页面",选择相应页面,如图 8-55 所示。

图 8-54　新建自定义页面示意图

　　针对普通使用者和管理者分别创建相应的系统首页和管理员首页,在系统首页导航中部署的导航链接有"现金日记账"普通表单、"现金盘点单"流程表单、"现金对账"普通表单、"银行

图 8-55 "首页"导航链接设置示意图

存款日记账"普通表单、"银行对账单"普通表单、"银行存款对账"普通表单和"出纳结算"报表,首页效果如图 8-56 所示。在管理员首页导航中部署的导航链接有"现金日记账管理页""现金盘点单报表""现金对账管理页""银行存款日记账管理页""银行对账单管理页""银行存款对账管理页"和"出纳结算报表",首页效果如图 8-57 所示。

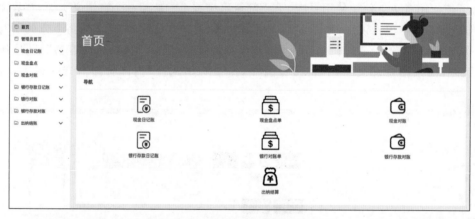

图 8-56 系统首页效果图

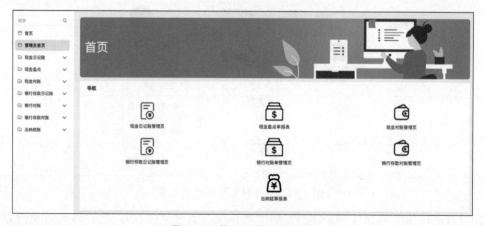

图 8-57 管理员首页效果图

第 9 章

应收应付管理系统

本章将搭建一个应收应付管理系统,用于处理客户或供应商的收付款,管理客户或供应商的应收款、应付款和发票,实现应收应付明细单据查询和管理。

9.1 "应收应付管理系统"案例引入

案例——应收账款危机:上海电气"暴雷"之谜(陈煦江,崔笛,王昕怡,2022)

上海电气全称"上海电气集团股份有限公司",是中国领先的设备制造公司,也是行业内最大的集团之一。经过多年的市场洗礼,上海电气早已在电气设备市场扎稳脚跟。根据数据显示,上海电气以 721 亿元的市值和 1275.09 亿元的收入,在这一排名中名列前茅,在各行业中排名第一。

然而在 2021 年 5 月 30 日深夜,上海电气突然发布一则惊人的公告——《上海电气集团股份有限公司关于公司重大风险的提示公告》,而其业绩暴雷的"罪魁祸首"竟是上海电气仅持股 40% 的子公司——通信公司。截至 5 月 30 日,通信公司 86.72 亿元的应收账款、22.30 亿元的存货、12.52 亿元的商业借款,还包括上海电气向其提供的 77.66 亿元的股东借款,被认为存在重大损失风险,预计无法收回的风险将导致母公司发生重大损失。面对如此大量的坏账,企业的风险识别和内部控制可能存在缺陷,身为国家控股企业,上海电气不仅要为广大投资者负责,也要为国家资本负责。上海电气目前已经收到证监会的监管函,如果坐实信息披露违法,上海电气造成的巨额国有资产流失,无论造成国有资产流失是主观故意还是过失,巨额国有资产流失对上海电气都造成了不可弥补的伤害,责任方要承担法律责任。

与多家知名的子公司以及强大的集团公司相比,这家通信公司的资产、收入及净利润等多项数据都说明该公司的规模狭小:至 2020 年年末,通信公司总资产 101.04 亿元,占上海电气总资产的 3.2%。2020 年通信公司的收入、净利润分别为 29.84 亿元和 0.9 亿元,占上海电气全年对应指标的 2.17% 和 1.71%。从重要程度上来看,通信公司只是资产规模不大、收入规模较小的上海电气众多子公司中微不足道的一员。

然而,通信公司的应收账款融资比例却尤为突出,截至 2020 年年末,通信公司应收款项融资 55.25 亿元,占上海电气该指标的 50.63%,超过半数;应收账款与应收款项融资之和更是占上海电气对应指标之和的 13.53%。对于小小的通信公司来讲,应收账款及融资已经是其营业收入的两倍左右,换句话说,就是赊账了整整两年的收入,这种信用政策太过激进。况且单从应收账款融资来说,通信公司已占据上海电气的一半,这种异样的应收账款融资给母公司带来了巨大的隐患。由于很大一部分应收账款尚未收回,该子公司继续推行激进的信贷政策,拆东墙补西墙,这反映了公司内部控制体系的重大缺陷。

通信公司的销售模式如下:通信公司通常允许客户先支付 10% 的款项,剩余的款项待交付之后分期支付;与此同时,其又预先付给上游供应商 70% 的款项。以目前的情况来看,专网通信领域普遍存在这种商业模式,像通信公司这样以如此低的比例向下游收取预付款,向上游提前支付 70% 甚至全部的款项确实不合理。通信公司如此激进的销售模式和宽松的信用政策刚好体现出其在供应链中议价能力的不足,以及客户信用评估体系的失效。这种销售模式依赖于客户的良好信用,将公司现金流的命运完全转移到客户身上,期望客户不会拖延贷款,但如果客户不付款,就会造成企业巨大的现金流缺口。

这一巨大的现金短缺由上海电气对通信的资金支持来进行填补。据报道,上海电气已累计向通信业贷款 77.66 亿元,2020 年金融支持将大幅增加。可能是巨额的股东借款也成了引发上市公司雷霆之怒的点火开关。当通信公司无法从其客户处收取未付款项时,一个隐藏的导火索则被触发,该上市公司成为其最大的买单者。

一石激起千层浪,公告发布后的第二天上海电气开盘即跌停,一瞬间损失 90 亿市值。

由该案例可以看出,倘若企业进行应收款项融资,就需要警惕应收账款融资带来的风险。第一是融资无法偿还的风险,第二是企业面临的欺诈风险。在上海电气深夜发布公告预警,子公司将面临大量应收账款逾期,母公司也将会受损时,就说明通信公司的现金流已经出现了严重的断裂,两种危机都已浮现。通信公司应收账款暴雷的主要原因是客户信用体系建立的缺陷,进而导致赊销政策选择不当。应收账款管理的事前控制有很大的缺陷。企业在做应收应付账款管理时应当做好事前事后控制,防止风险的发生,而利用好应收应付管理系统可以有效地帮助企业管理应收应付账款,数字化管理系统也可以更好地展示各账款情况,评估、分析其风险情况。

应收账款是指企业在正常的经营过程中因销售商品、产品、提供劳务等业务,应向购买单位收取的款项,包括应向购买单位或接受劳务单位负担的税金、代购买方垫付的各种运杂费等。应收账款是伴随企业的销售行为发生而形成的一项债权。应收账款包括已经发生的和将来发生的债权。前者是已经发生并明确成立的债权,后者是现实并未发生但是将来一定会发生的债权。

应付账款是企业应付的购货款项,它是处理从发票审核、批准、支付直到检查和对账的业务,通常是指因购买材料、商品或接受劳务供应等而发生的债务,这是买卖双方在购销活动中由于取得物资与支付货款在时间上不一致而产生的负债。

应收应付管理的同时包括对于应收账款的管理和应付账款的管理。应收账款管理(Accounts Receivable Management,ARM)是指在赊销业务中,从销售商将货物或服务提供给购买商,债权成立开始,到款项实际收回或作为坏账处理结束,授信企业采用系统的方法和科学的手段,对应收账款回收全过程所进行的管理。其目的是保证足额、及时收回应收账款,降低和避免信用风险。应付账款管理(Accounts Payable Management,APM)指的是将企业经营业务所应支付的账款处理制度化,以加强财务管理,维护公司信誉并掌控资金动向的科学管理手段,企业的生存与发展,信誉极为重要,兑现自己的承诺,为将来的业务合作才能打下良好的信誉基础,因此严格执行合同条款,是企业管理人员必须严肃对待的事情。

应收应付管理子系统由基本信息模块、应收模块、应付模块以及核销模块 4 个部分共同搭建而成。应收模块主要实现企业与客户业务往来账款的核算与管理,以销售发票、费用单、其他应收单等原始单据为依据,记录销售业务及其他业务所形成的往来款项,处理应收款项的收回、坏账、转账等情况；提供票据处理的功能，实现对应收票据的管理。应付模块主要实现企业与供应商之间业务往来账款的核算与管理，以采购发票、其他应付单等原始单据为依据，记录采购业务及其他业务所形成的往来款项，处理应付款项的支付、转账等情况，提供票据处理的功能，实现对应付款的管理。

9.2　"应收应付管理系统"总概

教材讲解
视频

本系统将分成 4 个分组模块，结合普通表单、流程表单、报表、自定义页面进行开发，帮助企业实现应收应付明细单据查询和管理，思维导图如图 9-1 所示。

实验讲解
视频

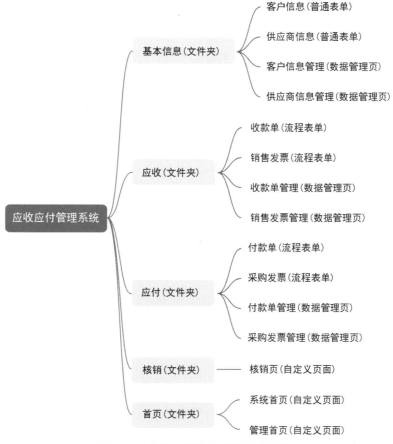

图 9-1　"应收应付管理系统"思维导图

9.3　"基本信息"子模块

教材讲解
视频

该子模块中的"客户信息"与"供应商信息"表单收集用户基本信息，并生成"客户信息管理"与"供应商信息管理"数据管理页，帮助企业更快捷地管理用户。

9.3.1　"客户信息"普通表单

实验讲解
视频

"客户信息"普通表单用于收集企业客户的信息。创建一个普通表单，命名为"客户信息"。该表单中组件名称和类型如图 9-2 所示。

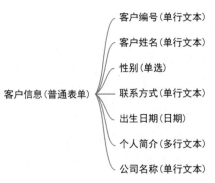

图 9-2 "客户信息"普通表单思维导图

1. 表单设计

在画布中添加 4 个单行文本组件,分别命名为"客户编号""客户姓名""联系方式"和"公司名称",其中,将"客户编号"单行文本组件的描述信息编辑为"系统自动生成",将"联系方式"单行文本组件的格式设置为"手机号"。添加一个"性别"单选组件,在自定义选项中分别批量编辑为"男、女",一行一个选项。添加一个"出生日期"日期组件。添加一个"个人简介"多行文本组件。"客户信息"普通表单效果如图 9-3 所示。

> **客户信息**
>
> **客户编号**
>
> --
>
> 系统自动生成
>
> **客户姓名**
>
> 请输入
>
> **性别**
>
> ○ 男　○ 女
>
> **联系方式**
>
> 请输入
>
> **出生日期**
>
> 请选择
>
> **个人简介**
>
> 请输入
>
> **公司名称**
>
> 请输入

图 9-3 "客户信息"普通表单效果图

2. 表单设置

为了能够使每个客户的客户编号自动生成且不重复,可以利用表单提交后系统自动生成的唯一流水号对客户编号进行填充。

表单设计完成后,进入页面设置的基础设置,在"高级设置"中勾选"用户提交表单/流程后自动生成流水号"复选框,单击后方的"编辑"按钮,如图 9-4 所示。进入设置自定义参数界面设置流水号格式。填写前缀为"CSR",设置日期格式为"年",设置最小后缀位数为 4 位,设置后缀清零规则为"按年",如图 9-5 所示,单击"确定"和"保存"按钮。

图 9-4 "客户信息"普通表单流水号设置示意图

图 9-5 流水号自定义参数设置示意图

接下来,需要将已经设置好的流水号填充到表单的"客户编号"组件中,需要对"客户信息"普通表单进行表单设置,在表单时间的公式执行中添加业务关联规则,如图 9-6 所示,在这里用到 SETSERIALNO() 函数,可以将实例数据流水号填充到指定的组件中。在单据提交中设置公式为"SETSERIALNO(客户编号)",那么当"客户信息"普通表单每一次提交实例数据时,系统自动生成的流水号会填充到"客户编号"组件中。

图 9-6 "客户信息"普通表单业务关联规则设置示意图

9.3.2 "客户信息管理"数据管理页

在创建完"客户信息"普通表单后,通过对"客户信息"普通表单生成数据管理页,并将该数据管理页命名为"客户信息管理",可以对信息进行新增、修改、删除、导入、导出、搜索、筛选等操作,便于管理员对表单信息进行管理,效果图如图 9-7 所示。

图 9-7 "客户信息管理"数据管理页效果图

教材讲解
视频

实验讲解
视频

9.3.3 "供应商信息"普通表单

"供应商信息"普通表单用于收集供应商信息。创建一个普通表单,命名为"供应商信息"。该表单中组件名称和类型如图 9-8 所示。

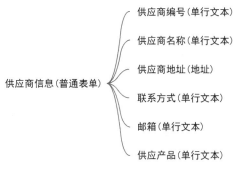

图 9-8　"供应商信息"普通表单思维导图

1. 表单设计

在画布中添加 5 个单行文本组件,分别命名为"供应商编号""供应商名称""联系方式""邮箱"和"供应产品"。其中,将"供应商编号"单行文本组件的描述信息编辑为"系统自动生成",将"联系方式"单行文本组件的格式设置为"手机号",将"邮箱"单行文本组件的格式设置为"邮箱"。添加一个"供应商地址"地址组件。"供应商信息"普通表单效果如图 9-9 所示。

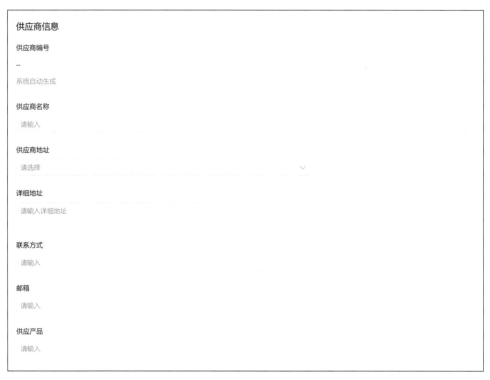

图 9-9　"供应商信息"普通表单效果图

2. 表单设置

为了能够使每个供应商的供应商编号自动生成且不重复,可以利用表单提交后系统自动生成的唯一流水号对供应商编号进行填充。

表单设计完成后,进入页面设置的基础设置,在"高级设置"中勾选"用户提交表单/流程后自动生成流水号"复选框,单击后方的"编辑"按钮,如图 9-10 所示。进入设置自定义参数界面设置流水号格式。填写前缀为"GYS",设置日期格式为"年",设置最小后缀位数为"4"位,设置后缀清零规则为"按年",如图 9-11 所示。单击"确定"和"保存"按钮。

图 9-10 "供应商信息"普通表单流水号设置示意图

图 9-11 流水号自定义参数设置示意图

接下来,需要将已经设置好的流水号填充到表单的"供应商编号"组件中,需要对"供应商信息"普通表单进行表单设置,在表单时间的公式执行中添加业务关联规则,如图 9-12 所示,在这里用到 SETSERIALNO( )函数,可以将实例数据流水号填充到指定的组件中。在单据提交中设置公式为"SETSERIALNO(客户编号)",那么当"供应商信息"普通表单每一次提交实例数据时,系统自动生成的流水号会填充到"供应商编号"组件中。

9.3.4 "供应商信息管理"数据管理页

在创建完"供应商信息"普通表单后,通过对"供应商信息"普通表单生成数据管理页,并将该数据管理页命名为"供应商信息管理",可以对信息进行新增、修改、删除、导入、导出、搜索、筛选等操作,便于管理员对表单信息进行管理,效果如图 9-13 所示。

图 9-12　"供应商信息"普通表单业务关联规则设置示意图

图 9-13　"供应商信息管理"数据管理页效果

9.4　"应收"子模块

应收子模块,即应收管理系统,通过发票、应收单、收款单等单据的录入,即"收款单"流程表单与"销售发票录入"流程表单,生成对企业的往来账款进行综合管理的"收款单管理"数据管理页与"销售发票管理"数据管理页,及时准确地提供供应商的往来账款余额资料。

9.4.1　"收款单"流程表单

"收款单"流程表单用于录入和维护收到的往来账款。创建一个流程表单,命名为"收款

教材讲解
视频

实验讲解
视频

单"。该表单中组件名称和类型如图 9-14 所示。

1. 表单设计

在画布中添加一个"单据号"单行文本组件。添加 5 个下拉单选组件,分别命名为"收款类型""客户编号""客户名称""收款方式""币种"。其中,在"收款类型"组件自定义选项中分别批量编辑为"销售到款、预售定金",一行一个选项;在"客户编号"组件属性中设置选项类型为关联其他表单数据,选择关联的表单为"客户信息",字段为"客户编号";将"客户名称"状态设置为"只读",默认值设置为"数据联动",设置数据关联表为"客户信息",条件规则设置为"客户编号等于客户编号,客户名称联动显示为客户姓名"的对应值,如图 9-15 所示;在"收款方式"下拉单选组件的自定义选项中分别批量编辑为"现金、银行电汇、转账支票、银行兑款支票",一行一个选项;在"币种"下拉单选组件的自定义选项中分别批量编辑币种,如"人民币、美元"等。增加三个数值组件,分别命名为"应收金额""实收金额"和"未收金额"。其中,设置"未收金额"组件的默认值为"公式编辑",输入公式"应收金额－实收金额"。添加一个"账款到期日"日期组件。添加一个"未收原因"多行文本组件。"收款单"流程表单效果图如图 9-16 所示。

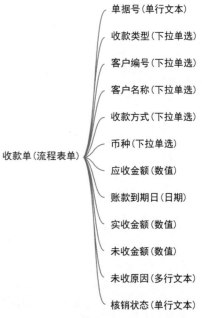

收款单(流程表单)
- 单据号(单行文本)
- 收款类型(下拉单选)
- 客户编号(下拉单选)
- 客户名称(下拉单选)
- 收款方式(下拉单选)
- 币种(下拉单选)
- 应收金额(数值)
- 账款到期日(日期)
- 实收金额(数值)
- 未收金额(数值)
- 未收原因(多行文本)
- 核销状态(单行文本)

图 9-14 "收款单"流程表单思维导图

图 9-15 "客户名称"组件数据联动设置示意

2. 流程设计

在"收款单"提交后,需要有部门主管进行审核,因此需要对流程进行设计。创建新流程,在"发起"后添加一个审批人,设置审批人为"部门主管",选择部门主管为"发起人的第 1 级主管",部门过滤选择"所有部门"和"找不到主管时,由上级主管代审批",多人审批方式选择"会签",即需所有审批人同意;审批按钮中启用"同意"和"拒绝";设置字段权限全选后选择"只

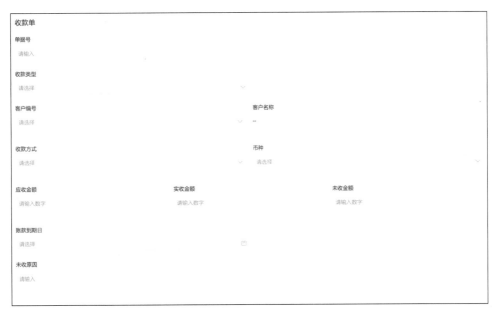

图 9-16　"收款单"流程表单效果图

读"，审批人只能读，不能进行修改；审批按钮中启用"同意""拒绝"和"退回"；设置字段权限全选后选择"只读"。流程设计完毕后单击"保存"和"发布流程"按钮，效果如图 9-17 所示。

图 9-17　"收款单"流程设计示意图

9.4.2　"销售发票"流程表单

"销售发票"流程表单用于录入和维护销售发票。创建一个流程表单，命名为"销售发票"。该表单中组件名称和类型如图 9-18 所示。

1. 表单设计

在画布中添加一个"开票人员"成员组件，在默认值中选择"公式编辑"，输入公式 USER()，该组件能自动获取当前登录人。添加一个"开票日期"日期组件，在默认值中选择"公式编辑"，

教材讲解
视频

实验讲解
视频

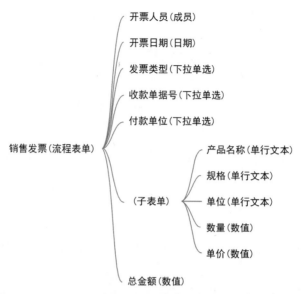

图 9-18 "销售发票"流程表单思维导图

输入公式"TIMESTAMP(TODAY())",该组件可自动获取当天日期。添加三个下拉单选组件,分别命名为"发票类型""收款单据号"和"付款单位"。其中,在"发票类型"组件自定义选项中分别批量编辑为"增值税专用发票、普通发票、专业发票",一行一个选项;在"收款单据号"组件属性中设置选项类型为关联其他表单数据,选择关联的表单为"收款单",字段为"单据号";将"付款单位"状态设置为"只读",默认值设置为"数据联动",设置数据关联表为"收款单",条件规则为"收款单据号等于单据号,付款单位联动显示为客户名称的对应值",如图 9-19 所示。增加一个子表单组件,分别往子表单中拖入三个单行文本组件和两个数值组件,分别命名为"产品名称""规格""单位""数量"和"单价"。添加一个"总金额"数值组件,将状态设置为"只读"。"销售发票"流程表单效果如图 9-20 所示。

图 9-19 "付款单位"组件数据联动设置示意图

销售发票						
开票人员			开票日期			
陈莹莹			👤 2024-03-11			📅
发票类型						
请选择						∨
收款单据号						
请选择						∨
付款单位						
请选择						∨
序号	产品名称	规格	单位	数量	单价	操作
1	请输入	请输入	请输入	请输入数字	请输入量 删除	

图 9-20 "销售发票录入"流程表单效果图

2. 流程设计

在"销售发票"提交后,需要有部门主管进行审核,因此需要对流程进行设计。创建新流程,在"发起"后添加一个审批人,设置审批人为"部门主管",选择部门主管为"发起人的第 1 级主管",部门过滤选择"所有部门"和"找不到主管时,由上级主管代审批",多人审批方式选择"会签",即需所有审批人同意;审批按钮中启用"同意"和"拒绝";设置字段权限全选后选择"只读",审批人只能读,不能进行修改;审批按钮中启用"同意""拒绝"和"退回";设置字段权限全选后选择"只读"。流程设计完毕后单击"保存"和"发布流程"按钮,效果如图 9-21 所示。

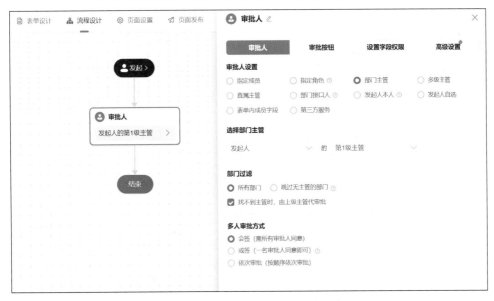

图 9-21 "销售发票录入"流程设计示意图

9.4.3 "收款单管理"数据管理页

在创建完"收款单"流程表单后,通过对"收款单"流程表单生成数据管理页,并将该数据管理页命名为"收款单管理",可以对信息进行新增、修改、删除、导入、导出、搜索、筛选等操作,便于管理员对表单信息进行管理,效果图如图 9-22 所示。

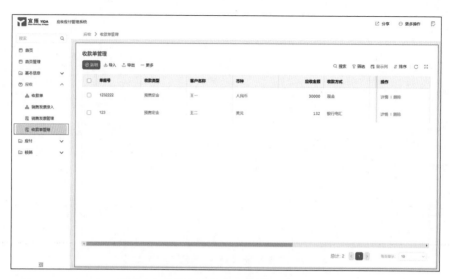

图 9-22 "收款单管理"数据管理页效果图

9.4.4 "销售发票管理"数据管理页

在创建完"销售发票录入"流程表单后,通过对"销售发票录入"流程表单生成数据管理页,并将该数据管理页命名为"销售发票管理",可以对信息进行新增、修改、删除、导入、导出、搜索、筛选等操作,便于管理员对表单信息进行管理,效果图如图 9-23 所示。

图 9-23 "销售发票管理"数据管理页效果图

9.5 "应付"子模块

"应付"子模块,即应付管理系统,主要实现企业与供应商业务往来账款进行核算和管理,采购发票其他应付单等原始单据为依据,通过填写"付款单"流程表单与"采购发票录入"流程表单,记录采购业务及其他业务所形成的应付款项,生成"付款单管理"数据管理页和"采购发票管理"数据管理页,以便处理应付款的管理与维护等。

9.5.1　"付款单"流程表单

"付款单"流程表单用于录入和维护收到的往来账款。创建一个流程表单,命名为"付款单"。该表单中组件名称和类型如图 9-24 所示。

1. 表单设计

在画布中添加一个"单据号"单行文本组件。添加 4 个下拉单选组件,分别命名为"供应商编号""供应商名称""结算方式"和"币种"。其中,在"供应商编号"组件属性中设置选项类型为关联其他表单数据,选择关联的表单为"供应商信息",字段为"供应商编号";将"供应商名称"状态设置为"只读",设置关联供应商表单数据,如图 9-25 所示;在"结算方式"下拉单选组件的自定义选项中分别批量编辑为"现金、银行电汇、转账支票、银行兑款支票",一行一个选项;在"币种"下拉单选组件的自定义选项中分别批量编辑币种,如"人民币、美元"等。增加三个数值组件,分别命名为"应付金额""实付金额""未付金额"。其中,设置"未付金额"组件的默认值为"公式编辑",输入公式"应付金额－实付金额"。添加一个"付款日期"日期组件。添加一个"摘要"多行文本组件。"付款单"流程表单效果如图 9-26 所示。

教材讲解
视频

实验讲解
视频

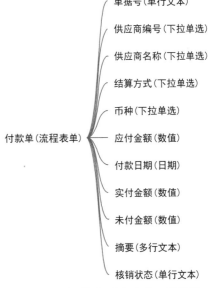

图 9-24　"付款单"流程表单思维导图

图 9-25　"供应商名称"组件关联其他表单数据设置示意图

2. 流程设计

在"付款单"提交后,需要有部门主管进行审核,因此需要对流程进行设计。创建新流程,在"发起"后添加一个审批人,设置审批人为"部门主管",选择部门主管为"发起人的第 1 级主管",部门过滤选择"所有部门"和"找不到主管时,由上级主管代审批",多人审批方式选择"会

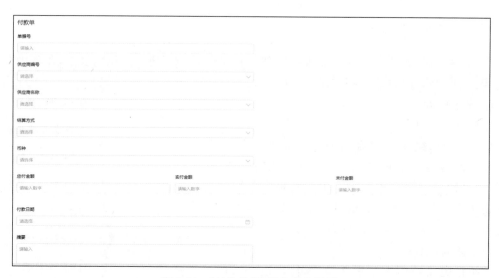

图 9-26 "付款单"流程表单效果图

签",即需所有审批人同意;审批按钮中启用"同意"和"拒绝";设置字段权限全选后选择"只读",审批人只能读,不能进行修改;审批按钮中启用"同意""拒绝"和"退回";设置字段权限全选后选择"只读"。流程设计完毕后单击"保存"和"发布流程"按钮,效果如图 9-27 所示。

图 9-27 "付款单"流程设计示意图

教材讲解
视频

实验讲解
视频

9.5.2 "采购发票"流程表单

"采购发票"流程表单用于录入和维护采购发票。创建一个流程表单,命名为"采购发票"。该表单中组件名称和类型如图 9-28 所示。

1. 表单设计

在画布中添加一个"采购人员"成员组件,在默认值中选择"公式编辑",输入公式"USER()",该组件能自动获取当前登录人。添加一个"开票日期"日期组件,在默认值中选择"公式编辑",输入公式"TIMESTAMP(TODAY())",该组件可自动获取当天日期。添加 4 个下拉单选组

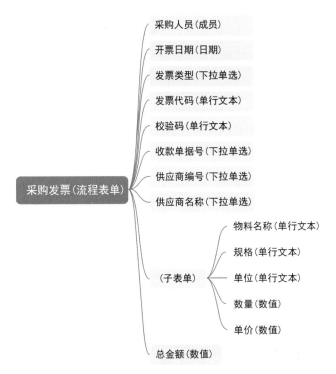

图 9-28　"采购发票"流程表单思维导图

件,分别命名为"发票类型""收款单据号""供应商编号"和"供应商名称"。其中,在"发票类型"组件自定义选项中分别批量编辑为"增值税专用发票、普通发票、专业发票",一行一个选项;将"供应商名称"选项类型设置为"关联其他表单数据",设置关联表单为"供应商信息",字段为"供应商名称",如图 9-29 所示。增加两个单行文本组件,分别命名为"发票代码"和"校验码"。增加一个子表单组件,分别往子表单中拖入三个单行文本组件和两个数值组件,分别命名为"物料名称""规格""单位""数量""单价"。添加一个"总金额"数值组件,将状态设置为"只读"。"采购发票"流程表单效果如图 9-30 所示。

图 9-29　"供应商名称"组件关联其他表单数据设置示意图

2. 流程设计

在"采购发票"提交后,需要有部门主管进行审核,因此需要对流程进行设计。创建新流程,在"发起"后添加一个审批人,设置审批人为"部门主管",选择部门主管为"发起人的第 1 级主管",部门过滤选择"所有部门"和"找不到主管时,由上级主管代审批",多人审批方式选择"会签",即需所有审批人同意;审批按钮中启用"同意"和"拒绝";设置字段权限全选后选择"只读",审批人只能读,不能进行修改;审批按钮中启用"同意""拒绝"和"退回";设置字段权限全选后选择"只读"。流程设计完毕后单击"保存"和"发布流程"按钮,效果如图 9-31 所示。

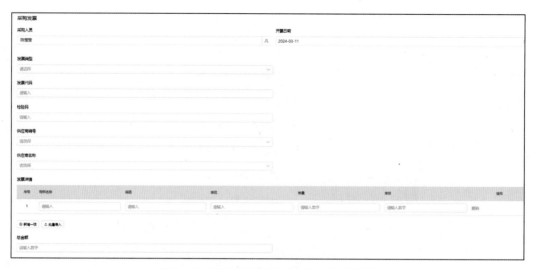

图 9-30 "采购发票录入"流程表单效果图

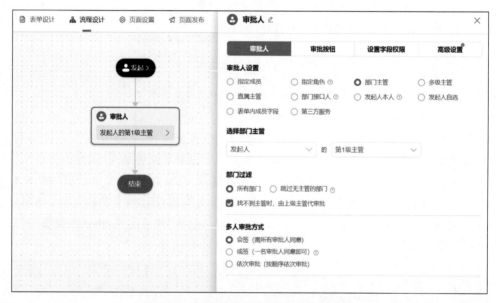

图 9-31 "采购发票录入"流程设计示意图

9.5.3 "付款单管理"数据管理页

在创建完"付款单"流程表单后,通过对"付款单"流程表单生成数据管理页,并将该数据管理页命名为"付款单管理",可以对信息进行新增、修改、删除、导入、导出、搜索、筛选等操作,便于管理员对表单信息进行管理,效果如图 9-32 所示。

9.5.4 "采购发票管理"数据管理页

在创建完"采购发票录入"流程表单后,通过对"采购发票录入"流程表单生成数据管理页,并将该数据管理页命名为"采购发票管理",可以对信息进行新增、修改、删除、导入、导出、搜索、筛选等操作,便于管理员对表单信息进行管理,效果如图 9-33 所示。

图 9-32 "付款单管理"数据管理页效果图

图 9-33 "采购发票管理"数据管理页效果图

9.6 自定义页面

9.6.1 "核销"自定义页面

"核销"自定义页面用于应收单和应付单的核销,表示业务完结,通过核销,可实时关注每笔应收款项的收款及余额情况。自定义界面的效果如图 9-34 所示。

1. 组件设计

新建一个自定义页面,在界面中选择"工作台模板-01"单击使用。将页头文本设置为"首页",将下方的所有组件删除。从组件库中选择一个分组,拖入画布中,命名为"核销"。从组件库中向页面中拖入两个分组,分别命名为"应收核销"和"应付核销",并分别往两个分组中拖入

教材讲解
视频

实验讲解
视频

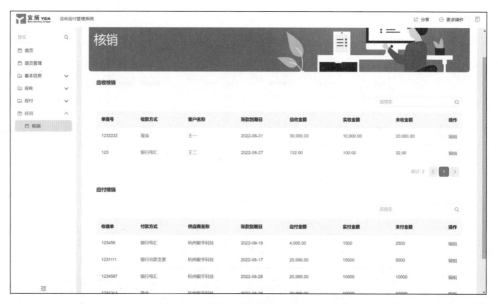

图 9-34 "核销"自定义界面效果图

一个表格组件,如图 9-35 所示。

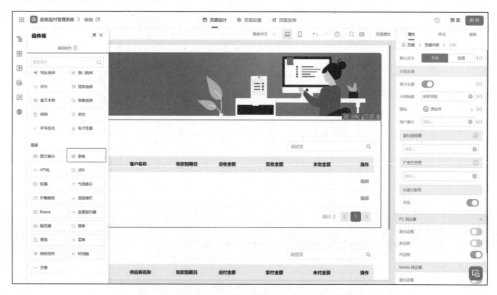

图 9-35 "核销"自定义页面组件部署示意图

依次设置"应收核销"表格字段的数据列。设置标题为"单据号",数据字段为"num",数据类型为"文本",编辑格式为"文本",宽度为150,如图 9-36 所示。设置标题为"收款方式",数据字段为"way",数据类型为"文本",编辑类型为"文本",宽度为"200";设置标题为"客户名称",数据字段为"csrname",数据类型为"文本",编辑格式为"文本",宽度为 200。设置标题为"账款到期日",数据字段为"time",数据类型为"时间",编辑格式为"文本",时间格式为"年-月-日",宽度为 180。设置标题为"应收金额",数据字段为"amount",数据类型为"金额",编辑格式为"文本",宽度为 200。设置标题为"实收金额",数据字段为"pamount",数据类型为"金额",编辑格式为"文本",宽度为 200。设置标题为"未收金额",数据字段为"npamount",数据类型为"金额",编辑格式为"文本",宽度为 200。

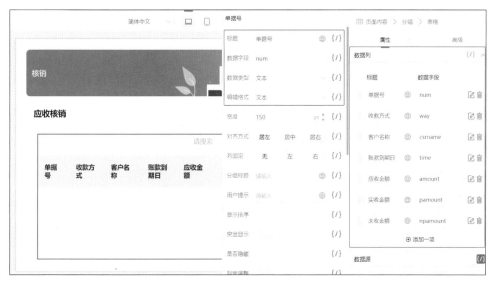

图 9-36　表格数据列设置示意图

"应付核销"表格字段的数据列与"应收核销"类似，不再赘述。

2. 动作设置

在属性的高级中进行表格动作设置"分页、搜索、排序时触发"，"应收核销"函数名称为 onFetchData1，"应付核销"函数名称为 onFetchData2，如图 9-37 所示。

图 9-37　表格动作设置示意图

在左侧菜单栏的动作面板中编写页面 JS 代码，代码如下。

```
1.  /**
2.   * tablePconFetchData
3.   * @paramparams.currentPage 当前页码
4.   * @paramparams.pageSize 每页显示条数
5.   * @paramparams.searchKey 搜索关键字
6.   * @paramparams.orderColumn 排序列
7.   * @paramparams.orderType 排序方式(desc,asc)
8.   * @paramparams.from 触发来源(order,search,pagination)
9.   */
```

```
10. exportfunctiononFetchData1(params){
11. //如果是搜索的话翻页重置到1
12. if(params.from === 'search'){
13. params.currentPage = 1;
14. }
15.
16. //如果需要把表格查询条件保存起来,可以取消下一行注释,并添加一个 params 的变量类型数
    //据源
17. //this.setState({tableParams:params});
18.
19. //如果使用远程接口作为表格数据源,理论上只需要将下方的"dataSourceName"改为实际的数据源
    //名称即可
20. this.dataSourceMap['getDatas'].load(params);
21. }
22.
23. /**
24.  * tablePconFetchData
25.  * @paramparams.currentPage 当前页码
26.  * @paramparams.pageSize 每页显示条数
27.  * @paramparams.searchKey 搜索关键字
28.  * @paramparams.orderColumn 排序列
29.  * @paramparams.orderType 排序方式(desc,asc)
30.  * @paramparams.from 触发来源(order,search,pagination)
31.  */
32. exportfunctiononFetchData2(params){
33. //如果是搜索的话翻页重置到1
34. if(params.from === 'search'){
35. params.currentPage = 1;
36. }
37.
38. //如果需要把表格查询条件保存起来,可以取消下一行注释,并添加一个 params 的变量类型数
    //据源
39. //this.setState({tableParams:params});
40.
41. //如果使用远程接口作为表格数据源,理论上只需要将下方的"dataSourceName"改为实际的数据源
    //名称即可
42. this.dataSourceMap['getDatas2'].load(params);
43. }
```

3. 数据源设置

在右侧属性数据源中,设置数据主键为 instid。在左侧菜单栏中的"数据源"中进行数据源的设置,如图 9-38 所示。

新建两个变量,分别命名为"searchKey"和"searchKey2",在数据中输入""""(两个英文的双引号);新建两个变量,分别命名为"page1"和"page2",在数据中输入"1"。

新建一个远程 API,命名为"getDatas",设置请求地址为"/dingtalk/web/APP_QXGMJIF6GB4OAJHKDEZG/v1/form/searchFormDatas.json"。

其中,"APP_QXGMJIF6GB4OAJHKDEZG"为该应用的应用编码,可以从应用设置中的部署运维进行查看,如图 9-39 所示,也可以直接从应用网址中获得。设置请求方法为"GET"。单击请求参数的"使用变量"按钮,在变量输入框中设置如下代码。其中,第 5 行"formUuid"为"收款单"流程表单的页面编码。

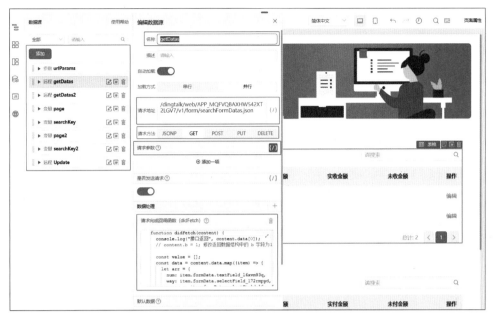

图 9-38 "核销"自定义页面数据源设置示意图

图 9-39 应用编码和表单编码示意图

```
1. {
2. searchFieldJson:JSON.stringify({
3. selectField_l6xvm940:state.searchKey
4. }),
5. formUuid:"FORM - A8666NA1K453TPF2FDF9B4RISF8Q24CRLVX6L1",
6. currentPage:state.page,
7. pageSize:5(设置每页数据为 5 条)
8. }
```

在数据处理中,编写请求完成回调函数(didFetch()),每个数据字段使用相应组件的唯一标识,代码如下。

```
1.  functiondidFetch(content){
2.    console.log("接口返回",content.data[0]);
3.    //content.b = 1;修改返回数据结构中的 b 字段为 1
4.
5.    constvalue = [];
6.    constdata = content.data.map((item) =>{
7.    letarr = {
8.      num:item.formData.textField_l6xvm93q,(此处为收款单单据号组件的唯一标识)
9.      way:item.formData.selectField_l72rmpyd,(此处为收款单收款方式组件的唯一标识)
10.     csrname:item.formData.selectField_l6xvm940,(此处为收款单客户名称组件的唯一标识)
11.     time:item.formData.dateField_l72rmpyl,(此处为收款单账款到期日组件的唯一标识)
12.     amount:item.formData.numberField_l6xvm944,(此处为收款单应收金额组件的唯一标识)
13.     pamount:item.formData.numberField_l72rmpyi,(此处为收款单实收金额组件的唯一标识)
14.     npamount:item.formData.numberField_l72rmpyf,(此处为收款单未收金额组件的唯一标识)
15.     instid:item.formInstId
16.   }
17.   value.push(arr);
18.   console.log(arr);
19.   })
20.   letresult = {
21.     "data":value,
22.     "currentPage":content.currentPage,
23.     "totalCount":content.totalCount
24.   }
25.   returnresult;              //重要,需返回 content
26. }
```

对数据源进行变量绑定,单击数据源属性后的"{/}"按钮,进入变量绑定界面,选择变量列表为"数据源",在变量输入框内设置"state.getDatas",如图 9-40 所示。

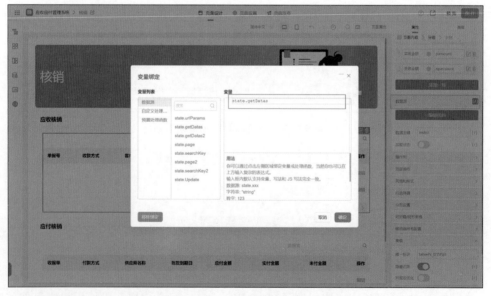

图 9-40　自定义页面数据源变量绑定示意图

"应付核销"表格的数据源设置与"应收核销"的类似,不再赘述。

4. 操作列设置

接下来进行操作列的设置。在属性中找到操作列,进入后在操作箱中添加一项,如图 9-41 所示,将标题命名为"编辑",设置回调函数,响应动作选择"页面 JS",函数名称为"onTableRowEdit1",如图 9-42 所示。

图 9-41　自定义页面表格操作列设置示意图

图 9-42　操作列"编辑"回调函数设置示意图

单击"编辑"按钮,需要弹出一个对话框对组件进行修改,因此需要在画布中添加组件库中的对话框组件,命名为"应收编辑表"。在对话框中添加"单据号"组件、"收款方式"组件、"客户名称"组件、"账款到期日"组件、"应收金额"组件、"实收金额"组件和"未收金额"组件,组件的类型和属性设置同"收款单"流程表单的组件。其中,"单据号""收款方式""客户名称""账款到期日"和"应收金额"组件的状态设置为"隐藏"。另外添加一个"ID 存储"单行文本组件,将状态设置为"隐藏"。"应收编辑表"对话框效果如图 9-43 所示。想要查看对话框,可以通过单击左侧菜单栏的大纲树查看,想要隐藏对话框可以单击对话框右上角的"隐藏"按钮。

选中"确定"按钮,在高级的动作设置中新建动作,命名为"onOk1",如图 9-44 所示。

第二个表格"应付核销"的操作列设置与第一个表格"应收核销"类似,部署过程不再赘述。完成以上设置后,在动作面板页面编写 JS 代码,代码如下。

图 9-43 "应收编辑表"对话框设置示意图

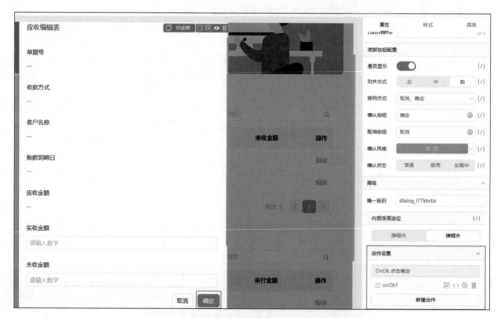

图 9-44 对话框"确定"按钮设置示意图

```
1.  exportfunctiononTableRowEdit1(rowData){
2.  this.$('dialog_l77khrbz').show(()=>{
3.  this.$("textField_l6xvm93q").setValue(rowData.num);
4.  this.$("selectField_l72rmpyd").setValue(rowData.way);
5.  this.$("selectField_l6xvm940").setValue(rowData.csrname);
6.  this.$("dateField_l72rmpyl").setValue(rowData.time);
7.  this.$("numberField_l6xvm944").setValue(rowData.amount);
8.  this.$("numberField_l72rmpyi").setValue(rowData.pamount);
9.  this.$("numberField_l72rmpyf").setValue(rowData.npamount);
10. this.$("textField_l77khrc1").setValue(rowData.instid)
11. });
12. }
13.
```

```
14.  /**
15.   * dialogonOk
16.   */
17.  exportfunctiononOk1(){
18.  constupdateparams = {
19.  formInstId:this. $ ('textField_l77khrc1').getValue(),
20.  updateFormDataJson:JSON.stringify({
21.  "numberField_l6xvm944":this. $ ('numberField_l6xvm944').getValue(),
22.  "numberField_l72rmpyi":this. $ ('numberField_l72rmpyi').getValue(),
23.  "numberField_l72rmpyf":this. $ ('numberField_l72rmpyf').getValue()
24.  })
25.  }
26.  this.dataSourceMap.Update.load(updateparams).then(res = >{
27.  this.utils.toast({
28.  title:'修改成功',
29.  type:'success',
30.  size:'large',
31.  });
32.  });
33.  this. $ ('dialog_l77khrbz').hide();
34.  setTimeout(() = >{
35.  this.dataSourceMap['getDatas'].load();
36.  },1000);
37.  }
38.
39.  exportfunctiononTableRowEdit2(rowData){
40.  this. $ ('dialog_l77lzm09').show(() = >{
41.  this. $ ("textField_l77lzm0n").setValue(rowData.num);
42.  this. $ ("selectField_l77lzm0l").setValue(rowData.way);
43.  this. $ ("selectField_l77lzm0m").setValue(rowData.gysname);
44.  this. $ ("dateField_l77lzm0j").setValue(rowData.time);
45.  this. $ ("numberField_l77lzm0k").setValue(rowData.amount);
46.  this. $ ("numberField_l77lzm0i").setValue(rowData.pamount);
47.  this. $ ("numberField_l77lzm0h").setValue(rowData.npamount);
48.  this. $ ("textField_l77lzm0w").setValue(rowData.instid)
49.  });
50.  }
51.
52.  /**
53.   * dialogonOk
54.   */
55.  exportfunctiononOk2(){
56.  constupdateparams = {
57.  formInstId:this. $ ('textField_l77lzm0w').getValue(),
58.  updateFormDataJson:JSON.stringify({
59.  "numberField_l6xvm944":this. $ ('numberField_l77lzm0k').getValue(),
60.  "numberField_l72rmpyi":this. $ ('numberField_l77lzm0i').getValue(),
61.  "numberField_l72rmpyf":this. $ ('numberField_l77lzm0h').getValue()
62.  })
63.  }
64.  this.dataSourceMap.Update.load(updateparams).then(res = >{
65.  this.utils.toast({
66.  title:'修改成功',
67.  type:'success',
68.  size:'large',
```

```
69.   });
70.   });
71.   this.$('dialog_l77lzm09').hide();
72.   setTimeout(()=>{
73.   this.dataSourceMap['getDatas2'].load();
74.   },1000);
75.   }
76.  }
```

教材讲解
视频

实验讲解
视频

9.6.2 首页自定义页面

为了使使用者更方便地使用系统,需要部署系统首页。新建一个自定义页面,在界面中选择"工作台模板-01"单击使用,如图9-45所示。将页头文本设置为"首页",将下方的所有组件删除。从组件库中选择一个分组,拖入画布中,命名为"导航"。通过"布局容器""链接块"和"容器"等组件,插入图片和文字,在链接设置中,链接类型选择"内部页面",选择页面选择相应页面,如图9-46所示。

图 9-45　新建自定义页面示意图

图 9-46　"首页"导航链接设置示意图

针对普通使用者和管理者分别创建相应的系统首页和管理员首页,在系统首页导航中部署的导航链接有"客户信息"流程表单、"供应商信息"流程表单、"销售发票录入"流程表单、"销售发票录入"流程表单、"核销"自定义页面,首页效果如图 9-47 所示。在管理员首页导航中部署的导航链接有"客户信息管理"数据管理页、"供应商信息管理"数据管理页、"销售发票管理"数据管理页、"收款单管理"数据管理页、"采购发票管理"数据管理员、"付款单"数据管理页、"核销"自定义页面,首页效果如图 9-48 所示。

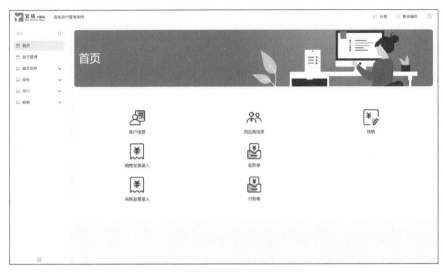

图 9-47 系统首页效果图

图 9-48 管理员首页效果图

第 **10** 章

数字化管理系统开发实战

本章以全屋定制行业为例,用钉钉宜搭低代码平台搭建一个企业数字化管理系统。全屋定制工厂是典型的生产型企业,根据业主对衣柜家居的要求进行定制化生产。客户的个性化需求带来的管理压力,更适合于对订单的过程管理、物料的采购管理、生产加工的工序管理,以及订单的收款及成本计算的财务管理,实现数字化的改造。

10.1 "数字化管理系统"案例引入

随着科技的飞速发展,数字化管理已成为企业运营的核心。数字化管理系统不仅能够帮助企业提高工作效率,降低运营成本,还能优化决策过程,增强市场竞争力。本节将通过一个案例梳理传统工厂存在的问题与企业数字化管理的优势,并对应用定制开发与系统集成两部分数字化管理系统运维内容进行介绍。

10.1.1 案例介绍

传统工厂存在订单生产进度混乱、不明确的问题,会导致物料采购漏项少采,影响生产备料;由于表格做的库存台账不便于查询实时库存,采购人员只能凭借记忆或者少量查询到的内容进行采买,极易造成物料的库存积压,占用公司生产基金;生产管理的人工排单容易导致漏单和延期;只有手工订单信息,管理层只能自行询问岗位负责人,无法一键查询。

而通过低代码平台赋能,全屋定制工厂实现了数字化改造,向数字工厂迈进——智能进销存实现了订单的入库出库和待执行的任务线上便捷查看,生产报工实现了工序进程与岗位绩效的查询、生产效率的督促,自动算薪可以自动计算有提成的技工岗位的当日薪资,智能财务实现已收款代收款成本、毛利率的自动计算。工厂还可以通过线上信息向客户和经销商去汇报生产进度,甚至进行催款的提醒节点日志,这样可以对每一个工序、每一个环节的耗时情况,以及是否卡顿的提醒及效率进行管控;智能工作日报算法会自动生成每个员工的工作日报、周报,系统自动获取员工的操作内容,获取他们的工作结果,展现工作变化;高层管理人员可以通过手机、计算机,或者通过数据大屏、各种报表等,远程监管工厂所有的信息。

有了数字化管理系统之后,全屋定制工厂的管理人员可以远程监管员工的每日工作内容、工厂订单增加情况、物料采购情况、仓库库存内容,所有的数据都可以通过"管理驾驶舱"快捷、一目了然地了解到工厂的实际情况。

由此可见,传统工厂在订单管理、采购管理、仓库管理、生产管理等方面存在痛点,而企业数字化的优点是经销商可以通过平台自主地去下单查单,派工单的电子化实现了一键打印,手机查看和数控程序的远程下载、数字物料实现了仓库管理的数字化,账实相符、精准有效,采购智能化可以自动计算订单的物料需求,查询库存,自动生成应该需要的采购清单。传统痛点和数字化优势对比如表 10-1 所示。

表 10-1 传统痛点和数字化优势对比

传统管理欠缺点	订单进度不明确 人工找单费时耗力	物料库存手工账 月月盘点账实不符	人工采购账不明 采购进度问采购	生产财务算不清 专项人力算账务
	人工排产插队多 混合生产订单乱序	生产工单手写麻烦 字迹模糊难看清	数控程序 U 盘传 生产人员跑腿传	管理欠缺 日常事务管理耗心费力
企业数字化优点	微信报单查单 经销商自主下单查单便捷	派工单电子化 一键打印,手机查看、数控程序远程下载	数字物料 实现仓库管理数字化,账实相符精准有效	采购智能化 自动计算订单的库存欠缺生成采购清单
	智能进销存 实现入库出库待执行任务进行销项	生产报工 实现工序进程、岗位绩效生产效率的督促	自动算薪 提成记工岗位自动计算工资	智能财务 已收款待收款、成本毛利率的自动计算
	自动消息通知 短信向客户和经销商汇报生产进度	节点日志 工序节点耗时、卡顿提醒、效率管控	智能工作日报 自动生成每个员工的工作日报	老板管理驾驶舱 远程监管工厂所有信息

然而,其他数字化管理系统都是通用的,行业自身只使用其中很小一部分功能,大部分模块用不上,而且多系统之间的数据连通性很差;低代码平台可以把各数字化管理系统所能用到的模块集合起来,集百家所长设计出一个行业专属的数字化方案,这套管理系统围绕订单的生产,实现产销数字化管理。因此,低代码平台的便捷性是可以根据客户的需求进行二次开发和迭代,从业务的角度去开发软件,也更加契合于业务的使用。

与此同时,数字化管理系统软件开发运维是确保企业应用系统正常运行和高效运作的重要环节。在现代企业中,应用软件开发运维面临着日益复杂和多样化的挑战。随着企业应用软件的规模和复杂度不断增加,传统的软件开发运维已经无法满足快速变化的需求。因此,应用软件开发运维需要借助各种先进的工具和技术来提高效率和质量。应用软件运维可以监控、管理和维护企业的应用软件,以保证系统的稳定性、安全性和性能优化。

10.1.2 应用定制开发

应用定制开发能够根据具体的业务需求和流程进行定制,实现个性化和专业化的应用系统。企业通过对应用的定制开发,能够满足特定需求;提高工作效率;不同部门和系统之间的数据可以进行集成和互通,避免重复的数据录入和处理工作;以及具备灵活性和可扩展性,能够根据企业的发展和变化进行相应的调整和扩展,为企业的发展带来巨大的价值和竞争优势。在进行应用定制开发之前,首先需要梳理管理需求和选择合适的供应商,这一步骤是确保项目顺利进行的重要环节。

首先,梳理管理需求。需求梳理主要针对需求的业务 Owner 、关键参与者代表展开需求调研。调研人员需要充分理解业务需求的应用场景,并认真分析需求在产品落地后的价值。在进行需求调研之前,应知会流程 Owner 收集相关的需求材料,如原始表单、现有的制度规定、流程图等,以便调研人员更快地理解业务场景,提高效率。调研结束后,调研人员将整理成需求说明书。并与业务 Owner 进行沟通,确保双方对需求的理解一致。如有必要应重复这个过程,直到需求得到确认。

其次,选择合适的供应商。软件供应商的选择至关重要,不同软件供应商的产品支持不同的生产类型,有些仅在某种特定生产类型上有优势。供应商不仅提供软件,还提供关键实施培训工作、项目支持和质量控制。企业在选择供应商时,应考虑软件的技术先进性、功能齐全性以及易用性,同时要确保供应商拥有稳定、及时的技术团队和丰富的经验。供应商最好有同行业客户服务经验和成功实施信息化的案例,这样可以有效降低实施风险,并显著缩短软件编码体系等基础数据准备的实施周期。

再次,建立核心项目小组。小组成员包括业务部门与技术支持部门人员,只有在两个部门的紧密配合下,才能保证项目有序开展。

最后,验收开发项目。当项目范围内的所有工作完成,并达成项目目标时,即可进入项目的验收工作。这个阶段的主要工作是撰写验收报告和进行最后的知识转移。在完成验收后,应按照计划有条不紊地进行项目的内部收尾程序,主要包括撰写项目总结报告、归档工作。

10.1.3　系统集成

应用软件维护是保持软件系统稳定运行和持续发展的关键过程。随着技术的发展和业务的需求变化,应用软件面临着不断的挑战和风险。因此,进行定期的软件维护工作对于确保应用的可靠性和可用性至关重要。

1. 统一办公入口

统一办公入口是通过开发者后台,直接将企业系统的链接创建为数字化管理平台上的应用,并发布到数字化管理工作台上,实现"快捷"的上平台体验。

2. 自有系统免登

自有系统免登是将企业内各个业务系统入口集成在数字化管理工作台内,实现在工作台内单击应用后无须输入数字化管理平台的账号和密码,应用程序自动获取当前用户身份,并实现一键登录系统。这种系统常用于数字化管理平台的三方应用、H5微应用和数字化管理平台上的自有小程序。一旦接入了免登功能,用户打开应用时会直接进入系统页面,无须登录操作,方便快捷。

3. 内部应用和第三方免登

企业内部应用免登即企业员工在数字化管理平台内使用企业内部应用时无须输入账号和密码。第三方企业应用免登即企业员工在数字化管理平台内使用第三方企业应用时无须输入账号和密码。

4. 内网应用穿透

数字化管理平台企业应用网关,为企业提供了内网应用在外网安全访问的能力,可以替代传统的VPN方案,并且基于云计算的网络加速能力提升应用访问速度。该产品以零信任为理念,提供持续动态的访问准入校验,最大程度上保障企业数字信息安全。

5. 连接器系统集成

连接器是指一种用于连接不同系统之间数据和功能的工具。通过统一协议接入各类应用/系统,提供强安全、高可用、轻量化的连接能力,同时输出覆盖各类业务场景的应用标准数据模型,为数字化管理平台上的业务应用输出标准化的数据和服务调用,解决客户应用互联、业务自动化问题。关于连接器的基础知识已在《数字化管理师(初级)》中进行过讲解,故不做赘述,下文主要讲述如何自建连接器。

10.2　数字化管理系统应用实例

实验讲解
视频

数字工厂是一种基于数字化管理系统的先进制造模式,通过搭建信息技术平台,实时收集、分析和应用生产数据,实现生产过程的可视化、灵活调度和智能优化。数字工厂在生产过程中广泛应用了各类技术,如物联网、大数据分析、人工智能等,使得整个生产过程更加高效、智能和可持续。

10.2.1　数字工厂背景

教材讲解
视频

全屋定制工厂是典型的生产型企业,根据业主对衣柜家具的要求进行定制生产,客户个性化需求带来的管理压力,更适合对订单的过程管理、物料的采购管理、生产加工工序的管理和订单收款及成本的财务管理实现数字化改造。图 10-1 为万平现代化家具生产工厂,图 10-2 为工厂平面图。

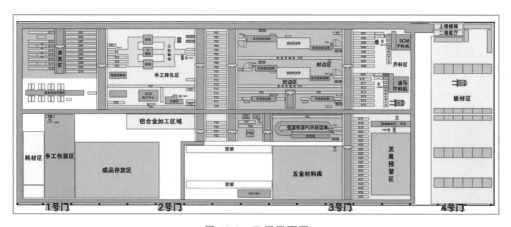

图 10-1　万平现代化家具生产工厂

图 10-2　工厂平面图

数字化的第一步是要了解岗位,从业务角度去分析流程,可以使用思维导图工具去书写编辑每个岗位的工作职责和工作流程,从使用人的角度去明确表单字段内容和跨岗交流关系,也就是 A 岗要交给 B 岗什么资料,B 岗要从 A 岗获得什么资料,一定要从双方的角度去思考问题,给予和获取要综合考虑来避免数据遗漏。如图 10-3 所示为工厂组织结构。

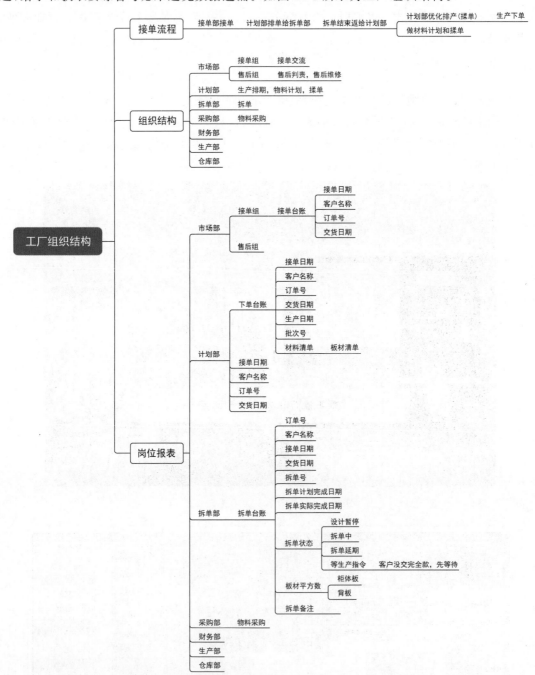

图 10-3 工厂组织结构

组织结构、人员通讯录、部门职责可以帮助我们快速地了解这个工厂的运行逻辑,如图 10-4～图 10-6 所示分别为本工厂部分岗位人员职责和上下游关系。

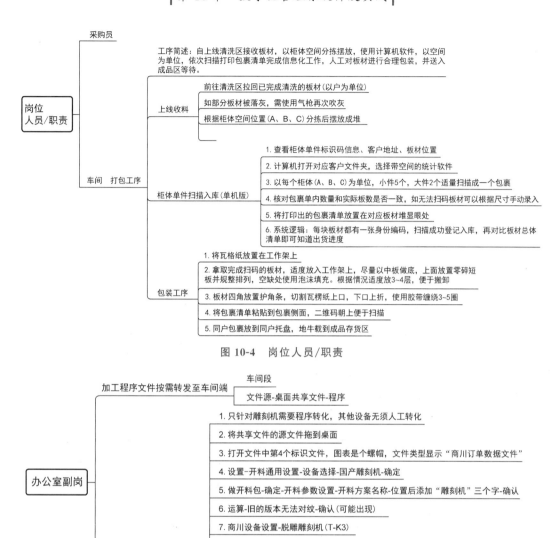

图 10-4　岗位人员/职责

图 10-5　办公室副岗

当所有岗位都有明确的岗位职责和关联关系后,制作流程图,可以从简单到复杂,生产型企业可以先明确主框架:接-产-销,再去丰富骨架,将"接"分解成销售台账、销售报单、销售跟进,"产"分解成生产计划、生产需求、物料采购、排产报工,"销"分解成销售合同、成品库存、订单财务等环节。如图 10-7 所示为数字系统设计框架。

根据绘制的流程图,可以用连线的方式去明确上下级关系、数据流动方向,再去考虑核心

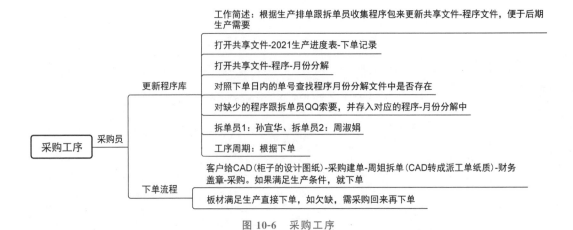

图 10-6　采购工序

数字系统设计框架

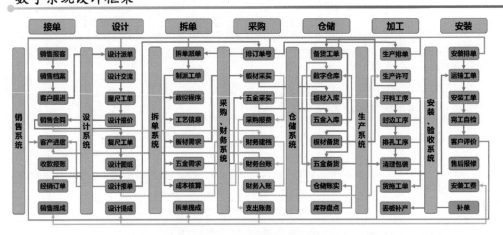

梳理业务流程编写系统框架输出数据联动逻辑

图 10-7　数字系统设计框架

数据的存档和其他表单的数据联动调取关系。

10.2.2　应用搭建

业务流程梳理完之后,开始系统的搭建。首先,建立系统常用的一些数据设置底表,便于其他表单的数据调取和数据设置,属于前置工作。

1. 基础设置底表

设定基础设置底表的目的是存储高频复用数据以便于数据联动。首先,在实施低代码数字方案时,需要特别注意数据源有多种,但后续数据联动必须从最早、最准确的数据源中取得数值,以避免人为或算法延迟等异常情况导致的数据丢失。其次,为避免重复创建数据,必须编写实例唯一校验来保证唯一性数据的准确性。此外,基础设置底表的另一个作用是方便使用人员快速地修改数据,例如,下拉单选表单中的默认选项。若要进行修改,必须具备编辑权限,并找到相应的表单和字段进行修改,这对业务使用人员来说是比较烦琐的。因此,在大多数情况下,会创建基础设置底表来存储高频复用数据,以使得使用人员只需拥有新增和删除权限即可修改数据,使用起来更加方便。与目标表下拉单选组件进行关联后,只需设置选项类型即可实现与基础设置底表中对应数据的同步联动。

首先,打开宜搭页面,建立分组,起名"基础设置",后续的基础设置底表都存到这个分组里,便于分类。

员工花名册的作用是在宜搭系统中复制员工花名册的台账,主要通过成员组件来存储数据,以便后续某些表单进行数据联动。可以说,它起到了中间表的作用,其主要应用在生产报工表单中。如图 10-8 所示为员工花名册效果图。

图 10-8 员工花名册效果图

经销商台账的作用是记录销售端代理产品的经销商信息。如图 10-9 所示为经销商台账底表效果图。

图 10-9 经销商台账底表效果图

创建普通表单时,需使用文本组件创建经销商名称、联系电话,经销商代码等字段,经销商代码是考虑在某些情况下需要隐藏经销商信息,但内部人员需要知晓是哪家经销商,为实现此目的,可以使用公式 PINYINHEADCHAR(经销商名称)填充首字母,例如海尔,填充 HL。订单查询用关联查询组件,关联表单订单池,并筛选匹配经销商名称来显示这个经销商下所有的订单信息,这里注意要设置表单检验、公式校验,使用 EXIST(经销商名称)来校提提交时,经销商名称是实例唯一的,如果不是则阻断提交并提示。这样可避免经销商台账出现重复记录的情况。

物料供应商台账,使用文本组件创建供应商、供应商电话,工单的作用是为物料数字仓库台账做供应商底表,便于后期选择,同时进行实例唯一校验。如图 10-10 所示为物料供应商台账底表效果图。

岗位提成台账,使用文本组件创建岗位,数值组件创建基数,并为数值组件设置多位小数

图 10-10　物料供应商台账底表效果图

点,工单的作用是根据已记工数据为单位计算相应的提成金额,这里以固定提成为例,如需使用阶梯提成,则需要另外设置。如图 10-11 所示为岗位提成台账底表效果图。

图 10-11　岗位提成台账底表效果图

2. 设计模块

设计模块包括设计报单流程表单。设计报单是一个重要的设计模块,它在数字工厂中扮演着关键角色。

设计报单模块可以被视为通用 ERP 系统中的合同表单,通常由文员或第一道工序负责上报订单信息,并手动录入订单的基础信息。因此,在填写自身数据的同时,还需要考虑同步创建其他相关的中间表。此外,在开发低代码系统时,必须考虑以第一次录入的数据作为精准数据,以避免后续使用人员或算法等原因造成数据失真的情况。

1) 创建流程表单

在业务的实际流程中,设计师会上门为客户进行测量,然后使用诸如酷家乐、三维家等设计软件进行衣柜的设计。设计的目标是确定衣柜的具体设计方案。一旦设计方案确认无误,将输出 CAD 设计图纸,其中包括衣柜的平面图、俯视图、立体图等详细设计信息。这些 CAD 设计图纸接下来将提供给拆单岗位,作为他们进行拆单工作的依据。因此,需要考虑如何进行报单并告知系统有一个新的订单。随后,需要将订单分配给拆单岗位,让他们抢单并处理。

创建经销商信息分组字段过程:首先,可以创建一个分组,将其命名为“经销商信息”。然后,可以使用布局容器对字段进行排版,这样可以更好地控制布局,并可以设置边框来使其更加明显。接下来,需要选择关联表单组件,并将其与“经销商台账”进行关联。这样,数据就可以填充到“经销商”和“经销商代码”的文本组件中。并打开“允许新增”选项,这样设计师在选择时可以快速添加新的经销商信息。“设计归属”为成员组件,可以设置为快捷配置当前登录人。而“设计日期”是一个时间组件,可以快捷配置为当前日期(今天的日期)。通过这样的设置,可以让表单更加便捷地记录设计归属和日期信息。如图 10-12 所示为设计报单效果图。

创建设计信息分组过程:订单编号可以使用流水号组件来生成。可以使用文本组件来输入客户名称,使用日期组件来记录与客户约定的货物交付日期。通过下拉单选组件可以选择生产排序和订单属性。使用数值组件来输入投影面积,而设计提成则可以通过数值组件,并写入公式“投影面积×提成基数”来自动计算设计提成。合同价格可以通过数值组件进行输入,而设计 CAD 则可以使用附件组件添加。使用文本组件来添加设计备注,而工期天数可以通过添加文本组件并使用公式“DAYS(DATE(交付约定),DATE(设计日期))”计算。该公式用于计算交付约定日期和设计日期之间的时间差,并使用集成自动化实现日期的刷新,每天能够自动计算剩余工期天数。

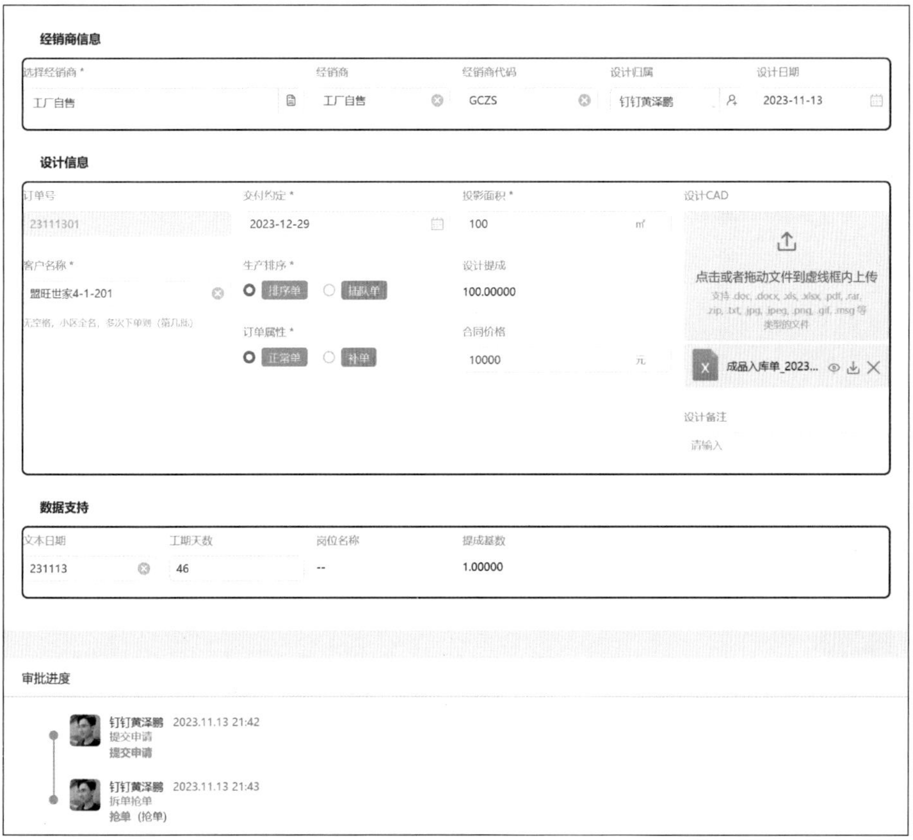

图 10-12　设计报单效果图

2）流程设计

提交后,发起人可以设置审批节点,节点名称是拆单员抢单,并选择指定成员(拆单岗位),审批方式选择多人审批,采用"或签"方式。在审批按钮上,将"同意"改成"抢单",退回和收回操作可以让报单人进行修改。根据这样的流程逻辑,设计师提交报单后,所有的拆单师都会在OA系统中收到待审批通知。第一个单击抢单"同意"的则视为接单人,流程结束。

3）业务关联规则设计

(1)订单池新增。将其规则类型设置为关联操作,设置审批节点为开始节点,并使用UPSERT公式来实现与订单号的匹配,进行表单新增操作,这样的业务逻辑实现了当设计报单提交后,会自动新增到订单池。如图 10-13 所示为订单池新增业务规则。

(2)财务台账新增。将规则类型设置为关联操作,设置审批节点为开始节点,使用UPSERT公式来实现用订单号匹配,进行表单新增操作,这样的业务逻辑实现了当设计报单提交后,会自动新增财务台账。如图 10-14 所示为财务台账新增账业务规则。

(3)流程撤销删除订单池。将节点类型设置为审批节点,触发方式设置为拒绝/退回,规则类型设置为关联操作,这样的业务逻辑实现了当设计报单被撤销或拒绝后自动删除前面创建的订单池。如图 10-15 所示为流程撤销删除订单池业务规则。

(4)流程撤销删除财务台账。将节点类型设置为"结束",将节点动作设置为"拒绝/退回",将规则类型设置为"关联操作",这样的业务逻辑实现了当设计报单被撤销或拒绝后自动删除前面创建的订单池的功能。如图 10-16 所示为流程撤销删除财务台账业务规则。

图 10-13　订单池新增业务规则

图 10-14　财务台账新增账业务规则

图 10-15　流程撤销删除订单池业务规则

图 10-16　流程撤销删除财务台账业务规则

3. 拆单模块

拆单模块包括订单池普通表单、生产派工单(拆单工序)流程表单以及物料需求池普通表单。这个模块的主要目的是将设计报单"销售合同"转换成生产工单,方便在生产过程中对各种资源进行合理调配和严密控制,确保物料准备和生产计划的准确性,提高生产劳动率和效率。

1) 订单池普通表单

一般的系统中都是有几十个表单,一般采用视图表的多表合一或者数据准备做数据的汇总合集使用,但在表单数据联动的高频需求和算法的数据保真情况下,建议都做一个统一的表单进行数据集合存储,视为订单档案,也方便后期订单变动,人工修改统一入口。如图 10-17 和图 10-18 所示为订单池普通表单效果图。

图 10-17　订单池普通表单效果图(1)

订单信息分组:是由设计报单的业务规则同步过来的数据,其中,"订单状态"是下拉单选,选项包括"运行"和"完成";"订单节点"也是下拉单选,将梳理出来的流程节点编写成默认选项,这样便于后期使用;"剩余工期"可以用集成自动化实现每日刷新,重新计算到交付约定的剩余工期。

人员归属分组和岗位备注分组:是一些核心工序的操作人信息记录和备注信息、销售信息分组,如果有 CRM 模块,可以同步客户信息。

工单信息分组:生产派工单的一些工作量化信息,一般生产工单都是流程表,在业务规则

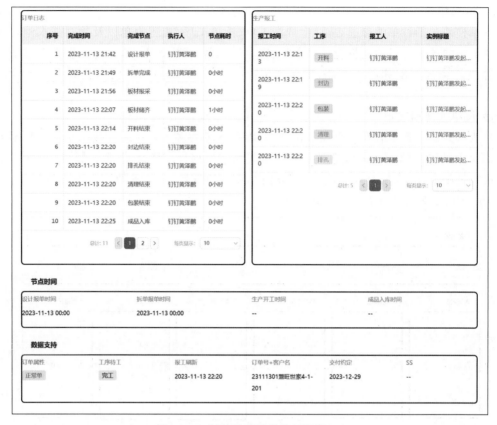

图 10-18　订单池普通表单效果图（2）

和集成自动化状态下会获取不到运行中的流程，所以把一些量化数据先同步过来，便于使用。

财务信息分组：大部分的财务数据是保密的，但又考虑收款完成率和财务生产许可等信息要给全员看，这里对接财务台账。

储备信息分组：生产物料的需求数量和采购到货储备数量以完成率来展示，这里对接物料采购系统。

关联查询分组：是利用看板能力展现其他相关表单的数据，实现了一个窗口查看所有相关信息，这里以订单号进行筛选，并且可以通过实例标题跳转原表。

节点时间分组：设置为一些核心节点的时间组件。

数据支持分组：可以将一些较长或者次要的字段放在一个分组中，使界面更加简洁和易于阅读。

2）生产派工单（拆单工序）流程表单

生产派工单（拆单工序）流程表单是拆单工序获取设计报单的 CAD，再使用专业拆单软件计算出物料需求明细和生产程序包。然后进行派工单的填写，可以理解为通用 ERP 中的技术部门根据订单产品内容，计算出生产要求和生产物料需求清单。如图 10-19 所示为生产派工单（拆单工序）流程表单效果图。

（1）创建流程表单。

客户信息分组：选择设计报单用的关联表单，数据源用的订单池，筛选项用的订单节点等于设计报单。填充了设计报单里的相关字段。

派工单信息分组：平方数是拆单软件计算出的计数量，再与提成基数相乘得到拆单提成，其他用单选进行选择,复杂文本用多行文本。

数控程序分组:用附件进行数控程序的存储,后面流程表单抄送全员,生产现场就可以快捷下载。

物料需求清单分组:用子表单组件进行批量的数据选择,"选择板材"用关联表单组件,数据源是物料台账,该台账用于填充子表单中的物料全称和物料 ID 字段;"需求数量"是物料需要的数量;"库存可用"是指这个物料台账的库存数量;UUID 是公式随机码,作用是作为这条数据的唯一编码,唯一编码在后面有很大的用处。

数据支持分组:同时创建一些无须人工填写的公式字段例如获取当前时间、提取成员组件等。

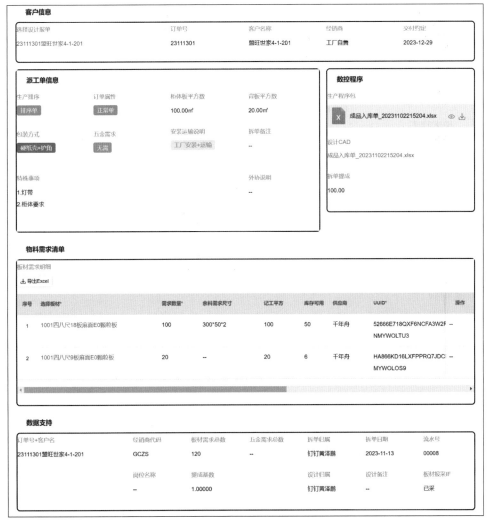

图 10-19　生产派工单(拆单工序)流程表单效果图

(2)打印排版。

生产型企业通常使用派工单进行生产流程管理,并考虑使用便捷性,方便生产过程的跟踪和管理,可以设置打印模板,在派工单提交后同步打印,供后续生产便捷查看纸质资料。举例来说,当需要进行物料备料工序时,可以直接拿着纸质派工单寻找物料,完成工作后再在系统中填写出库数量,这样做更加方便。如图 10-20 所示为打印排版效果图。

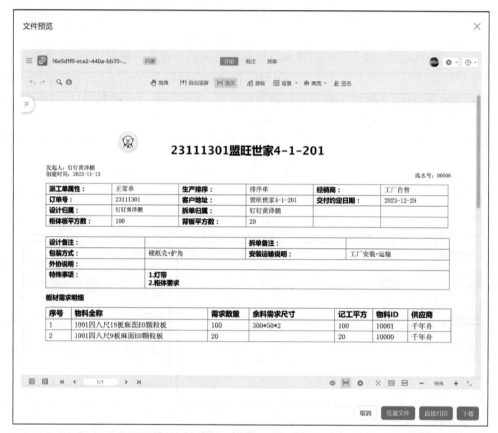

图 10-20　打印排版效果图

(3)流程设计。

发起后抄送全员,便于大家查看电子版派工单和数控程序的在线下载,然后主管审单对工单进行审核。如图 10-21 所示为流程设计。

(4)业务关联规则设计。

① 子表单校验保证板材 ID 不重复和 UUID 不重复,做阻断公式。如图 10-22 所示为防止重复校验规则。

② 同步订单池。将节点类型设置为审批节点,主管审单,将规则设置调整为当节点完成执行且节点状态为同意时触发。将规则类型设置为关联操作,规则的作用是用更新公式找到对应订单池,修改订单节点和相关字段。如图 10-23 所示为同步订单池业务规则。

③ 批量新增物料需求池。将节点类型设置为审批节点,主管审单,规则设置调整为当节点完成执行且节点状态为同意时触发,规则类型设置为关联操作,规则的作用是派工单里面的物料需求清单是子表单,在数据后期的使用业务规则或数据联动调取数据存在障碍,所以要将子表单转换成中间表也就是独立表单进行存档,更便于业务规则和数据联动的使用。如图 10-24 所示为批量新增物料需求池业务规则。

3)物料需求池普通表单

物料需求池是根据派工单中物料需求清单的子表单拆解成独立的普通表单,实现主表单的权限。后续的采购系统都以这个主表单作为数据源的支撑。如图 10-25 和图 10-26 所示为

图 10-21　流程设计

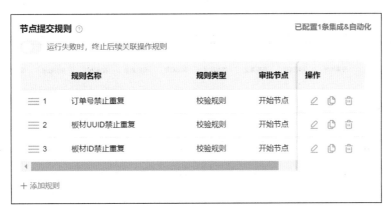

图 10-22　防止重复校验规则

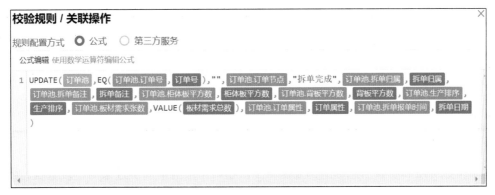

图 10-23　同步订单池业务规则

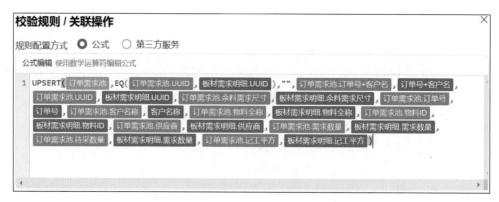

图 10-24　批量新增物料需求池业务规则

物料需求池普通表单效果图。

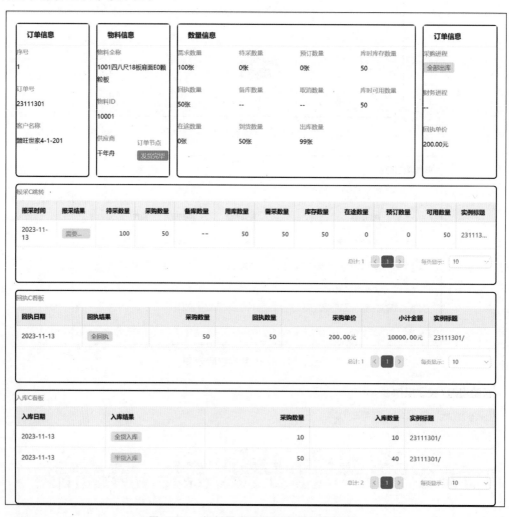

图 10-25　物料需求池普通表单效果图（1）

　　订单信息分组和物料信息分组都是从派工单物料需求清单同步过来的字段数据；数量信息分组是整套采购模块里的采购节点的核心数据，例如，在途数量、到货数量、出库数量；进程信息分组是采购环节完成的节点状态，便于快速了解采购进展。

图 10-26 物料需求池普通表单效果图(2)

数据看板就是整体采购环节的各种表单数据的展现,可以用订单号和 UUID 进行筛选匹配,作用是便于快速地查看和人工校验业务规则执行的结果是否准确。

4. 数字仓库模块

数字仓库模块包括物料名册普通表单和物料台账普通表单,便于企业在操作过程中对物料的使用和管理进行有效追踪和控制。

1)物料名册普通表单

物料名册是物料台账的前置表单,只作名册使用,方便物料建档,可以使用很多单选组件去作一些物料命名的框架范围。

(1)创建普通表单。

很多的物料命名有复杂的规则,名称也是一个组合,例如,由品牌、名称、型号、规格等信息组合成一个物料全称,公式用"CONCATENATE()",这样形成了唯一中文全称,用来做唯一校验。物料 ID 这里用的是流水号,只需要保证是唯一编码,建议根据物料总量作 4 位数或者6 位数。如图 10-27 所示为物料名册普通表单效果图。

(2)业务关联规则设计。

① 物料全称实例唯一校验。如图 10-28 所示为防止物料重复校验规则。

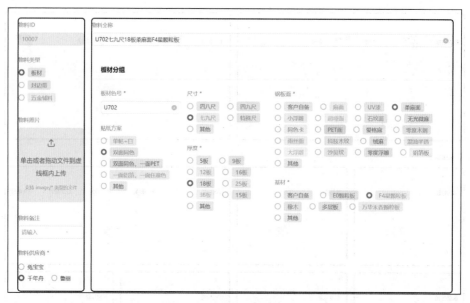

图 10-27　物料名册普通表单效果图

图 10-28　防止物料重复校验规则

② 新增物料台账,将业务关联规则设置为无论是单据提交还是单据编辑,都会触发本业务规则。在实际业务中物料名册创建后自动新增物料台账进行建档。如图 10-29 所示为新增物料台账业务规则。

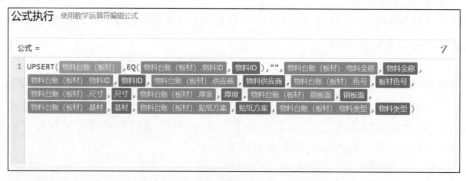

图 10-29　新增物料台账业务规则

2）物料台账普通表单

数字仓库模块的核心表单，物料存储台账，承载物料的当前库存信息。如图 10-30 所示为物料台账普通表单效果图。

图 10-30　物料台账普通表单效果图

物料信息分组：承载物料名册同步过来的字段，"红线状态"是做的最低库存，当低于库存红线时自动判断为高储或低储，从而提醒补采。

库存数据分组：是整个表单的核心，这里的 4 个字段都是有使用含义的。"库存数量"是物料的当前库存数量；"在途数量"是物料当前在途数量，有时候备库采购了大量的物料，可能几天就到库，那么可以给后面的订单使用或做参考，新订单需求的物料已经在途了，无须再次购买，等两天就有了；"预订数量"是考虑订单物料报采和实际生产有缓冲期，也就是排产期，对应物料进行占用也就是预订以避免被其他订单把物料使用了造成原定订单无法正常生产；"可用数量"是库存数量加上在途数量减掉预订数量剩余的可用数量，也就是无主数量。

财务数据分组：对物料进行财务上的分析，例如采购单价，这里也是有算法的，如利用平均算法根据最新采购记录来更新采购单价。"库存货值"是利用"库存数量×采购单价"计算出这个物料的库存价值，方便后期报表或财务计算仓库的资金占用成本。

在途看板和预订看板：可以展示有效的在途清单和预订清单，可以人工核算对比校验在途数量、预订数量准不准确。

出入库记录：展示出入库单，类似存折一样展示进出账和结余，更方便进行数据校验和物料流动数据查询。

5. 采购模块

采购模块包括物料报采普通表单、在途任务池普通表单、回执任务池普通表单、采购回执单普通表单、物料入库单普通表单以及物料出库单普通表单。通过采购模块的有效管理，企业能够实现物料采购的自动化、准确性、及时性和高效性。

1）物料报采普通表单

将派工单中的物料需求清单提取出来，并将其填充到子表单中。通过数据联动，可以从仓库台账中查询当前的库存情况，并自动计算出用库数量和需采数量，进而生成采购清单。这样一来，报采员只需将这份清单截屏后，通过微信向物料供应商下单，就能完成物料报采环节。

报采单只需提交一次，因此采取多个校验算法来避免重复提交造成重复采购。在极少数情况下，如果订单的物料需求发生变动等异常情况，可以通过物料备库进行补采。此外，已经创建的采购任务也可以在后续环节中取消采购，以释放所占用的库存和在途数量。

（1）创建普通表单。

功能分支分为订单报采和物料备采，物料备采是自主选择物料进行报采。这里主要介绍订单报采。

选择订单组件是关联表单，数据源用生产派工单，选择订单后将订单信息和物料需求明细的数据填充到当前子表单里，然后利用子表单每一条的独立公式和数据联动进行数据自动处理。

具体来说，首先从生产派工单中的物料需求明细获取子表单数据，并使用物料 ID 去库存台账中获取最新的库存数量。然后使用公式计算可用库存数量进行占用，如果库存数量不足，则需要采购相应的数量。这样就实现了采购自动化的算法。采购员只需要选择订单，剩下的查询实际库存、计算可用库存和采购数量的工作都会自动完成。最后，采购员只需要截屏下单即可。未来，当宜搭能够达到工业互联网 4.0 的水平时。物料的供应商也可以使用宜搭开发的生产系统，平台就可以自动到供应商系统中进行下单，实现数据跨组织流转。

在数字化方面，智能化是非常重要的。采购逻辑是固定的，通过将其办公自动化，可以大大提高工作效率。"用库不采条数"等字段是用来获取子表单中一些值的和或者条数的，类似于数据标签，可以快速量化子表单的内容。如图 10-31 和图 10-32 所示为物料报采普通表单效果图。

（2）业务关联规则设计。

① 新增在途任务主表单。该表单将用作后续的物料采购在途任务的数据源。由于业务规则无法同时创建或更新主表单和子表单字段，需要将其分别编写为两个单独的业务规则。此外，还需要考虑在建立子表单之前先建立主表单的先后顺序，以避免在建立子表单时主表单尚未建立而无法生效的情况。如果在测试过程中子表单创建失败，可以将本业务规则放置在派工单环节。如图 10-33 所示为新增在途任务主表单业务规则。

② 新增回执任务主表单。规则作用同上，给采购回执单做任务数据源建档。如图 10-34 所示为新增回执任务主表单业务规则。

③ 同步订单池。规则作用：更新订单池中的订单进度和物料储备情况。储备率算法可以理解为当前订单的库存可用量与派工单物料需求总数之间的比例，用百分比表示。当采购数量陆续到货时，储备率会相应地上升。当储备率等于 100% 时，意味着该订单所需的所有物

板材报采单
物料备采分组
数据支持
订单号+客户名
231215物料备采

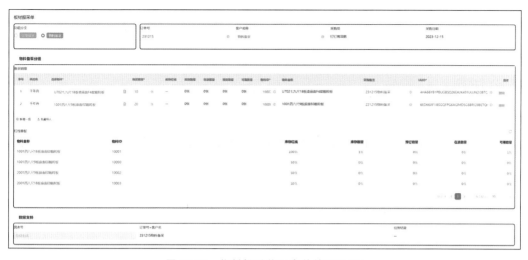

图 10-31　物料报采普通表单效果图(1)

板材报采单
订单报采分组
数据支持
订单号+客户名
23121501上海花园

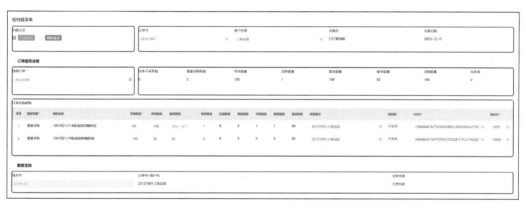

图 10-32　物料报采普通表单效果图(2)

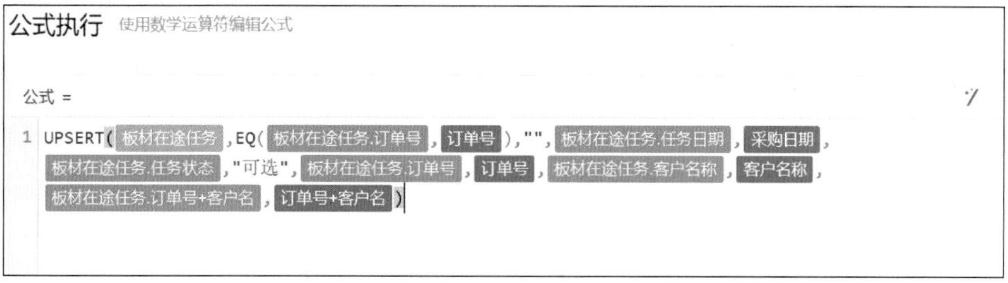

公式执行 使用数学运算符编辑公式
公式 =
1 UPSERT(板材在途任务,EQ(板材在途任务.订单号,订单号),"",板材在途任务.任务日期,采购日期,
板材在途任务.任务状态,"可选",板材在途任务.订单号,订单号,板材在途任务.客户名称,客户名称,
板材在途任务.订单号+客户名,订单号+客户名)

图 10-33　新增在途任务主表单业务规则

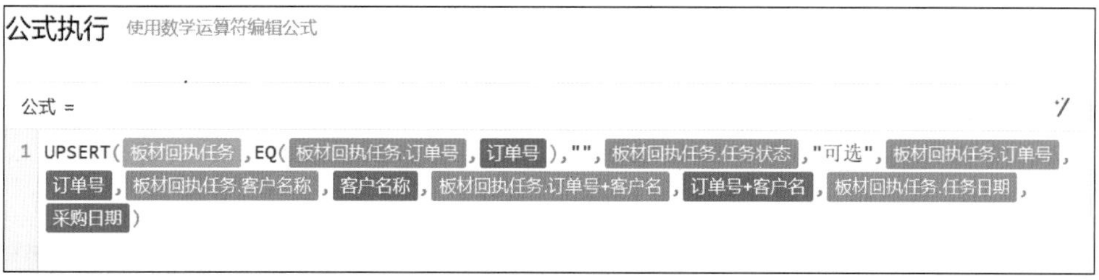

公式执行 使用数学运算符编辑公式
公式 =
1 UPSERT(板材回执任务,EQ(板材回执任务.订单号,订单号),"",板材回执任务.任务状态,"可选",板材回执任务.订单号,
订单号,板材回执任务.客户名称,客户名称,板材回执任务.订单号+客户名,订单号+客户名,板材回执任务.任务日期,
采购日期)

图 10-34　新增回执任务主表单业务规则

料均已到货,生产计划可以开始排单。车间主任也可以通过查看物料储备率来了解哪些订单的物料储备率高,从而优先生产储备率高的订单,或者分批安排生产,当然也有更复杂的设计,这里仅使用简版。如图 10-35 所示为同步订单池业务规则。

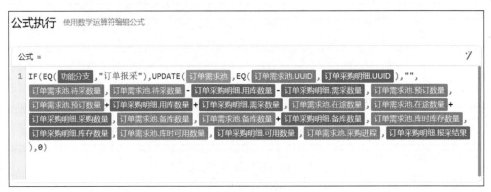

图 10-35　同步订单池业务规则

④ 同步物料需求池。规则作用:首先使用 IF 语句判断当前操作是否属于订单报采,不是则不触发业务规则。然后再匹配 UUID 找到对应需求池数据,并同步这些字段的数据。对于需要增加的字段,自动增加相应的数量,对于需要减少的字段,减少相应的数量。由于这是由子表单触发的业务规则,就会有多少条子表单,执行多少遍对应的业务规则,从而实现批量更新。如图 10-36 所示为同步物料需求池业务规则。

图 10-36　同步物料需求池业务规则

⑤ 同步物料台账。规则作用:当功能分支是订单报采时则执行业务规则,匹配物料 ID 找到物料台账对应数据进行更新同步,例如,在途数量要加上本次的采购数量,预订数量加上订单需采购数量,库存可用也要重新计算。如图 10-37 所示为同步物料台账业务规则。

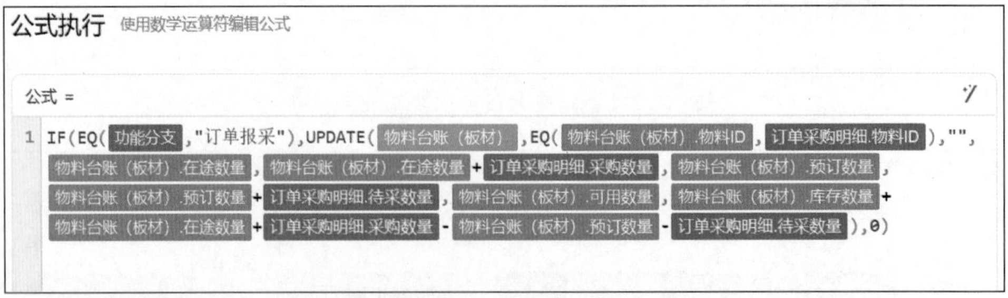

图 10-37　同步物料台账业务规则

⑥ 插入在途任务子表单。规则作用:在采购在途任务池中插入子表单的任务明细。但由于业务规则的 IF 分支判断无法做到子表单级别的判断,所以只能全部插入,然后再通过删除用库不采的方法去除不需要的数据。针对这个问题,建议可以学习使用集成自动化功能,因

为集成自动化比业务规则更先进且更易于使用,所设计的产品更加易用。在使用公式逻辑时,需要使用匹配订单号和 UUID 的方法找到在途任务子表单,并对其进行更新和插入操作。如图 10-38 所示为插入在途任务子表单业务规则。

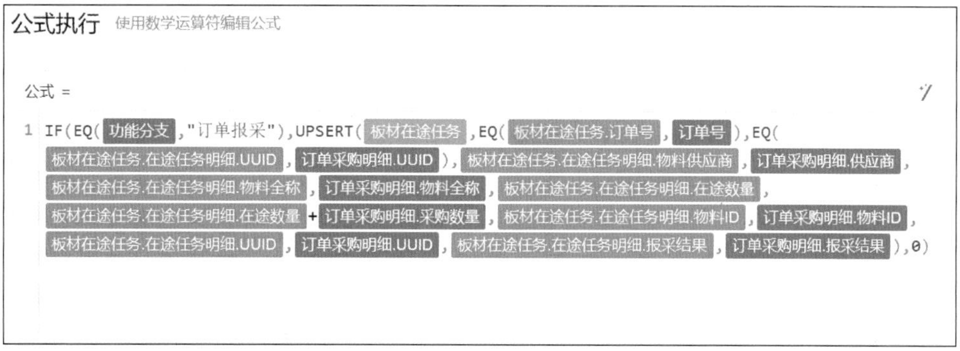

图 10-38　插入在途任务子表单业务规则

⑦ 插入回执任务子表单,规则作用同上。如图 10-39 所示为插入回执任务子表单业务规则。

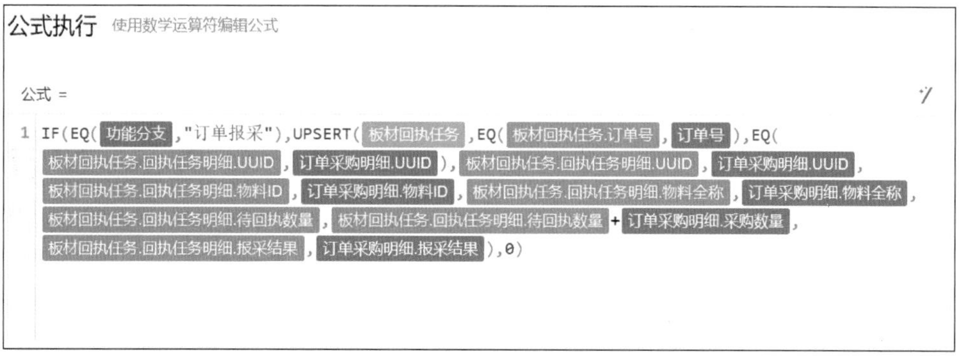

图 10-39　插入回执任务子表单业务规则

⑧ 删除在途任务子表单。规则作用:由于第⑥条业务规则只能全部插入,那么在这个环节中就需要批量删除不需要采购的数据,即采购数量为空值或小于或等于 0 的数据。如图 10-40 所示为删除在途任务子表单业务规则。

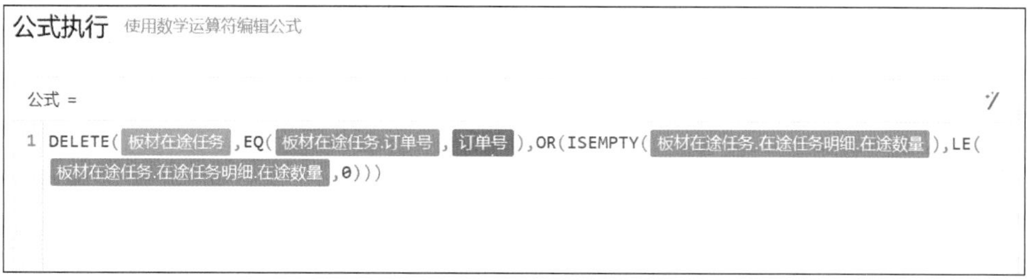

图 10-40　删除在途任务子表单业务规则

⑨ 删除回执任务子表单。规则作用:同上。如图 10-41 所示为删除回执任务子表单业务规则。

2)在途任务池普通表单

报采单创建的物料采购在途任务池,也就是任务中间表,后面为采购入库单待入库明细提供数据支持。如图 10-42 所示为物料在途任务池普通表单效果图。

图 10-41　删除回执任务子表单业务规则

图 10-42　物料在途任务池普通表单效果图

3）回执任务池普通表单

报采单创建的采购回执任务池,也就是任务中间表,后面为采购回执单待回执明细提供数据支持。如图 10-43 所示为物料回执任务池普通表单效果图。

4）采购回执单普通表单

在报采之后,供应商会提供采购回执,其中会确认是否能够生产以及是否能够按时发货,还会提供销售价格等相关信息。这一方面还有许多可迭代的改进空间,例如,可以打通财务系统,以便为财务部门创建付款任务,来满足物料采购后的付款或记账需求。通过这样的改进,可以更好地完成整个物料采购流程,并与财务部门实现有效的协作。如图 10-44 所示为采购回执单普通表单效果图。

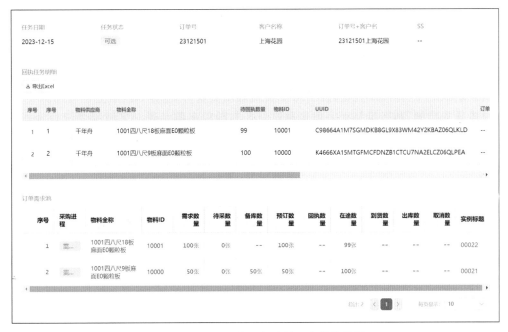

图 10-43　物料回执任务池普通表单效果图

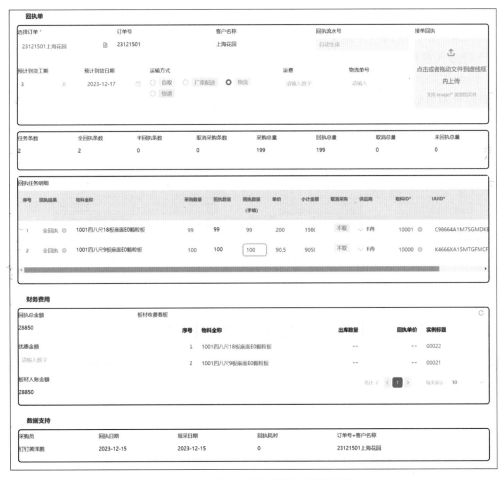

图 10-44　采购回执单普通表单效果图

（1）创建普通表单。

选择订单是关联表单，数据源是回执任务池，选择后填充订单信息和回执任务明细。可以录入预计到货工期、运输方式、运费等信息，这些通常由经销商在回执单中提供，并方便后期查询。此外，接单回执采用图片组件，可以直接从微信中拖曳上传。

"任务条数"一栏仍然是数据标签，用于快速量化子表单中的内容。

"回执任务明细"和回执结果字段是通过公式判断得出的结果。之所以要进行全回执、半回执和未回执的判断，有几个原因。第一个原因是涉及多个供应商，所以需要进行多次回执。这样可以实现已完成回执的任务销项，而未完成回执的任务仍会继续存在。

回执数量公式等于回执数量（手填）的原因是，有时候采购数量是 10 个，但供应商回执说当前库存只有 5 个，所以先给出了 5 个的回执数量，剩下的 5 个将在后续进行批量回执和发货。这种情况被称为半回执，通过手动填写回执数量公式，可以准确记录供应商回执的数量情况。

"单价"可以用数据联动调取历史采购价格，并在有变动时进行手工修改。而"小计金额"则由回执数量×单价来计算。

"取消采购"是通过下拉单选来实现的。在某些情况下，例如，多次回执中存在剩余物料或订单发生变动导致采购需要取消，单击"取消"后，触发了回执数量公式的算法，从而更新相关的关联结果。

财务模块则是计算小计金额总和的地方。在后续的迭代中，可以将财务系统与物料购买付款或记账月结进行打通，以实现更细致的财务管理。

（2）业务关联规则设计。

① 同步物料需求池。规则作用：每条子表单匹配 UUID 获取物料需求池，更新回执字段，当取消采购的数量会自动减少在途数量。如图 10-45 所示为同步物料需求池业务规则。

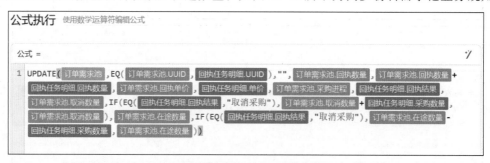

图 10-45　同步物料需求池业务规则

② 同步物料台账。规则作用：子表单匹配物料 ID 获取物料台账，当取消采购的数量会自动减少在途数量。如图 10-46 所示为同步物料台账业务规则。

③ 同步回执任务子表单。规则作用：当取消采购时自动清空或减少回执任务的待回执数量，全回执或半回执时则回执任务对应子表单的待回执减去本次回执数量，从而实现任务销项。如图 10-47 所示为同步回执任务子表单业务规则。

④ 同步采购任务子表单（取消采购）。规则作用：当取消采购时自动清空或减少在途任务的采购数量。如图 10-48 所示为同步采购任务子表单（取消采购）业务规则。

⑤ 同步财务台账。规则作用：回执单里的运费算入财务台账的其他费用。如图 10-49 所示为同步财务台账业务规则。

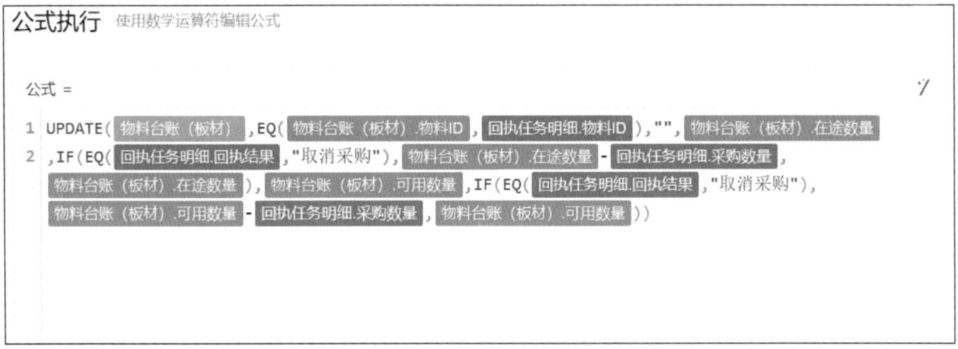

图 10-46　同步物料台账业务规则

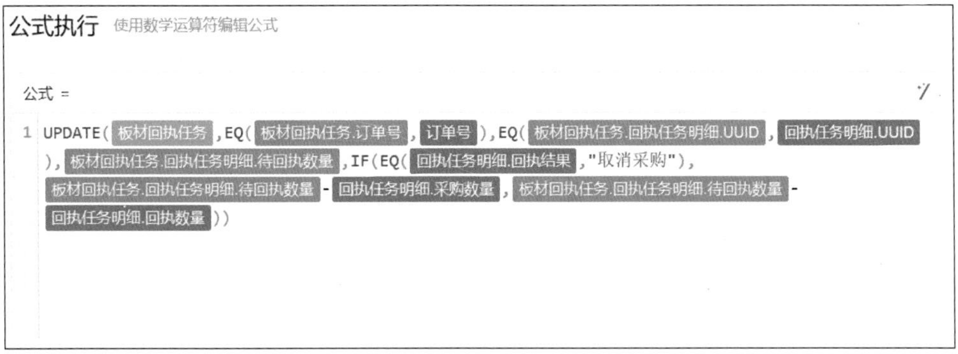

图 10-47　同步回执任务子表单业务规则

图 10-48　同步采购任务子表单(取消采购)业务规则

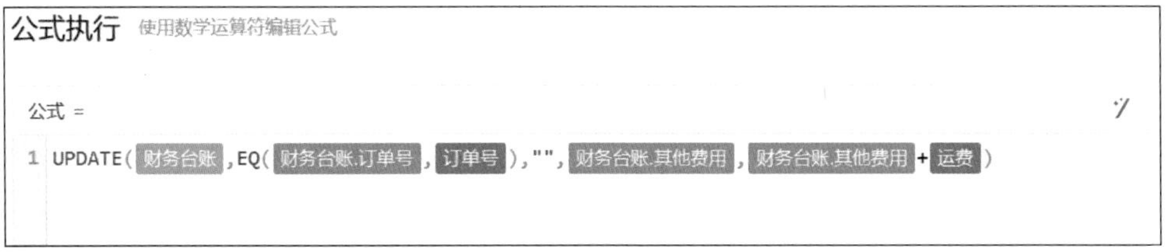

图 10-49　同步财务台账业务规则

⑥ 回执任务回删。规则作用:将回执任务子表单中空值或待回执数量小于 1 的删除,从而实现任务销项(这里要说明一下,业务规则也是有执行先后顺序的,例如,这里先执行了⑤再执行⑥)。如图 10-50 所示为回执任务回删业务规则。

⑦ 在途任务回删。规则作用:同上。如图 10-51 所示为在途任务回删业务规则。

图 10-50　回执任务回删业务规则

图 10-51　在途任务回删业务规则

5）物料入库单普通表单

物料到货后，找到对应在途任务进行入库销项，库存台账自动增加库存，这里可以多次入库、分批入库和取消采购。

（1）创建普通表单。

选择订单，关联表单，从在途任务获取数据源填充到当前子表单中。

入库任务清单是指在途未入库的清单。根据算法结果判断，入库可以分为全货入库和半货入库两种情况。全货入库意味着所有的货物都已经到达，例如，如果有 10 个在途的货物，全部都已经到货，则将在途任务清零，并销项相关记录。半货入库意味着只有部分货物到达，例如，如果有 10 个在途的货物，只有 5 个到货，剩下的 5 个仍处于在途状态，等待下次入库。在这种情况下，仍会保留相关的在途任务，等待下一次入库。其他字段与采购回执单相同。如图 10-52 所示为物料入库单普通表单效果图。

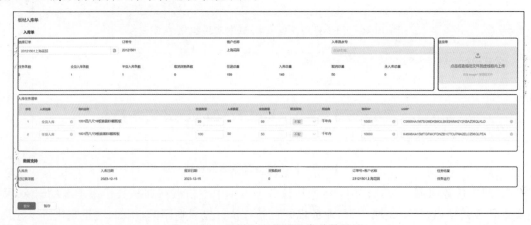

图 10-52　物料入库单普通表单效果图

（2）业务关联规则设计。

① 同步物料需求池。规则作用：每条子表单匹配 UUID 获取物料需求池，更新回执字

段,当取消采购时自动清空或减少在途数量。如图 10-53 所示为同步物料需求池业务规则。

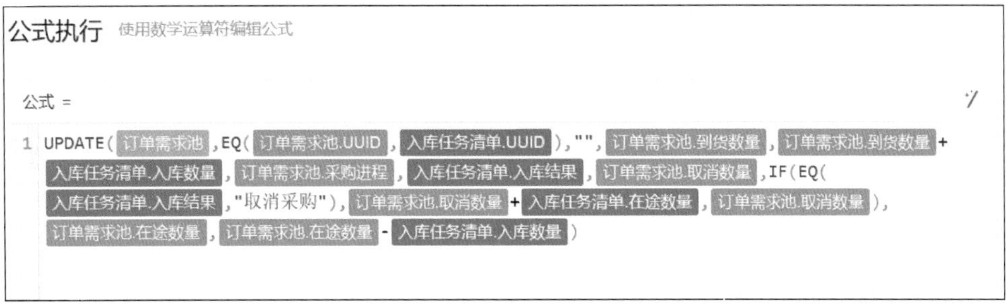

图 10-53　同步物料需求池业务规则

② 同步物料台账。规则作用:子表单匹配物料 ID 获取物料台账,当取消采购时自动清空或减少在途数量。如图 10-54 所示为同步物料台账业务规则。

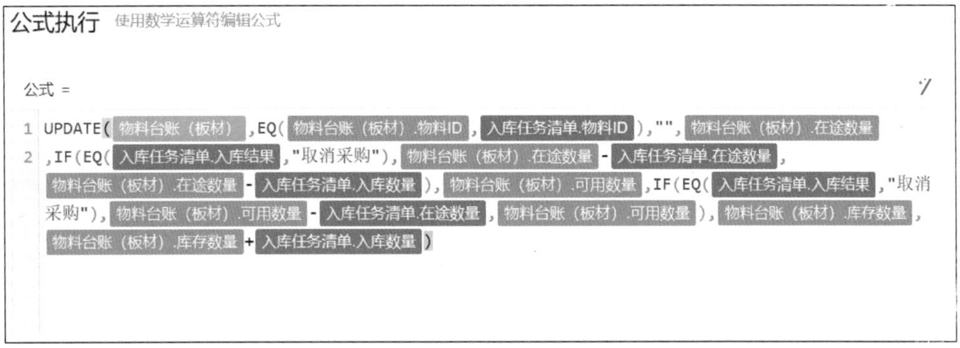

图 10-54　同步物料台账业务规则

③ 同步回执任务子表单。规则作用:当取消采购时自动清空或减少回执任务的待回执数量从而实现任务销项,但一般物料入库的时候取消采购,回执任务早就完成销项了,这里可能没有实际意义。如图 10-55 所示为同步回执任务子表单业务规则。

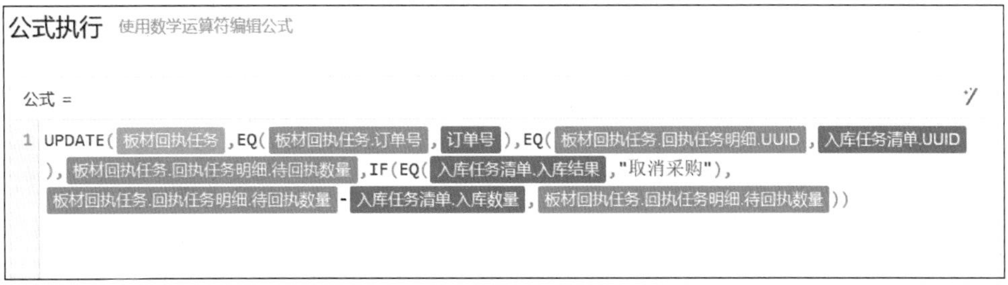

图 10-55　同步回执任务子表单业务规则

④ 同步采购任务子表单。规则作用:当取消采购时自动清空或减少在途任务的采购数量,全货或半货入库就是在途数量减掉入库数量,从而实现进行任务销项。如图 10-56 所示为同步采购任务子表单业务规则。

⑤ 回执任务回删。规则作用:将回执任务子表单中空值或待回执数量小于 1 的删除,从而实现任务销项。如图 10-57 所示为回执任务回删业务规则。

⑥ 在途任务回删。规则作用:同上。如图 10-58 所示为在途任务回删业务规则。

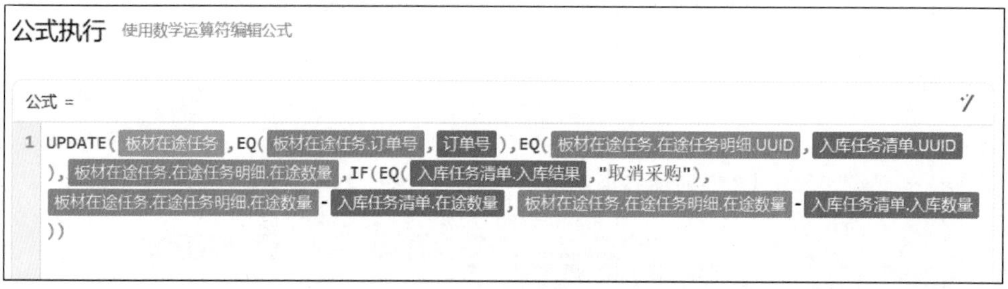

图 10-56　同步采购任务子表单业务规则

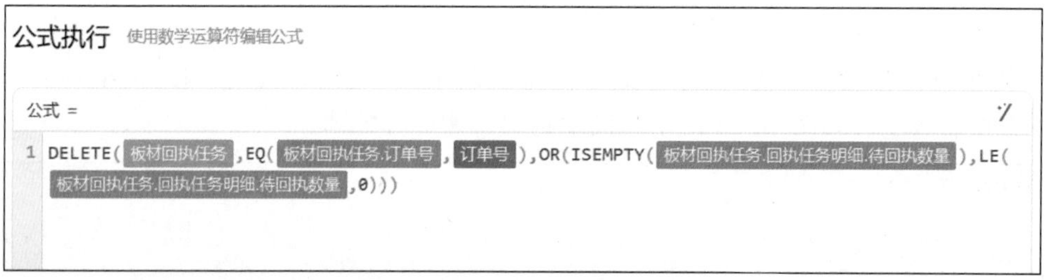

图 10-57　回执任务回删业务规则

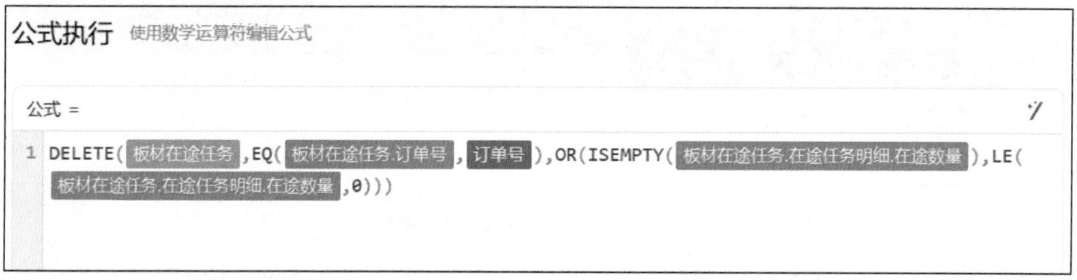

图 10-58　在途任务回删业务规则

6）物料出库单普通表单

以生产派工单物料需求明细填充子表单，然后数据联动获取物料需求池获取已出库数量，重新计算预订撤销和出库执行算法。

（1）创建普通表单。

选择订单，关联表单，数据源是生产派工单。

库存数量设置为数据联动，使用物料 ID 获取物料台账的当前库存数量。预订数量设置为数据联动，使用 UUID 获取物料需求池的预订数量。已出数量设置为数据联动，使用 UUID 获取物料需求池的出库数量。其他字段与前面作用相同。如图 10-59 所示为物料出库单普通表单效果图。

（2）业务关联规则设计。

① 同步订单池。规则作用：订单号匹配订单池，更新订单节点和工序待工赋值首道工序。如图 10-60 所示为同步订单池业务规则。

② 同步物料台账。规则作用：使用物料 ID 匹配物料台账、库存数量扣除和重新计算可用数量。如图 10-61 所示为同步物料台账业务规则。

③ 同步物料需求池。规则作用：根据 UUID 匹配物料需求池，更新出库数量和预订数量。如图 10-62 所示为同步物料需求池业务规则。

板材出库单
功能分支
订单出库
板材出库
出库员
钉钉黄泽鹏
出库日期
2023-12-15
出库流水号
自动生成
订单出库单
选择订单 *
23121501上海花园
订单号
23121501
客户名称
上海花园
订单号+客户名称
23121501上海花园
任务结果
任务结束
任务条数
2
出库条数
2
不出条数
0
预订总量
150
出库总量
150
待出总量
0
订单出库明细
序号 出库结果 物料全称 库存数量 预订数量 实出数量 需求数量 供应商 已出数量 物料ID* UUID* 操作
1 出库 1001四八尺18板麻面E0颗粒板 100 100 100 100 千年舟 -- 10001 C98664A1M7SGMDKB8GL9X83WM 删除
2 出库 1001四八尺9板麻面E0颗粒板 100 50 50 50 千年舟 -- 10000 K4666XA15MTGFMCFDNZB1CTCU7 删除
新增一项
批量导入
保留本次提交内容
提交
提交并继续
暂存

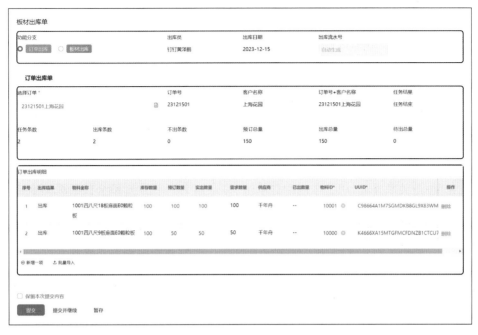

图 10-59　物料出库单普通表单效果图

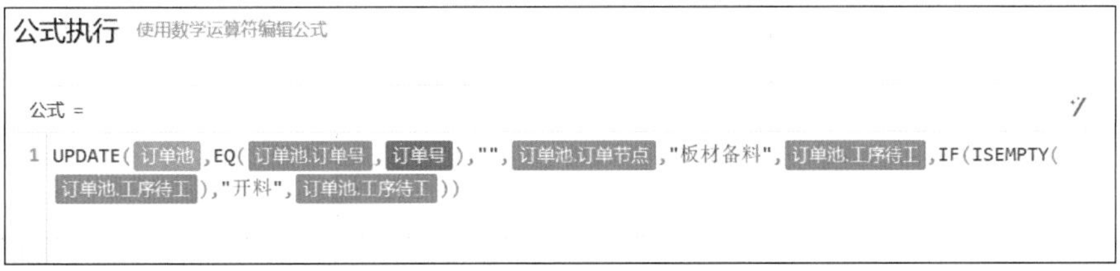

公式执行 使用数学运算符编辑公式
公式 =
1 UPDATE(订单池,EQ(订单池.订单号,订单号),"",订单池.订单节点,"板材备料",订单池.工序待工,IF(ISEMPTY(
订单池.工序待工),"开料",订单池.工序待工))

图 10-60　同步订单池业务规则

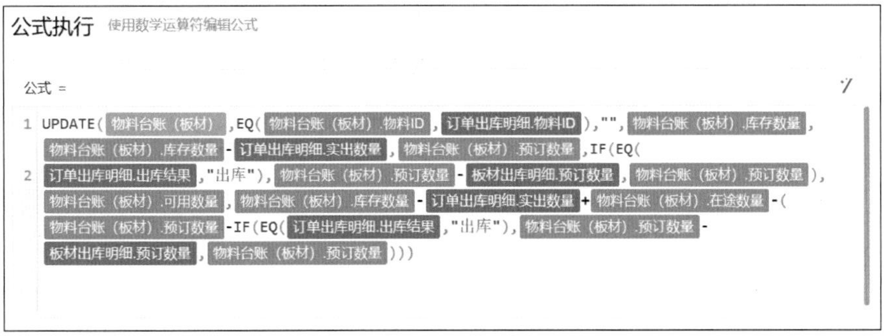

公式执行 使用数学运算符编辑公式
公式 =
1 UPDATE(物料台账（板材）,EQ(物料台账（板材）.物料ID,订单出库明细.物料ID),"",物料台账（板材）.库存数量,
物料台账（板材）.库存数量-订单出库明细.实出数量,物料台账（板材）.预订数量,IF(EQ(
2 订单出库明细.出库结果,"出库"),物料台账（板材）.预订数量-板材出库明细.预订数量,物料台账（板材）.预订数量),
物料台账（板材）.可用数量,物料台账（板材）.库存数量-订单出库明细.实出数量+物料台账（板材）.在途数量-(
物料台账（板材）.预订数量-IF(EQ(订单出库明细.出库结果,"出库"),物料台账（板材）.预订数量-
板材出库明细.预订数量,物料台账（板材）.预订数量)))

图 10-61　同步物料台账业务规则

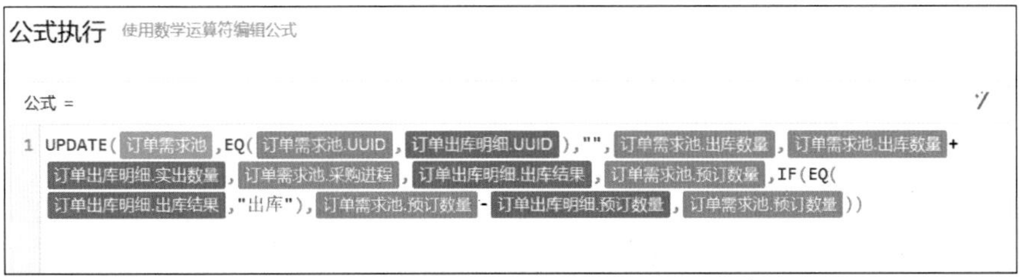

公式执行 使用数学运算符编辑公式
公式 =
1 UPDATE(订单需求池,EQ(订单需求池.UUID,订单出库明细.UUID),"",订单需求池.出库数量,订单需求池.出库数量+
订单出库明细.实出数量,订单需求池.采购进程,订单出库明细.出库结果,订单需求池.预订数量,IF(EQ(
订单出库明细.出库结果,"出库"),订单需求池.预订数量-订单出库明细.预订数量,订单需求池.预订数量))

图 10-62　同步物料需求池业务规则

6. 报工模块

报工模块包括生产报工普通表单,通过报工模块,企业能够实现生产过程的可视化管理和产能的精细控制。

生产工序在生产完成后进行报工,数据同步订单池更新生产进程。

1)创建普通表单

"报工人"为成员组件,自动匹配为当前登录人;"工序"为数据联动,从花名册以成员组件匹配联动工序。

"选择订单",关联表单,数据源是订单池,用待工工序做匹配,选择后填充其他字段。"工序待工任务"也是关联查询,用工序匹配订单池,显示这个工序的所有待工任务,计件工资也是用的柜体平方数×计件基数计算的报工薪资。如图 10-63 所示为生产报工普通表单效果图。

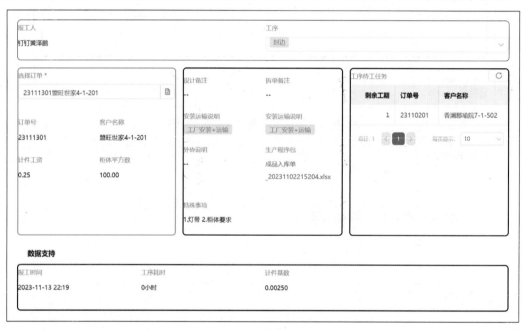

图 10-63　生产报工普通表单效果图

2)业务关联规则设计

(1)同步花名册。规则作用:当人员变动岗位的时候,同步更新最新的工序岗位,后面就能以成员组件显示最新的工序。如图 10-64 所示为同步花名册业务规则。

图 10-64　同步花名册业务规则

(2)同步订单池。规则作用:以订单号匹配订单池,更新订单节点和工序待工,在这个案例中,工序是固定的,所以直接将其写在公式中。然而在实际情况下,如果工序池比较复杂,可以创建工序和工步,并从数据库中获取相关信息。这样能更加灵活地管理和调取工序信息。

如图 10-65 所示为同步订单池业务规则。

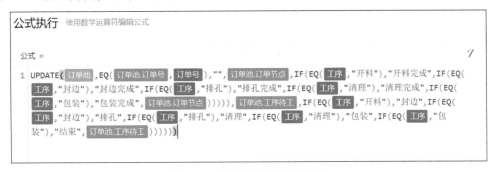

图 10-65 同步订单池业务规则

7. 成品管理模块

成品管理模块包括成品入库普通表单和成品出库普通表单。通过成品管理模块,企业能够实现对成品库存的有效控制和销售订单的及时处理,提高成品管理的准确性和效率。

1) 成品入库普通表单

对于进入仓库的成品进行管理。如图 10-66 所示为成品入库普通表单效果图。

(1) 创建普通表单。

选择订单号:关联表单,数据源用订单池,填充订单号和客户名称。

展牌号:文本输入或者扫描二维码读取,可以理解成仓库货位编码,存储状态分为已入库和已出库。"在库天数"也是用集成自动化做的自动日期天数计算。

在库看板:关联查询,匹配订单号展示所有的入库单。

出库看板:同上,展示成品出库记录。

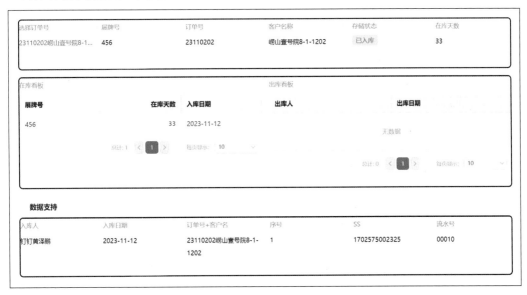

图 10-66 成品入库普通表单效果图

(2) 业务关联规则设计。

同步订单池。规则作用:更新订单节点成品入库。如图 10-67 所示为同步订单池业务规则。

图 10-67　同步订单池业务规则

2）成品出库普通表单

将成品入库的工单进行出库销项，通常是全部发货的操作。所以这里会将所有的入库单都销项，实现全部出库操作。如图 10-68 所示为成品出库普通表单效果图。

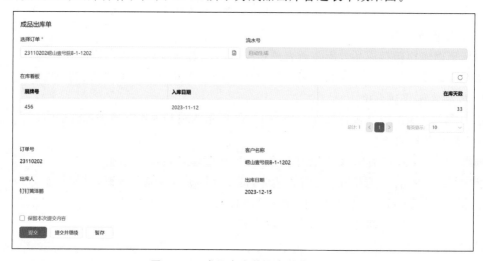

图 10-68　成品出库普通表单效果图

业务关联规则设计：

（1）同步订单池。规则作用：更新订单节点，完结订单状态。如图 10-69 所示为同步订单池业务规则。

图 10-69　同步订单池业务规则

（2）同步成品入库单。规则作用：更新入库单的在库状态变为"已出库"，因为业务规则是获取多条修改多条，所以实现了全部出库。如图 10-70 所示为同步成品入库单业务规则。

图 10-70　同步成品入库单业务规则

10.2.3 应用工作台

宜搭目前正在推行最新版的工作台,将数据报表能力扩展在工作台显示,这样可以考虑从岗位角度创建专属工作台,让我们能够以更精准的方式筛选和展示登录人相关的数据信息。而通过报表筛选的预设变量,可以更方便地进行报表筛选,满足各个岗位的需求。这使得我们能够更加高效地管理和分析数据,并为整个组织提供更加准确的信息支持。以下为以岗位角度创建的岗位工作台

1. 设计工作台

设计工作台不仅可以展示设计台账,还可以轻松管理个人的提成和部门的报单数量。通过该工作台,设计人员可以方便地查看和管理自己的设计台账,了解自己的工作进展和成果。同时,还提供了个人提成计算功能,设计人员可以清晰地了解自己的提成情况,根据自己的表现获得相应的奖励。此外,部门的报单数量也可以在工作台上展示和追踪,设计人员可以快速了解部门的工作状况并进行合理的协作和分配工作任务。设计工作台将大大提升设计团队的工作效率和工作质量。如图 10-71 所示为设计工作台。

图 10-71 设计工作台

2. 拆单工作台

特别为拆单岗位设计了一个专用的工作台,旨在展示拆单台账、待拆任务、个人提成和部门工单对比等关键信息。这个工作台的主要功能是帮助拆单员高效地管理和执行拆单操作。在工作台上,拆单员可以方便地查看和更新拆单台账,准确记录每个任务的拆单细节,确保拆单过程的可追溯性和准确性。此外,待拆任务列表清晰地展示了所有尚未拆分的任务,让拆单员可以快速识别和处理。另外,还在工作台上提供了个人提成计算功能,拆单员可以清晰地了解自己的工作绩效并根据其贡献获得相应的奖励。同时,工作台还提供了部门工单对比功能,拆单员可以与其他团队成员进行工单数量的比较和分析,促进团队协作和相互内卷。通过这个工作台,相信拆单员将能够更加高效地拆分任务,并准确记录拆单操作,提升整个团队的工作效率和质量。如图 10-72 所示为拆单工作台。

图 10-72　拆单工作台

3. 采购工作台

我们为采购人员设计了一个专用的工作台,该工作台主要用于展示采购未回执任务、采购在途任务清单以及最近的入库清单和出库清单等采购相关信息。这个工作台旨在帮助采购人员更加高效地管理和执行采购任务。在工作台上,采购人员可以轻松地查看和更新回执任务,及时了解供应商发出的订单回执情况。也可以帮助采购人员准确掌握订单的执行进度,及时跟进问题和解决异常情况。另外,工作台还提供了在途任务清单,清晰地展示了所有正在运输中的采购物品。此外,工作台还提供了最近的入库清单和出库清单,采购人员可以方便地追踪和确认货物的入库和出库状况。这个功能还可以帮助采购人员及时核对物品数量和质量,确保库存的准确性和可靠性。如图 10-73 和图 10-74 所示为采购工作台。

4. 物料工作台

为物料管理人员设计了一个专用的物料工作台,旨在展示物料台账信息和出入库记录,以协助物料管理的高效管控。在工作台上,物料管理人员可以方便地查看和更新物料台账信息。物料台账记录了每个物料的基本信息。通过查看物料台账,物料管理人员可以清晰了解当前库存量、物料使用情况以及库存红线需要补采的物料。此外,工作台还提供了出入库记录功能,详细记录了每个物料的出库和入库情况。物料管理人员可以随时查看出入库记录,了解物料的流向和数量变化。这可以帮助管理人员及时发现异常情况,如库存过多或过少,以便采取相应的处理措施。如图 10-75 和图 10-76 所示为物料工作台。

图 10-73　采购工作台（1）

图 10-74　采购工作台（2）

图 10-75　物料工作台（1）

图 10-76　物料工作台(2)

5. 财务工作台

为财务管理人员设计了一个专用的财务工作台,旨在展示订单的收付款情况、收款完成率、订单毛利率等信息,以协助物料管理的高效管控。工作人员通过财务工作台,可以快捷地完成收款登记、出款付费,可以快捷查询当前代收、当前业绩等信息。如图 10-77 和图 10-78 所示为财务工作台。

图 10-77　财务工作台(1)

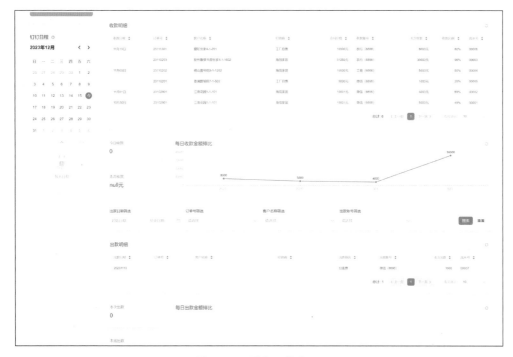

图 10-78　财务工作台（2）

10.2.4　数据大屏展示

教材讲解
视频

数据大屏可以将企业的数据通过图表、指标等形式展示在大屏上，帮助企业实时监控和分析业务数据，提供决策支持，在该数字工厂的数据大屏中，展示了订单管理、报工管理、物料管理、成品管理等实时数据，通过实时监控和分析业务数据，可以及时发现生产过程中的异常情况和订单卡顿，帮助企业进行生产调度和资源优化，提高生产效率和产品质量。如图 10-79 所示为数据大屏展示。

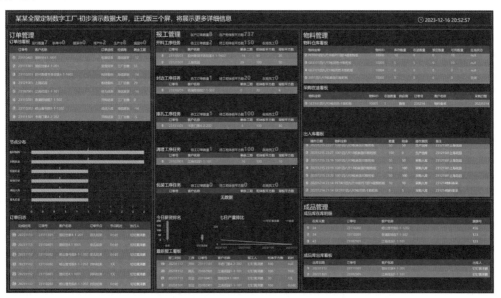

图 10-79　数据大屏展示

本章讲解了数字工厂的流程梳理和节点工序的表单搭建及背后的业务规则逻辑。当然如果使用集成自动化做业务逻辑会有更好的效果,章节演示的视频就是用集成自动化设计的。当然业务规则也实现了一样的功能。受限于纸质书籍文本限制。后期我会视情况编制视频版教程和将整个应用上架服务中心或宜搭体验中心让大家实际体验和了解表单页面的字段设计和公式写法。敬请关注。

10.3 数字化管理系统应用策略

教材讲解
视频

在传统的数字化管理系统中,OA 作为一个办公自动化的软件,具有节省工作成本、促进信息共享的优点,但其缺乏公共的基础通信平台,不具备实时沟通交流和协同工作的能力,存在系统功能单一、通用性差、自适应能力差等问题;MES 是面向生产制造而生的,涉及从生产工单到产品生成的整个过程,但成功上线 MES 系统软件的企业并不很多,往往是大型企业成功率高,中小型企业实施的效果并不理想,存在限制了员工主观能动性的发挥,员工个人水平或执行程度参差不齐而导致系统数据准确性、完整性较差等问题;ERP 是目前国际上先进的企业管理模式,但其也存在着一定局限性,它只可以对企业一部分的控制目标进行量化,需要一定的数字化手段与传统手段的协调配合才能达到全面管理,且企业的规模和产业结构是不断变化的,这就要求对 ERP 系统进行及时的更新,也无疑增加了企业的开支。

数字化管理系统的目的是提高生产、服务的效率与质量,数字化管理实际上是对管理的延伸,而采用数字化管理系统进行管理则是赋能管理。但要想使其发挥实际的效用,除了最基本的信息技术建设外,更重要的是管理升维,将数字化的管理系统与商业模式和深度运营相结合,否则再完备的系统也只是空中楼阁,无法发挥应有效能。前面几个章节通过全步骤图文讲解了以钉钉低代码开发为例数字化管理系统的构建,要想使构建好的系统发挥最大效用,如何应用也是一项必不可少的命题。

10.3.1 应用路径

上述这些现存于市面上的数字化管理系统能够成功,不仅因为其系统构建得完善与科学,还因为其在系统构建之后将管理层面的思考融入系统的使用与操作之中,同时使之与自身企业更加契合,系统内部具体流程更加科学,搭建一个以系统平台为外衣、以自身需求为内核的专有数字化管理系统。

数字化管理系统的应用不是一蹴而就、生搬硬套的,其应用的匹配程度及接受程度与企业数字化变革驱动力、企业组织文化、行业背景息息相关,一个新系统的加入与企业现存机制存在着一定的融合过程。不存在普适的领导方式,也不存在一个通用的企业级数字化管理系统,一般需从顶层设计出发,自上而下贯彻实施。数字化管理系统应用模式路径划分为 4 个阶段,如图 10-80 所示。

1. 顶层设计

顶层设计在一个企业中主要是指公司的最高层对公司现状及未来的发展方向、目标、路径从宏观层面进行总体规划,并在充分研究内部资源、外部环境的基础上,制定可行性方案。从本质上来讲,公司顶层设计实际上是公司运营整体的、系统的发展规划,属于公司战略层面,为公司今后的发展方向提供指引,是每个企业必不可少的部分。

钉钉平台针对企业数字化转型的需要,推出了低代码的企业应用搭建平台,帮助企业夯实数字化的基础,搭建智能、高效管理体系,制定更加精准的决策预测、项目分析和风险管控,协

- 顶层设计：上升战略层面
- 试点示范：小范围内试点应用
- 深化应用：推广应用范围
- 治理融合：优化数字化管理系统

图 10-80　数字化管理系统应用模式路径

助企业对公司业务全流程进行动态把握，提升核心竞争力。企业应将数字化管理系统的应用纳入企业战略范畴，将数字化管理系统的选取和应用归入企业战略决策进行深入的讨论与研究，并作为一项重要战略传达给企业中的各位员工，使之在全体成员之间达成共识，对数字化管理系统产生高度认同感，在全公司范围内接受这种管理系统方式，并自上而下推动数字化管理系统的应用，分步实施、由点及面，逐步扩大应用范围最后使其覆盖公司的各项业务、各个部门。同时在应用数字化管理系统时企业也应当明确责任和分工，做到职责明确、权责清晰，要秉承从数据向上、业务向下同步思考的数字化管理系统应用观，建立全局采用数字化管理系统的长远设想。不论是在不同项目的彼此协作交流方面，还是在不同部门工作的相互配合衔接方面，企业皆应贯彻从初始化数据录入到数据汇总和最终的数据公开的全流程管理，全面打通公司内部横向、纵向的信息传播通道，避免不必要的时间、成本和资产浪费，从而促进工作效率的提升，助推企业的可持续化发展进程。

2. 试点示范

通过试点示范项目建设来推动项目实施与普及和推广是自改革开放以来事业发展的成功实践模式，试点是指在全面开展某项工作或者实施某项措施之前，先选取一个较小的范围开展这项新的工作，根据小范围内新工作的开展情况进行反馈，从而判断该项目的可行性和收益性，这样的方式也可以在一定程度上减少错误决策项目所带来的损失，是一种低试错成本的企业创新和改革活动。示范是指将特定领域试点工作中取得的典型经验，在行业、地区内推广应用，从而发挥其试点示范的引领、辐射和带动效应，通过试点示范实现项目建设与应用，提高企业管理水平和产品服务质量，提升企业行业内的竞争力，同时还提高了企业的社会效益和经济效益，充分发挥试点示范项目的辐射带动作用。

试点示范的模式的应用大到可以在全国范围内选取地区进行试点示范，也可以仅在一个企业中选取某个部门进行试点。近年来，为加快工作创新发展及推广应用，推动行业和地方产业及服务的高质量发展，国家先后启动了多项试点项目，各省市也积极开展了省级相应的试点示范项目建设，对于先进理念传播、推广经验、提升行业、地区的管理水平和服务质量，从而增强行业、市场竞争力，对促进产业转型升级、引领创新驱动起支撑作用。但只有充分利用好试点示范工作的反馈信息，持续做好后期的工作，才能够形成可复制、可推广的发展模式，从而更好地发挥试点示范的引领、辐射、带动效应。

因此，需要通过如下三点措施来更好地实现试点示范工作的最终价值。试点示范单位在不断提升自身本领的同时，应将先进的做法和经验转化成标准，使其便于复制和推广，更好地发挥行业或者部门的标杆和引领作用,辐射带动同行业和部门的共同发展;社会咨询服务机构应保持持续的跟踪服务,以信息化手段来协助试点示范单位完善体系,要注重通过试点所得的先进经验和做法的凝聚与提炼,形成可复制与推广的发展模式,在相同领域推广应用,加固和扩大试点示范的覆盖面积;强化试点项目考核验收后的后续跟踪管理体系,提升试点示范作用,持续发挥试点示范的引领、辐射和带动作用。

由于不同企业组织架构的差异,或是在不同的职能部门、不同的项目部门,会存在诸多的不确定因素影响系统应用的反馈结果,为了最大程度上减少由于不匹配等一系列因素所带来的系统应用问题,使数字化管理系统对企业管理工作产生正向影响,减少试错成本,企业可以开展小范围的数字化管理系统试点应用,如使用钉钉的宜搭平台,找准切入点,明确试点的目标和范围,分析其对数字化管理系统的具体需求,进行初步的业务平台重塑、搭建、运行。企业应从试点中验证数字化管理系统与组织的拟合程度,判断系统的信息传播能力,以完善试点中各个子系统的具体功能和使用流程,详细记录试点中各部门的系统使用情况,从中进行进一步地分析数据与优化平台搭建,通过试点示范环境的反馈与优化工作开展,最终达到扩大数字化管理系统的覆盖范围的目标。

3. 深化应用

深化应用作为新项目落地运行的关键步骤,对于系统在大面积的推广应用来说是十分重要的一环。首先,通过将数字化管理系统的应用纳入公司战略层面,在全公司内推行数字化管理系统与工作内容的深度融合,在员工内树立起数字化工作的理念,通过组织文化的形式将系统深入人心,获取在组织内成员对于系统的接受和认同感。其次,通过将数字化管理系统在公司内部特定部门或行业范围内特定企业内试点应用,观察其系统应用所带来的在工作质量、工作速度、工作效率上的变化,借助系统了解完成工作时员工工作态度、满意度、工作积极性、工作品质等相关方面的实际情况,通过将试点范围数据与未试点范围收集的数据进行比较,来判断数字化管理系统应用对于所涉领域产生的影响是积极的还是消极的,并根据试点所收集到的反馈信息为系统的下一步完善与改进工作提供方向。

通过上述步骤所奠定的基础,就可以开展数字化管理系统的深化应用环节。该环节是对数字化管理系统能力实现沉淀的步骤,可根据试点的反馈信息及经验,结合本应用范围内的具体情况和需求对管理系统进行优化,并逐步拓展应用范围,不断将实际应用范围扩大到全公司领域,将企业内部各环节联系起来,打通不同部门不同项目之间的限制,将业务资源和共享服务沉淀整合。在生产环节中,数字化管理系统的深化应用可帮助其实现精益生产,提高生产过程的协调度,从而提高生产效率、提高质量,最大限度地降低成本,保证交货,为企业带来较高的收益回报。同时,钉钉宜搭平台支持对企业员工进行低代码培训,协助员工开发低代码应用,使员工能更好地应用数字化管理系统,发挥其主观能动性,人人皆可参与系统的设计,实现低成本的数字化改革。

在数字化管理系统的应用中需持续推进数据公共层的丰富和完善,通过对于系统的不断深化应用,逐步提高系统对数据的整合能力和最终呈现模式的质量,以更加契合企业员工信息获取习惯的需求,实现数据更为高效地传递与使用,最终重塑 IT 架构和企业完整产业链的运作方式,使其以一种更为高效低成本的方式完成运作。

4. 治理融合

治理融合作为数字化管理系统应用模式路径的最终环节,其最主要的目标就是在应用当中不断完成反馈-改进-再反馈的治理融合内部循环,以提高管理系统与公司的匹配程度。治理融合内部循环模式如图 10-81 所示。

数字化管理系统在现阶段已经得到了大面积的使用,如钉钉已经深入企业各个工作流程,员工适应较快且能自主使用,且其能动性较强,在使用过程中与组织文化、员工工作偏好、管理者信息偏好等特质信息不断磨合,逐渐得出了企业自身的管理沟通理念和规范,通过治理融合的内部循环模式不断优化数字化管理系统,优化组织,提高系统与工作体系的适配程度,从而不断提高数字化系统的应用效率,以提高由于系统使用所带来的信息过载所产生的负面影响,并随着应用范围的扩展和系统囊括功能的延伸,最终构建起针对企业的专属数字化管理系统。

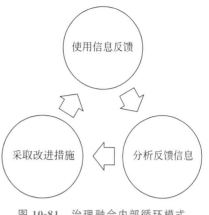

图 10-81　治理融合内部循环模式

10.3.2　参考理论

权变理论学派于 20 世纪 70 年代在西方兴起,是风行一时的著名管理学派。所谓权变即指权宜应变。权变理论认为在管理中要根据内外部环境的变化随机应变,不存在一种普遍适用的"最佳的"管理理论和方法。可把其简单表述为:随机制宜,以变应变,以灵活多变的方式去应对复杂多变的环境。

在权变理论庞大的体系之中,卡斯特(Fremont E. Kast)与罗森茨韦克(James E. Rosenzweig)是其中的代表人物。他们二人都是 20 世纪美国著名的管理学家,是系统管理学派的创始人。他们共同奠定了权变理论的核心——系统管理理论,并在此基础上深入研究发展了权变理论,使权变观的理论框架与实践得以完美地结合在一起,成为企业与组织进行合理有效管理的一件理论工具。系统管理理论致力于为了解一切组织而提出广泛的管理模型。权变理论承认每个组织的环境和内部各个子系统都分别具有其不同的优势和特点,并为设计和管理组织提供理论依据。权变管理理论的基本设想是:在组织与其环境之间以及在各个子系统之间都应当具有一致性;组织与其环境以及内部各子系统之间的和谐共处将带来高效率的管理与所有参与者极大的满足感。

20 世纪 70 年代,卡斯特发表了《组织与管理——系统与权变的方法》一书,本书是权变理论学派著名的代表作,在书中作者形象地将权变理论概括为如下几点内容:"权变"首先是作为一种思想,而不是一种具体的方法。如果寄希望于用它来找到一条解决问题和取得成功的"万通之道",那就大错特错了。权变观和权变理论所要求的,是以一种发展和变化的眼光去看待问题,以变应变,随机制宜;每个组织的外部环境和内部各个分系统都处在动态变化中,并不存在一种普遍适用于所有环境的组织与管理方法;权变理论致力于谋求组织与其环境之间、组织内部各分系统之间的动态的、具体的一致性,相互补充、相互促进,以发展和变化的视角推动组织管理的发展;组织作为一个整体系统,与外界环境有着千丝万缕的联系,因此它还具有多变量性,权变理论即是主张具体地研究组织中各个变量间关系和组织与外部环境关系的理论学说;现代化的先进组织,应当是一个多变的开放系统。所谓开放的系统,是指任何一个企业组织、公司或机关,都处在一个开放系统与环境的持续相互作用之中,并时刻努力达到一种合理的动态平衡。

数字化管理系统作为一个平台系统是固定的,但其应用模式却是动态的。由于企业所处的发展阶段不同以及企业的构建方式不同,这些不同的因素都会导致系统所应当采取的应用模式不同。

10.3.3 应用建议

由于每个企业自身情况的不同,其业务范围也不同,因此每个企业对于子系统的需求程度也不同,并不是所有企业都适合完整应用数字化管理系统的全部子系统,这样盲目地应用会带来一些不必要的资源浪费。每个企业应当具体根据自己的实际情况理性分析,来选择自身所需的子系统内容,下面将从企业所处发展阶段这个维度介绍推荐的系统使用顺序。

学界内对于企业成长阶段划分存在着很多种表述。钱德勒在 1962 年出版的《战略与结构:美国工商企业成长的若干篇章》一书中提出了"钱氏模型",通过对杜邦公司、通用汽车公司、新泽西标准石油公司和西尔斯公司等成长过程的研究,提出美国企业扩张通常经历创业、横向合并、纵向一体化、海外扩张和多元化 5 个阶段;加州大学洛杉矶分校管理学教授埃里克·G. 弗拉姆豪茨(Eric G. Flamholtz)和伊冯·兰德尔(Yvonne Randle)根据自己的研究和咨询经验于 1986 年提出了企业成长的七阶段模型,他们将企业成长划分为创业、扩张、规范化、巩固、多元化、整合、衰落与复兴 7 个阶段;伊查克·爱迪思(Ichak Adizes)提出企业生命周期(Corporate Lifecycles)理论,他拟人化地将企业划分为孕育期、婴儿期、学步期、青春期、盛年期、稳定期、贵族期、官僚化早期、官僚期与死亡 10 个阶段。本文选取最为常用的四阶段模型(新生期、成长期、稳定期、衰退期)来对企业所处发展阶段进行划分。如图 10-82 所示为企业情景矩阵,模型的横坐标代表企业所处的发展阶段,分为新生期、成长期、稳定期以及衰退期 4 个阶段;模型的纵坐标代表企业的不同构建方式:垂直型(纵向)企业和水平型(横向)企业。根据横纵坐标的交汇,不同的发展阶段与企业的构建类型排列组合成了 8 个矩阵方块,这 8 个板块中对应企业的内部情况都是不同的,借由权变理论的观点,应当分类讨论每一种类型所对应企业的实际情况,来选择合适的数字化管理系统应用模式,以实现系统与企业的高度匹配,从而激发数字化管理系统对企业管理产生实际效用。

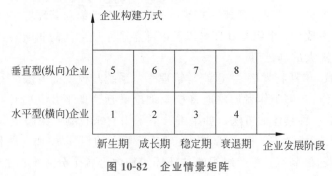

图 10-82　企业情景矩阵

1. 新生期企业

任何一个初创企业的第一个难关就是如何度过生存期。对于一个新生企业来说,其首要任务不是发展和高效管理,而是活下来,尽快进入成长期,只有活下来才有考虑发展与管理的资格。初入大海,里面暗礁密布,稍有不慎,即刻倾覆。大数据显示,中国有超过 90% 的新生企业都撑不过三年,而通过分析发现,一般失败的企业都是因为在这个阶段做了不合时宜的决策,导致公司支出账目数额过大,而收入额又远远无法弥补支出空缺,长此以往资金流转困难,资金链断裂,企业宣告破产。

综上，由于新生期企业仍处于探索阶段，在该时期有大量投资需要，大多企业都是处于亏损状态，尽可能地节约成本对企业生存下来尤为重要，因此系统的使用也需要简化，所以该时期推荐使用订单管理子系统。处于此时期的企业应当坚持业绩为王的经营理念，通过产品与收益让企业有资本活下去，合同管理子系统帮助企业更好地管理客户、合同、订单等，让组织借助平台实现从合同签订到订单生成，再到产品发货的销售管理与从合同签约到钱款到账的客户管理，精准把控各个环节，最大限度缩短产品从下单到送达的时间，高质量完成业务合同，留住现有客户。虽然新生期是销售导向，但由于企业刚开始创立，所有业务都是新的，也没有任何客户基础，所以其业务的数量还比较少，资金流量也相对较少，对其他管理子系统的需要程度不高。

2. 成长期企业

进入成长期就表示企业已经有了一定的实力与资本，这时候最重要的是趁机扩大自己的客户群体，抢占市场占有率，保持高速增长模式。因此这个时候需要考虑产品、模式、团队等问题，需要有制度来规范发展，需要对价值评估和价值分配有自己的思考，一切以打造可复制为核心。因为已经度过了新生期，每个企业也已经有了部分自己的客户资源。在成长阶段中，企业将任务重心转移至旧客户的维持与业务拓宽和新客户的开发上去，这就需要企业研发新的具有竞争力的产品，并借助于运营手段和市场营销手段实现新产品的推销，从而吸引客户群体。

综上所述，推荐处于成长期的企业使用合同管理子系统、采购子系统、出纳管理子系统和应收应付子系统。在这个成长阶段，由于业务量的迅速扩展和对于产品创新的需求，企业需要大量的流动资金，同时由于业务流的增大，组织在这一时期有着相当规模的收入，给财务管理人员带来了极大的负担，因此在对财务管理方面企业存在着强烈需求，通过使用出纳子系统帮助出纳人员更好地管理现金、银行存款等现金等价物的出入情况，完成盘点、对账等事项，一定程度上避免了因工作量大而可能带来的失误，同时由于业务规模庞大，每项业务应收、应付的数额、时间、分期形式都各不相同，借助应收应付子系统可实现应收应付明细单据查询与管理，使繁杂的工作简化。与此同时将合同管理系统与采购系统配合使用，以更好地应对大规模的订单量，确保各项订单及时、高质量地完成。

3. 稳定期企业

进入稳定期的企业一般而言都需要从细分领域继续争夺自己的客户，以及从管理方面降低自己各项经营成本来提高企业获取利润率。这也可以称为战略控制点的问题，没有核心竞争力的公司是可以做到很大的，但是无法做到强。处于这个阶段的企业已发展成熟，所以其战略目标就是在维持现有状况的基础上挖掘用户需求，不断升级产品，更加注重细分领域的深入纵向发展。

推荐处在该时期的企业采用合同管理子系统、采购子系统、生产管理子系统、总账管理子系统、出纳管理子系统和应收应付子系统。该时期企业会对内部结构进行一些调整，从内部进行细分划分，例如，针对某一产品线出现相应的事业部和配套的运营团队、营销小队。同时企业为了提高运作的效率也会将一些详细化、步骤化，进行专业化管理，形成职能部门，因此对于系统种类的要求较高。

稳定期的企业是企业所有发展阶段中业务量最为庞大，资金流入流出也最为庞大的时期，其对于账目的管理以及对于产品从订单到生产全流程的管理有着很高的要求，通过合同管理子系统、采购管理子系统以及生产管理子系统的结合使用，各系统之间相互配合实现从订单到原材料采购到产品生产再到最终销售发货的全流程记录与管理,更好地促进各环节之间的协调,从而高效率低成本地完成目标。此外,由于规模订单量,组织的资金流也庞杂多样,借助总账管理子系统、出纳管理子系统和应收应付子系统三个系统的使用,科学有序对往来账目、银行存款、应收应付款等进行管理与核销,大幅减少坏账率,提高资金回收,从而优化公司财务管理工作。

4. 衰退期企业

衰退期也是一个企业生命周期中不可避免的阶段。当一个企业步入衰退期,一般会尽可能地保证在退出原有的领域前,培育出新的产品和品牌方向,以此来避免倒闭。作为企业自然发展中的一环,企业不可避免地会迎来衰退,但是面对衰退企业还是可以采取一些措施。处于此时期的企业面临原有业务的衰退,一方面剔除无意义的团队和产品线来减少成本,另一方面也会尝试去新的领域寻找突破口,但这往往需要企业有足够的经济实力来支撑。

因此,对于处在衰退期的企业推荐使用合同管理子系统、库存管理子系统和总账管理子系统。在满足维持现有生产经营业务的基础上,尽可能缩减规模,减少系统的使用数量,仅保留少数必要的系统应用。通过合同管理系统科学经营现有业务,确保每笔订单的完成质量与效率,保证收入来源的获取;通过库存管理系统对库存情况精准把控,减少因原材料或产品的库存积压而带来的不必要成本费用,向零库存的目标奋斗,努力减少企业运营成本;最后通过总账管理系统,对录入的各种凭证进行过账管理,并详细记录是否核销情况,并在期末对已过账和已核销的账目进行汇总,使公司账目情况更加清晰,帮助企业更好地掌握现有财务情况,优化财务管理工作。

10.4　未来展望

如今,随着信息技术的不断发展和普及,越来越多的企业开始意识到数字化转型的重要性,并积极应用数字化管理系统,以提高企业运营效率、优化资源管理、增强竞争力。其中,在低代码平台内搭建数字化管理系统的方式也逐渐普及,为企业提供了更加灵活、高效、易用且适用的解决方案。在未来,随着环境的变化、组织的发展、技术的升级,数字化管理系统的应用将面临更多的挑战和机遇,也会逐步向集成化、智能化、高效化发展。

10.4.1　集成化发展

数字化管理系统实现了各种职能岗位相互配合,利用计算机、数据、网络和通信等技术,进行计划、组织、协调、控制以及创新等管理活动。钉钉宜搭的低代码平台应用可以有效整合各个子系统,从而可以实现对整个复杂的系统进行统一管理的目的。系统的内部构成十分复杂,在应用阶段各种问题也会层出不穷,因此推动数字化管理系统向着集成化方向发展应用需要依靠各种各样的先进技术、高超的管理能力、系统的与时俱进能力以及各部门的协调配合能力,应用过程必须从全局出发、从整体出发,系统地掌握企业活动和信息的整体流向。

数字化管理系统的集成化发展,可以集成订单管理系统、采购管理系统、仓库管理系统、生产管理系统、总账管理系统、出纳管理系统、应收应付管理系统,从而实现各管理系统的互联互通,形成数字化管理系统网络,如图10-83所示。

在未来,企业会集成更多的系统,进一步丰富其数字化管理系统的功能与职能。

图 10-83　"企业资产管理工作台"自定义界面效果图

10.4.2　智能化发展

　　数字化管理系统随着未来应用范围越来越广,应用数字化管理系统是企业数字化管理转型的必经之路,在各个领域的应用也逐渐深入,其自身不断发展的同时,只有不断地加强技术创新,促进智能化发展,完善自身的管理体系,才能在日益激烈的市场环境中得以生存。现如今人们的工作生活已经和智能化的生活息息相关,对于未来系统的支持需要大量的资金去研发可供参考管理的智能化系统,数字化管理系统越趋向于智能化,系统运行才会更加平稳安全,数字化管理系统有针对性地从企业管理的多个维度去解决企业在运营中的质量、成本、速度这三大难题,最终让企业可以达到直接快速地提高经济效益的目的。随着数字化管理系统内积累的数据越来越多,以及其智能化程度越来越高,在未来数字化管理系统能够为决策者提供更为及时、详细、准确的数据,可以为管理者提供更清亮的眼睛,从而能够实现全流程实时管控,排除错误指令所造成的堵塞,如销售管理子系统出现错误,原本会导致在接下来的流程中多个子系统连环出错,且难以找到错误源头,每个错误都会引发更多的问题,但在智能化的发展之下,数字化管理系统就会在刚出现错误指令时便及时纠正,并及时开展系统内自查,保证所有程序与流程正常运行。因此,智能化会大大提高工作效率,缩减必要的工作时间,无论是对管理人员的决策活动,还是对各个阶段的战略规划,都有着非常重要的作用。

10.4.3　高效化发展

　　在如今这个时代,数据收集已经不是难事,每个企业、院所的内部和外部资料可谓是成千上万,但也正是因为如此,可能会有来自各个子系统无效和低质的数据掺杂其中,如何收集整理得到有效的数据,以及数据是否完整、准确和及时,直接关系到数字化管理的成败。因此,为保证工作效率和工作成果,数字化管理系统的应用必须具有高效性,让每一位员工高效地工作,进行数字化的交汇,同时对于工作环节进行交换,对工作流程进行把控,节约资源,不浪费每一分钟,使得工作高效轻松。随着数字化技术的发展,数字化管理系统从文件办公自动化到协同办公自动化、知识型办公自动化,再到智能型办公自动化,数字化管理技术是新时代下的最佳选择,它既可以帮助企业有效提高工作效率,也可以增强企业竞争力。订单管理系统、采购管理系统、仓库管理系统、生产管理系统、总账管理系统、出纳管理系统、应收应付管理系统的高效发展,可以使数字化管理系统在未来成为企业必备,高效的系统往往带来高效的运作,拥有适配的管理系统可以更好地处理企业数据,显著提高企业效率,实现数字化管理系统与企业双高效发展。

附 录 A

钉钉低代码开发师认证

低代码开发师认证是由钉钉宜搭推出的阿里巴巴官方低代码认证,目的是培养低代码开发的人才,认证低代码开发师的能力,让学员能够通过课程的学习使用低代码开发工具搭建业务系统。

A.1 初级认证

低代码开发师(初级)认证聚焦于通过拖、拉、拽的方式实现基于模板等功能实现简单应用的创建,让初学者快速掌握 0 代码开发技能。

课程知识点

第 1 章 走进低代码

- 低代码是什么
- 宜搭是什么
- 宜搭客户案例

第 2 章 一分钟自建应用

- 快速上手宜搭
- 从模板创建应用
- 从 Excel 创建应用
- 应用的生命周期简述

第 3 章 从线下审批到在线审批

- 宜搭的在线审批基础
- 请假申请案例实践——表单使用
- 请假申请案例实践——流程使用
- 请假申请案例实践——数据使用

第 4 章 招聘管理系统综合实践

- 招聘管理系统的背景
- 招聘管理案例实践——Excel 生成在线简历库
- 招聘管理案例实践——面试流程创建
- 招聘管理案例实践——审批结果自动更新

考证路径

使用钉钉扫描下方二维码,考取初级认证。

A.2　中级认证

低代码开发师中级认证在初级的基础上通过低代码开发学习实现技能提升,完成复杂应用的创建实践,如合同管理应用,能够实现合同中项目的自动关联,根据不同合同类型设置不同的审批流程;资产管理应用,能够实现出入库数据自动关联计算,通过简单的函数实现报表数据的自动增加和删除;入职自动化应用,能够使用集成 & 自动化功能连接钉钉一方应用,实现沟通工作协同;员工管理应用,通过完整的应用搭建掌握报表和自定义页面的配置,具备一定的系统需求分析能力,最终让学员具备复杂应用和多系统关联应用的创建能力。

课程知识点

第1章　合同管理系统实践
- 合同管理系统背景与需求分析
- 合同管理的基础表单搭建
- 合同审批流程编辑

第2章　资产管理系统实践
- 资产管理系统背景与需求分析
- 资产管理系统的功能实现
- 资产管理系统的实践讲解

第3章　入职自动化实践
- 入职自动化案例背景与需求分析
- 入职自动化基础表单搭建
- 连接器实现智能入职

第4章　员工管理系统综合实践
- 员工管理系统背景与需求分析
- 员工管理系统基础表单搭建
- 员工管理系统可视化报表制作
- 员工管理系统首页工作台制作

考证路径

使用钉钉扫描以下二维码,考取中级认证。

A.3　高级认证

本课程是低代码开发师(高级)课程,针对有 IT 技术背景的人群,能够通过低代码开发和自动化集成赋予应用更加扩展的能力,实现系统之间的互联互通,逐步成为低代码专家。课程内容包含自定义页面 JS 开发项目评选系统,三方连接器连接企业存量系统,Faas 连接器实现行程卡识别和钉钉宜搭大屏实现企业经营数据看板。

课程知识点

第 1 章　项目评选系统实践

- 自定义页面的介绍
- 项目评选系统的低代码基础
- 项目评选系统的布局设计
- 项目评选系统的数据陈列展示
- 项目点赞与分享功能的设置

第 2 章　连接企业资产管理系统实践

- 连接器的开发与管理
- 连接器的开发与管理
- 连接企业存量资产管理系统

第 3 章　资产管理系统函数计算与大屏展示实践

- 行程卡识别系统的 Faas 服务需求
- Faas 连接器实现行程卡识别

考证路径

使用钉钉扫描以下二维码,考取高级认证。

参 考 文 献

[1] Bock L C, Frank U. Low-code platform[J]. Business & Information Systems Engineering, 2021, 63(6): 733-740.

[2] Chellappa R K, Sambamurthy V, Saraf N. Competing in Crowded Markets: Multimarket Contact and the Nature of Competition in the Enterprise Systems Software Industry[J]. Information Systems Research, 2010, 21(3): 614-630.

[3] Dellaert B G C. The Consumer Production Journey: Marketing to Consumers as Co-Producers in the Sharing Economy[J]. ERIM Report Series Research in Management, 2018.

[4] Frynas J G, Mol M J, Mellahi K. Management Innovation Made in China: Haier's Rendanheyi[J]. California Management Review. 2018, 61(1): 71-93.

[5] Gu Z, Bapna R, Chan J, et al. Measuring the Impact of Crowdsourcing Features on Mobile App User Engagement and Retention: A Randomized Field Experiment[J]. Management Science, 2021, 68(2): 1297-1329.

[6] Herhausen D, Emrich O, Grewal D, et al. Face Forward: How Employees' Digital Presence on Service Websites Affects Customer Perceptions of Website and Employee Service Quality[J]. Journal of Marketing Research, 2020, 57(5): 917-936.

[7] Huang M H, Rust R T. A strategic framework for artificial intelligence in marketing[J]. Journal of the Academy of Marketing Science, 2020.

[8] Jingqi W, Xiaole W, Krishnan, V. Decision Structure and Performance of Networked Technology Supply Chains[J]. Social Science Electronic Publishing, 2017.

[9] Leonardi P M. COVID-19 and the New Technologies of Organizing: Digital Exhaust, Digital Footprints, and Artificial Intelligence in the Wake of Remote Work[J]. Journal of Management Studies, 2020.

[10] Letmathe P, Rler M. Should firms use digital work instructions? —Individual learning in an agile manufacturing setting[J]. Journal of Operations Management, 2020.

[11] Park Y, Pavlou P A, Saraf N. Configurations for Achieving Organizational Ambidexterity with Digitization[J]. Information Systems Research, 2020, 31(4): 1-22.

[12] 安筱鹏. 重构数字化转型的逻辑[M]. 北京: 中国工信出版集团, 2020.

[13] 蔡昉, 李海舰, 蔡跃洲, 等. 中国数字经济前沿(2021)[M]. 北京: 社会科学文献出版社, 2021.

[14] 陈剑, 黄朔, 刘运辉. 从赋能到使能——数字化环境下的企业运营管理[J]. 管理世界, 2020, 36(2): 123-134.

[15] 陈剑, 刘运辉. 数智化使能运营管理变革: 从供应链到供应链生态系统[J]. 管理世界, 2021, 37(11): 15.

[16] 陈煦江, 崔笛, 王昕怡. 千亿"白马股"突迎"黑天鹅"——上海电气暴雷之谜[J]. 中国管理案例共享中心, 2022, FAM-0977: 1-14.

[17] 单宇, 许晖, 周连喜, 等. 数智赋能: 危机情境下组织韧性如何形成? ——基于林清轩转危为机的探索性案例研究[J]. 管理世界, 2021, 37(3): 84-104.

[18] 贺俊. 数字技术创新体系的特征与政府作用[J]. 求索, 2023, (5): 107-115.

[19] 胡笑梅, 张子振, 李会, 等. 管理信息系统[M]. 北京: 机械工业出版社, 2021.

[20] 黄群慧, 余泳泽, 张松林. 互联网发展与制造业生产率提升: 内在机制与中国经验[J]. 中国工业经济, 2019, (8): 19.

[21] 焦豪. 数字平台生态观: 数字经济时代的管理理论新视角[J]. 中国工业经济, 2023, (7): 122-141.

[22] 焦豪, 杨季枫, 王培暖, 等. 数据驱动的企业动态能力作用机制研究——基于数据全生命周期管理的数字化转型过程分析[J]. 中国工业经济, 2021, (11): 19.

[23] 李平. VUCA 条件下的组织韧性: 分析框架与实践启示[J]. 清华管理评论, 2020, (6): 12.

［24］　林艳,轧俊敏.制造企业数字化转型的驱动力与实现路径——基于 TOE 框架的案例研究[J].管理学刊,2023:1-18.

［25］　刘淑春,闫津臣,张思雪,等.企业管理数字化变革能提升投入产出效率吗[J].管理世界,2021,37(5):170-190,113.

［26］　刘颖慧,刘楠,蔡一欣,等.数字化转型中不同企业的中台战略及架构设计[J].电信科学,2020,36(7):10.

［27］　吕怀立,李东阳,于晓宇,等.一半"海水",一半"火焰":康得新的存贷双高[J].中国管理案例共享中心,2019,FAM-0547:1-25.

［28］　平海,石先林.电商物流:仓库运营模式变革的困境[J].中国管理案例共享中心,2016,SCLM-0068:1-12.

［29］　戚聿东,肖旭.数字经济时代的企业管理变革[J].管理世界,2020,36(6):18.

［30］　孙元,祝梦忆,方舒悦,等.泰普森:制造业企业的数字化转型之旅[J].中国管理案例共享中心,2020,MIS-0196:1-15.

［31］　王晓杰.财务核算和内部控制能否揭开中小企业出纳被骗之谜?[J].中国管理案例共享中心,2021,FAM-0770:1-8.

［32］　温海涛,于泓聿.MES 与 F 汽车零部件公司生产管理改进[J].中国管理案例共享中心,2021,OM-0220:1-17.

［33］　吴瑶,夏正豪,胡杨颂,等.基于数字化技术共建"和而不同"动态能力——2011—2020 年索菲亚与经销商的纵向案例研究[J].管理世界,2022,38(1):22.

［34］　谢小云,左玉涵,胡琼晶.数字化时代的人力资源管理:基于人与技术交互的视角[J].管理世界,2021,37(1):200-216.

［35］　易开刚,宋海波.删繁就简三秋树:九阳的采购数字化转型之路[J].中国管理案例共享中心,2022,SCLM-0137:1-13.

［36］　袁淳,肖土盛,耿春晓,等.数字化转型与企业分工:专业化还是纵向一体化[J].中国工业经济,2021,(9):137-155.

［37］　朱秀梅,林晓玥.企业数字化转型:研究脉络梳理与整合框架构建[J].研究与发展管理,2022,34(4):141-155.